目次

教科書ぴったりトレーニング
学校図書

自分にあった学習法を
見つけよう!

成績アップのための学習メソッド

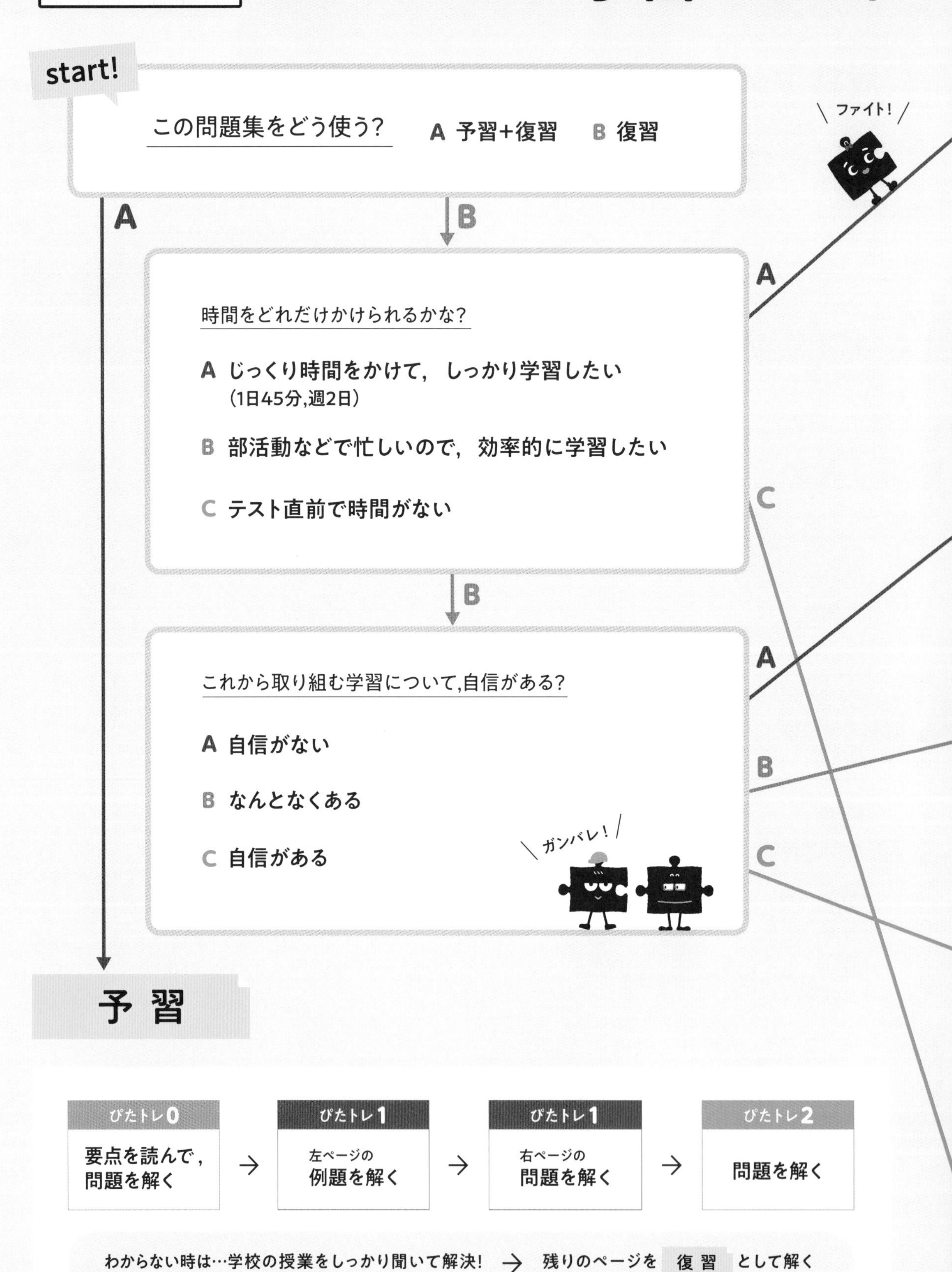

復習

目安の時間には,丸付けや見直しの時間も含まれているよ。

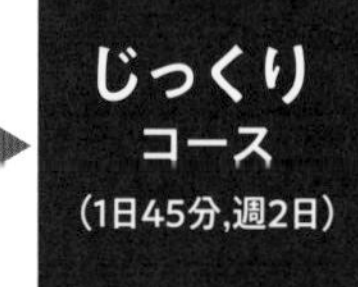

じっくりコース（1日45分,週2日）

- ぴたトレ0：要点を読んで，問題を解く
- → ぴたトレ1（45分）：左ページの例題を解く ↳解けないときは 考え方 を見直す ／ 右ページの問題を解く ↳解けないときは ●キーポイント を読む
- → ぴたトレ2（45分）：問題を解く ↳解けないときは ヒント を見る ぴたトレ1 に戻る
- → ぴたトレ3（45分）：テストを解く ↳解けないときは ぴたトレ1 ぴたトレ2 に戻る
- → 教科書のまとめ：まとめを読んで，学習した内容を確認する

定期テスト予想問題や別冊mini bookなども活用しましょう。

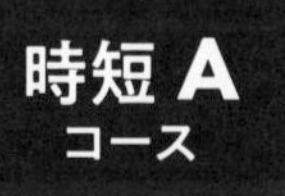

時短Aコース

- ぴたトレ1（45分）：問題を解く
- → ぴたトレ2（30分）：よく出る だけ解く

- → ぴたトレ3：時間があれば取り組もう!

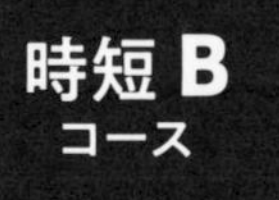

時短Bコース

- ぴたトレ1（20分）：右ページの よく出る 絶対理解 だけ解く
- → ぴたトレ2（45分）：問題を解く
- → ぴたトレ3（45分）：テストを解く

時短Cコース

- ぴたトレ1：省略
- → ぴたトレ2（45分）：問題を解く
- → ぴたトレ3（45分）：テストを解く

＼めざせ,点数アップ!／

テスト直前コース

- 5日前　ぴたトレ1：右ページの よく出る 絶対理解 だけ解く

- → 3日前　ぴたトレ2：よく出る だけ解く

- → 1日前　定期テスト予想問題：テストを解く
- → 当日　別冊mini book：赤シートを使って最終確認する

日常学習

コースがきまったら,4～5ページを見てみよう ➡

成績アップのための 学習メソッド

《 ぴたトレの構成と使い方 》

教科書ぴったりトレーニングは,おもに,「ぴたトレ1」,「ぴたトレ2」,「ぴたトレ3」で構成されています。それぞれの使い方を理解し,効率的に学習に取り組みましょう。
なお,「ぴたトレ3」「定期テスト予想問題」では学校での成績アップに直接結びつくよう,通知表における観点別の評価に対応した問題を取り上げています。

学校の通知表は以下の観点別の評価がもとになっています。

- 知識 技能
- 思考力 判断力 表現力
- 主体的に 学習に 取り組む態度

ぴたトレ0 スタートアップ

各章の学習に入る前の準備として,これまでに学習したことを確認します。

学習メソッド
この問題が難しいときは,以前の学習に戻ろう。あわてなくても大丈夫。苦手なところが見つかってよかったと思おう。

ぴたトレ1 要点チェック

基本的な問題を解くことで,基礎学力が定着します。

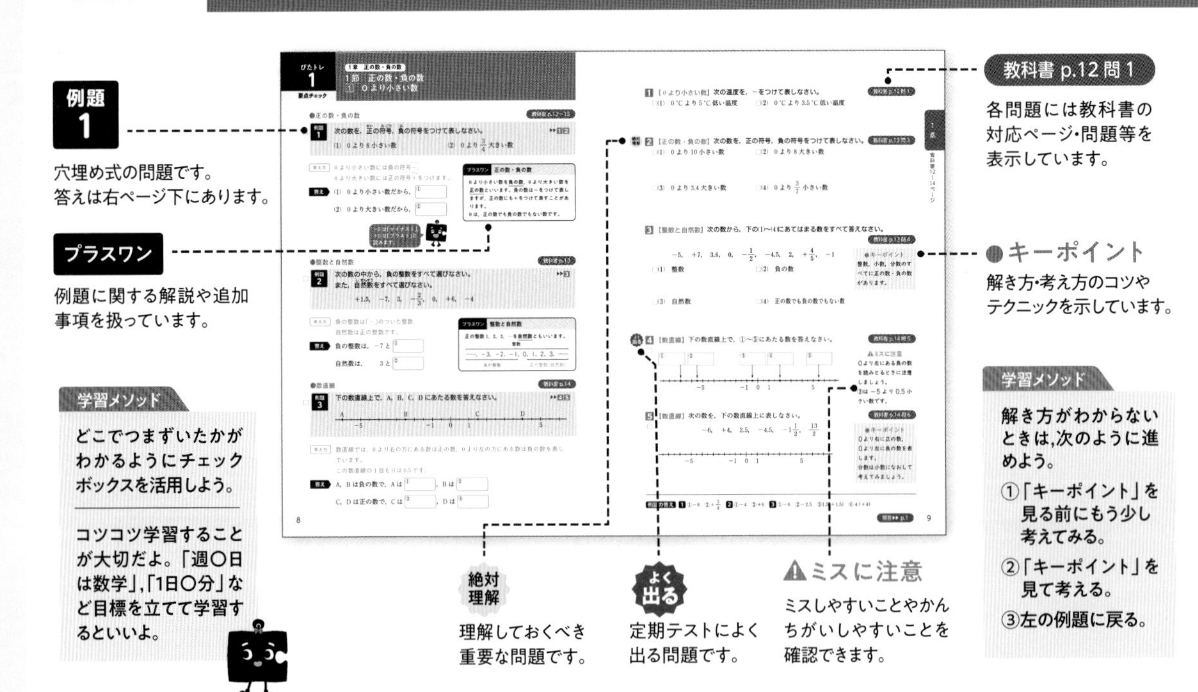

ぴたトレ2 練習

理解力・応用力をつける問題です。
解答集の「理解のコツ」では実力アップに欠かせない内容を示しています。

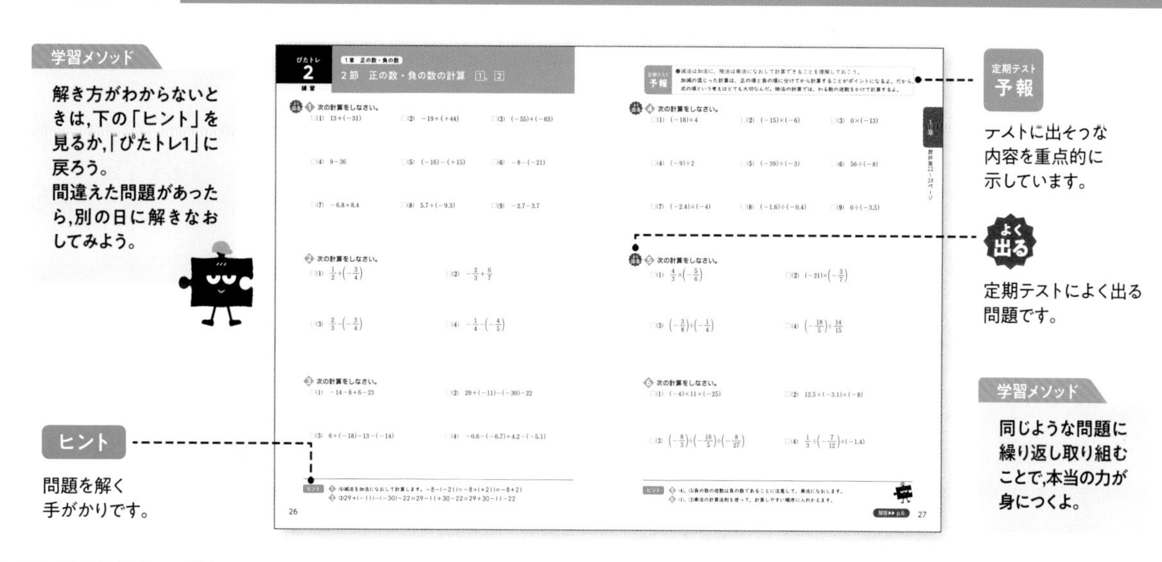

学習メソッド
解き方がわからないときは,下の「ヒント」を見るか,「ぴたトレ1」に戻ろう。
間違えた問題があったら,別の日に解きなおしてみよう。

ヒント
問題を解く手がかりです。

定期テスト予報
テストに出そうな内容を重点的に示しています。

よく出る
定期テストによく出る問題です。

学習メソッド
同じような問題に繰り返し取り組むことで,本当の力が身につくよ。

ぴたトレ3 確認テスト

どの程度学力がついたかを自己診断するテストです。

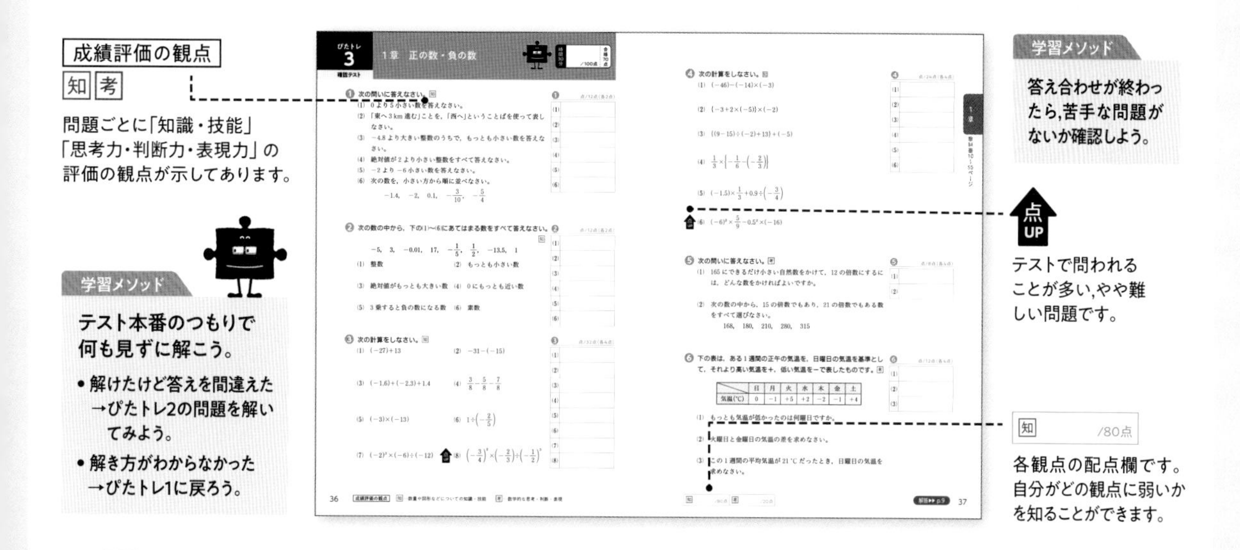

成績評価の観点
知 考
問題ごとに「知識・技能」「思考力・判断力・表現力」の評価の観点が示してあります。

学習メソッド
テスト本番のつもりで何も見ずに解こう。
- 解けたけど答えを間違えた→ぴたトレ2の問題を解いてみよう。
- 解き方がわからなかった→ぴたトレ1に戻ろう。

学習メソッド
答え合わせが終わったら,苦手な問題がないか確認しよう。

点UP
テストで問われることが多い,やや難しい問題です。

知 /80点
各観点の配点欄です。自分がどの観点に弱いかを知ることができます。

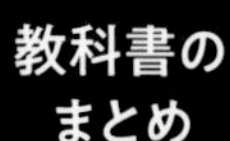

教科書のまとめ

各章の最後に,重要事項をまとめて掲載しています。

学習メソッド
重要事項をしっかり見直したいときは「教科書のまとめ」,短時間で確認したいときは「別冊minibook」を使うといいよ。

定期テスト予想問題

定期テストに出そうな問題を取り上げています。
解答集に「出題傾向」を掲載しています。

学習メソッド
ぴたトレ3と同じように,テスト本番のつもりで解こう。
テスト前に,学習内容をしっかり確認しよう。

ぴたトレ
0
スタートアップ

1章　式の計算

□文字の式を簡単にすること　◀中学1年

$mx+nx=(m+n)x$

□かっこをはずして計算すること　◀中学1年

$a+(b+c)=a+b+c$　　$a-(b+c)=a-b-c$

□文字の式と数の乗法，除法　◀中学1年

$m(a+b)=ma+mb$　　$(a+b)\div m=\dfrac{a}{m}+\dfrac{b}{m}$

1 次の数量を表す式を書きなさい。　◀中学1年〈文字式と数量〉

(1) 1本100円のジュースをx本買って，1000円出したときのおつり

(2) 1個a円のりんご5個と1個b円のみかん3個を買ったときの代金

(3) x m の道のりを，分速120 m で進んだときにかかった時間

ヒント
(3)道のりと速さと時間の関係を考えると……

2 次の計算をしなさい。　◀中学1年〈1次式の加法と減法〉

(1) $6a+3-3a$　　(2) $\dfrac{1}{4}x+\dfrac{1}{3}x-x$

ヒント
(2)xの係数を通分すると……

(3) $8a+1-5a+7$　　(4) $2x-8-7x+4$

(5) $2x-6+(5x-2)$　　(6) $(-3x-2)-(-x-8)$

ヒント
(5)，(6)かっこのはずし方に注意すると……

3 次の計算をしなさい。

◀ 中学1年〈1次式の乗法と除法〉

(1) $(-6a)\times(-8)$　(2) $4x\div\left(-\dfrac{2}{3}\right)$

ヒント
(2), (6)分数でわるときは，逆数にしてかけるから……

(3) $2(4x+7)$　(4) $-12\left(\dfrac{3}{4}y-5\right)$

(5) $(9a-6)\div3$　(6) $(-16x+4)\div\left(-\dfrac{4}{5}\right)$

(7) $\dfrac{3x+5}{4}\times8$　(8) $-10\times\dfrac{2x-6}{5}$

ヒント
(7), (8)分母と約分した数を分子のすべての項(こう)にかけると……

4 次の計算をしなさい。

◀ 中学1年〈かっこがある式の計算〉

(1) $2(2x+7)+3(x-4)$　(2) $5(3y-6)-3(4y-1)$

ヒント
まずかっこをはずし，さらに式を簡単にすると……

(3) $\dfrac{1}{2}(4x-6)+5(x-2)$　(4) $-\dfrac{1}{3}(6y+3)-\dfrac{1}{4}(8y+12)$

5 $x=-2$，$y=3$ のとき，次の式の値を求めなさい。

◀ 中学1年〈式の値〉

(1) $12-x$　(2) $-\dfrac{4}{x}$

(3) $-5x^2$　(4) $5x-3y$

ヒント
(3)指数のある式に代入するときには符号(ふごう)に注意して……

解答▶▶ p.1

1章　式の計算

1　式の計算
①　文字式のしくみ

●単項式と多項式

教科書 p.14

□ **例題 1** 次の式を単項式(たんこうしき)と多項式(たこうしき)に分けなさい。 ▶▶1

㋐　$-2m$　　㋑　$3ab+8$　　㋒　x^2-4x+5　　㋓　-1

考え方　数や文字をかけ合わせた形の式が単項式，単項式の和の形で表された式が多項式である。
㋓　1つの文字や数も単項式である。

答え　単項式は，㋐，①［　　］　　多項式は，㋑，②［　　］

●多項式の項

教科書 p.14～15

□ **例題 2** 多項式 ab^2+2b-4 の項をすべて答えなさい。 ▶▶2

考え方　多項式のそれぞれの単項式を，多項式の項という。

答え　$ab^2+2b+(\underline{-4})$ だから，項は，ab^2，［　　］，-4

（-4：定数項(ていすうこう)）

多項式で，数だけの項を定数項といいます。

●式の次数(単項式)

教科書 p.15

□ **例題 3** 次の単項式の次数(じすう)を答えなさい。 ▶▶3

(1)　$-5a$　　(2)　$3x^2y$

考え方　単項式で，かけ合わされている文字の個数を，その単項式の次数(じすう)という。

答え　(1)　$-5a=-5\times a$

文字が1個だから，次数は①［　　］である。

(2)　$3x^2y=3\times x\times x\times y$

文字が3個だから，次数は②［　　］である。

●式の次数(多項式)

教科書 p.15

□ **例題 4** 次の多項式は，それぞれ何次式ですか。 ▶▶4 5

(1)　$-3x^2+5$　　(2)　$5a^2+8ab^2$

考え方　多項式では，各項の次数のうちでもっとも大きいものを，その多項式の次数という。
次数が1の式を1次式，次数が2の式を2次式，…という。

答え　(1)　もっとも次数の大きい項は $-3x^2$ だから，①［　　］次式である。

(2)　もっとも次数の大きい項は $8ab^2$ だから，②［　　］次式である。

1 【単項式と多項式】次の式を単項式と多項式に分けなさい。 教科書 p.14

□ ㋐ $4ab$　　㋑ $6b+5$

㋒ $-\frac{1}{2}x+2y-\frac{3}{5}$　　㋓ a

⚠ミスに注意
1つだけの文字は，単項式である。

1章

絶対理解 **2** 【多項式の項】次の多項式の項をすべて答えなさい。 教科書 p.15 問1

□(1) $2x-3$　　□(2) $-3a+4b-2c$

□(3) x^2-5x+7　　□(4) $-\frac{1}{3}ab+6$

●キーポイント
単項式の和の形にして考える。

教科書14～15ページ

3 【式の次数(単項式)】次の単項式の次数を答えなさい。 教科書 p.15 問2

□(1) $\frac{x}{2}$　　□(2) $3abc$　　□(3) $-4y^2$

4 【式の次数(多項式)】次の多項式の次数を答えなさい。 教科書 p.15 例3

□(1) $-x+y$　　□(2) $25-a^2$

□(3) $\frac{3}{4}x-\frac{1}{6}$　　□(4) $\frac{x^2}{2}-\frac{2xy}{3}$

よく出る **5** 【式の次数】次の式は何次式ですか。 教科書 p.15 例3

□(1) $8x^2$　　□(2) a^2b-ab^2+1

□(3) $9-6y+y^2$　　□(4) $-6x+2y$

●キーポイント
次数が1の式を1次式，次数が2の式を2次式という。

例題の答え **1** ①㋓　②㋒　**2** $2b$　**3** ①1　②3　**4** ①2　②3

解答▶▶ p.1

1　式の計算
②　多項式の計算 ——(1)

●同類項の計算

教科書 p.16〜17

□ **例題 1**　$4x^2+3x-x^2+4x$ の同類項(どうるいこう)をまとめなさい。 ▶▶1

考え方　同類項は，分配法則を使って1つの項にまとめることができる。

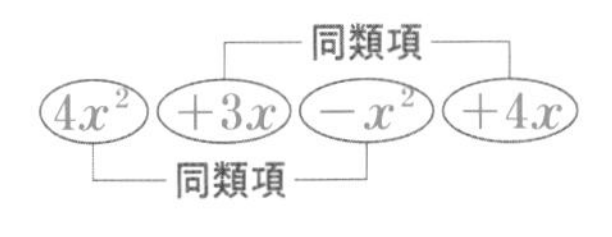

答え
$4x^2+3x-x^2+4x$
$=4x^2-x^2+3x+4x$　項を並べかえる
$=(4-1)x^2+(3+4)x$　同類項をまとめる　$a x+b x=(a+b)x$
$=$ □

ここがポイント

●多項式の加法

教科書 p.17〜18

□ **例題 2**　次の計算をしなさい。 ▶▶2 3
$(4x-7y)+(-5x+3y)$

考え方　多項式の加法では，式の各項をすべて加え，同類項をまとめる。

答え
$(4x-7y)+(-5x+3y)$　かっこをはずす
$=4x-7y-5x+3y$　項を並べかえる
$=4x-5x-7y+3y$　同類項をまとめる
$=$ □

●多項式の減法

教科書 p.18

□ **例題 3**　次の計算をしなさい。 ▶▶2 4
$(4x-7y)-(-5x+3y)$

考え方　多項式の減法では，ひく式の各項の符号(ふごう)を変えて加える。

答え
$(4x-7y)-(-5x+3y)$　かっこをはずす　符号に注意！
$=4x-7y+5x-3y$　項を並べかえる
$=4x+5x-7y-3y$　同類項をまとめる
$=$ □

プラスワン　多項式の加法，減法の計算

多項式の加法，減法では，同類項を縦にそろえて書き，右のように計算することもできる。

$$\begin{array}{r} 3x+2y \\ +)\ 4x-6y \\ \hline 7x-4y \end{array} \qquad \begin{array}{r} 3x+2y \\ -)\ 4x-6y \\ \hline -x+8y \end{array}$$

絶対理解 **1** 【同類項の計算】次の式の同類項をまとめなさい。 教科書 p.16 例 1

□(1) $4a-3b-a+2b$　□(2) $3x+3y-5x-4y$

□(3) $x^2-7x-2x+x^2$　□(4) $-3a^2+2a+5a^2-3a$

⚠ミスに注意
(3) x^2 と $-7x$ は，文字が同じでも次数が違う(ちが)ので，同類項ではない。

2 【多項式の加法・減法】次の 2 つの式で，左の式に右の式を加えた和を求めなさい。また，左の式から右の式をひいた差を求めなさい。 教科書 p.17 例 2, p.18 例 3

□(1) $5a-2b$，$2a+3b$　□(2) $7x^2+4x$，$-2x^2+5x-2$

⚠ミスに注意
式をかっこに入れて，＋や－の記号でつなぐ。

よく出る **3** 【多項式の加法】次の計算をしなさい。 教科書 p.18 問 5

□(1) $(2x+3y)+(5x-6y)$

□(2) $(4x^2+x-3)+(-6x+3x^2+5)$

□(3)
$$\begin{array}{r} 4a-3b \\ +)\ 2a+5b \\ \hline \end{array}$$

□(4)
$$\begin{array}{r} 3x^2+2x-7 \\ +)\ \ x^2-3x+2 \\ \hline \end{array}$$

4 【多項式の減法】次の計算をしなさい。 教科書 p.18 問 7

□(1) $(3x-5y)-(2x-3y)$

□(2) $(2x^2-3x+5)-(-3+7x-x^2)$

□(3)
$$\begin{array}{r} -5a^2+4b \\ -)\ \ 3a^2+2b \\ \hline \end{array}$$

□(4)
$$\begin{array}{r} 3x^2-x+4 \\ -)\ -x^2+x+4 \\ \hline \end{array}$$

⚠ミスに注意
かっこをはずすときは，符号に注意する。

例題の答え **1** $3x^2+7x$ **2** $-x-4y$ **3** $9x-10y$

1　式の計算
②　多項式の計算 ―― (2)

●多項式と数の乗法

教科書 p.19

□ 例題 1 次の計算をしなさい。 ▶▶1 3

$3(4x-2y)$

考え方　分配法則を使ってかっこをはずして計算する。

答え　$3(4x-2y)=3\times4x+3\times(-2y)$

$=$ □

●多項式と数の除法

教科書 p.19

□ 例題 2 次の計算をしなさい。 ▶▶2

$(8x-6y)\div2$

考え方　乗法の形に直して計算する。

答え　$(8x-6y)\div2$

$=(8x-6y)\times\dfrac{1}{2}$　逆数をかける

$=\overset{4}{\cancel{8}}x\times\dfrac{1}{\underset{1}{\cancel{2}}}-\overset{3}{\cancel{6}}y\times\dfrac{1}{\underset{1}{\cancel{2}}}$

$=$ □

プラスワン　分数の形の計算のしかた

$(8x-6y)\div2=\dfrac{8x-6y}{2}$

$=\dfrac{8x}{2}-\dfrac{6y}{2}$

$=4x-3y$

$\dfrac{a+b}{c}=\dfrac{a}{c}+\dfrac{b}{c}$ を使って計算することもできるよ。

●分数をふくむ式の計算

教科書 p.20

□ 例題 3 次の計算をしなさい。 ▶▶4

$\dfrac{2x-5y}{4}-\dfrac{x-4y}{3}$

考え方　通分するか，(分数)×(多項式)の形に変形する。

答え

●通分する

$\dfrac{2x-5y}{4}-\dfrac{x-4y}{3}$

$=\dfrac{3(2x-5y)}{12}-\dfrac{4(x-4y)}{12}$　通分する

$=\dfrac{3(2x-5y)-4(x-4y)}{12}$　1つの分数にまとめる

$=\dfrac{6x-15y-4x+16y}{12}$　分子のかっこをはずす

$=\dfrac{①\square}{12}$　同類項をまとめる

●(分数)×(多項式)の形に変形する

$\dfrac{2x-5y}{4}-\dfrac{x-4y}{3}$

$=\dfrac{1}{4}\times(2x-5y)-\dfrac{1}{3}\times(x-4y)$　変形する

$=\dfrac{1}{2}x-\dfrac{5}{4}y-\dfrac{1}{3}x+\dfrac{4}{3}y$　かっこをはずす

$=\dfrac{3}{6}x-\dfrac{2}{6}x-\dfrac{15}{12}y+\dfrac{16}{12}y$　項を入れかえて通分する

$=$ ② □　同類項をまとめる

1 【多項式と数の乗法】次の計算をしなさい。

教科書 p.19 問 9

□(1) $4(7a-b)$

□(2) $(2x-6y)\times(-3)$

□(3) $8\left(\frac{1}{2}x-\frac{3}{4}y\right)$

□(4) $(8x-16y)\times\left(-\frac{1}{4}\right)$

●キーポイント

(2) 分配法則を使う。

$(a+b)\times c$

$=a\times c+b\times c$

よく出る 2 【多項式と数の除法】次の計算をしなさい。

教科書 p.19 例 4

□(1) $(-12a+6b)\div 3$

□(2) $(-6a+24b)\div(-6)$

□(3) $(-18x+9y+27)\div 9$

□(4) $(6x-10y+2)\div(-2)$

絶対理解 3 【いろいろな計算】次の計算をしなさい。

教科書 p.20 例 5

□(1) $2(x+4y)+3(x-5y)$

□(2) $3(3a-b)-5(2a+b)$

□(3) $3(x+4y-2)-2(6x-y-1)$

●キーポイント

1 かっこをはずす

▼

2 項を並べかえる

▼

3 同類項をまとめる

絶対理解 4 【分数をふくむ式の計算】次の計算をしなさい。

教科書 p.20 例 6

□(1) $\frac{4x-3y}{6}+\frac{2x-3y}{4}$

□(2) $\frac{3x+y}{2}-\frac{5x-2y}{6}$

□(3) $\frac{1}{8}(2x-3y)-\frac{1}{2}(x+y)$

□(4) $a+2b-\frac{a-2b}{3}$

 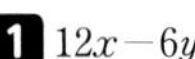 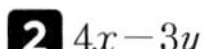 

例題の答え **1** $12x-6y$ **2** $4x-3y$ **3** ① $2x+y$ ② $\frac{1}{6}x+\frac{1}{12}y$

解答▶▶ p.2

ぴたトレ 1 要点チェック

1章　式の計算

1　式の計算
③　単項式の乗法・除法

●単項式と単項式の乗法

教科書 p.21～22

□ **例題 1** 次の計算をしなさい。 ▶▶1

(1)　$4x\times(-7y)$　　(2)　$(-3a)^2$

考え方　(1)　単項式（たんこうしき）と単項式の乗法では，係数の積に文字の積をかける。

(2)　同じ文字の積は，累乗（るいじょう）の指数を使って表す。

答え　(1)　$4x\times(-7y)$

$=4\times(-7)\times x\times y$

$=$ ①［　　　］

(2)　$(-3a)^2$

$=(-3a)\times(-3a)$

$=(-3)\times(-3)\times a\times a$

$=$ ②［　　　］

●単項式と単項式の除法

教科書 p.22

□ **例題 2** 次の計算をしなさい。 ▶▶2

(1)　$6xy\div(-3x)$　　(2)　$12ab\div\frac{4}{5}b$

考え方　(1)　分数の形にして，約分する。

(2)　乗法に直す。

答え　(1)　$6xy\div(-3x)$

$=-\frac{6xy}{3x}$　　$-\frac{\overset{2}{\cancel{6}}\times\overset{1}{\cancel{x}}\times y}{\underset{1}{\cancel{3}}\times\underset{1}{\cancel{x}}}$

$=$ ①［　　　］

(2)　$12ab\div\frac{4}{5}b=12ab\div\frac{4b}{5}=12ab\times\frac{5}{4b}$　　$\frac{\overset{3}{\cancel{12}}\times5\times a\times\overset{1}{\cancel{b}}}{\underset{1}{\cancel{4}}\times\underset{1}{\cancel{b}}}$

$=$ ②［　　　］

同じ文字は，数と同じように約分できるよ。

●乗法と除法の混じった計算

教科書 p.22～23

□ **例題 3** 次の計算をしなさい。 ▶▶3

$8a^2\div6ab\times3b$

考え方　除法を乗法に直して計算する。

答え　$8a^2\div6ab\times3b=8a^2\times\frac{1}{6ab}\times3b$

$=\frac{8a^2\times3b}{6ab}$

$=$ ［　　　］

プラスワン　いろいろな計算

$A\times B\div C=\frac{A\times B}{C}$

$A\div B\times C=\frac{A\times C}{B}$

$A\div B\div C=\frac{A}{B\times C}$

絶対理解 **1** 【単項式と単項式の乗法】次の計算をしなさい。

教科書 p.21 問2 例1

□(1) $4x \times 3y$

□(2) $(-8b^2) \times 2a$

□(3) $(-2a) \times (-3a)$

□(4) $(-x)^2 \times (-4x)$

□(5) $\frac{3}{4}x \times (-12y)$

□(6) $\left(-\frac{1}{3}a\right)^2 \times (-6b)$

⚠ミスに注意

$(-a^2) = -a^2$

$(-a)^2 = (-a) \times (-a)$
$= a^2$

2 【単項式と単項式の除法】次の計算をしなさい。

教科書 p.22 例2

□(1) $(-15ab) \div (-3a)$

□(2) $(-6y^3) \div 3y$

□(3) $9x^3y^2 \div (-3xy^2)$

□(4) $(-6x^2y^3) \div (-2y^2)$

□(5) $8xy \div \left(-\frac{2}{3}x\right)$

□(6) $\frac{6}{5}a^2b \div \frac{1}{10}b$

●キーポイント

約分するときは，累乗の式を，積の形に直すとわかりやすくなる。

$\frac{a^2}{a} = \frac{\overset{1}{\cancel{a}} \times a}{\underset{1}{\cancel{a}}} = a$

よく出る **3** 【乗法と除法の混じった計算】次の計算をしなさい。

教科書 p.22 例3

□(1) $5a^2b \div ab \times 3$

□(2) $(-4x^2) \div (-2x) \div x$

□(3) $3x^2y \times (-3y) \div 9xy$

□(4) $4ab^2 \times 6b^2 \div (-8ab)$

●キーポイント

符号（ふごう）を先に決めてから計算する。

(1)は，$5a^2b \times \frac{1}{ab} \times 3$ と考えて計算する。

例題の答え **1** ①$-28xy$ ②$9a^2$ **2** ①$-2y$ ②$15a$ **3** $4a$

解答▶▶ p.3

1　式の計算　①～③

1 次の計算をしなさい。

□(1)　$-ab-2b+(b-ab)$

□(2)　$x^2-4x+3+2x-7x^2-8$

□(3)　$4x-3y-12-(-x-3y+20)$

□(4)　$(3b-5a-2)+(3a-4b+9)$

□(5)　$(ab-5a^2-1)-(7a^2-8ab+3)$

□(6)　$(6x^2-2y-5)-(4+2y-3x^2)$

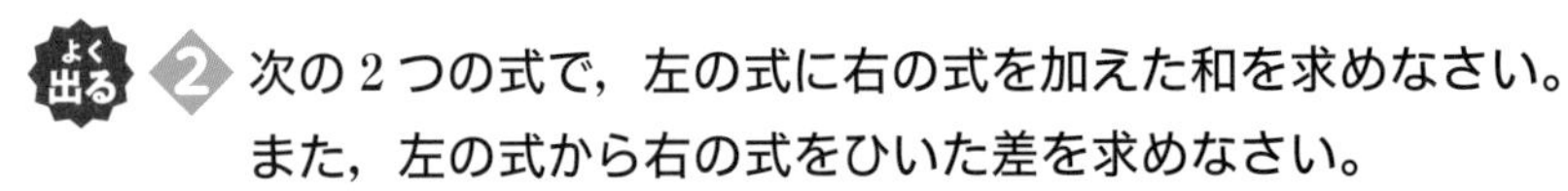

2 次の 2 つの式で，左の式に右の式を加えた和を求めなさい。また，左の式から右の式をひいた差を求めなさい。

□(1)　$-a-3b$，$2a-7b+2c$

□(2)　$12x^2-8x-3$，$6x-5-9x^2$

3 $A=3x-2y$，$B=x+4y$，$C=5x-3y$ のとき，次の計算をしなさい。

□(1)　$A+B+C$

□(2)　$A-(B-C)$

4 次の問いに答えなさい。

□(1)　$3x+2y-5$ にどんな式を加えると，$2x+3y+1$ になりますか。

□(2)　$4x-2y+13$ からどんな式をひくと，$5x-2y+10$ になりますか。

ヒント　4 (1)求める式を A とすると，$3x+2y-5+A=2x+3y+1$
(2)求める式を B とすると，$4x-2y+13-B=5x-2y+10$

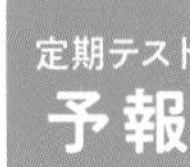

定期テスト予報

●文字式の計算を要領よくできるようにしよう。
複雑に見える文字式も，同類項をまとめることが基本だよ。暗算で計算してまちがえるよりも，途中の計算式を残しておくと，あとで確認ができるよ。

5 次の計算をしなさい。

□(1) $4(x-2y)+5(4x-y)$

□(2) $3(6a+5b)-2(3b-4a)$

□(3) $-3(3x^2-2x)+2(4x^2-5x)$

□(4) $\left(\frac{1}{2}x-3\right)-\left(\frac{1}{3}x-2\right)$

□(5) $\frac{1}{2}(2a+b)+\frac{1}{4}(a-4b)$

□(6) $\frac{a+b}{3}+\frac{a-b}{5}$

6 次の計算をしなさい。

□(1) $(-8x)\times\frac{3}{4}y$

□(2) $\left(-\frac{2}{3}a\right)\times\left(-\frac{3}{8}b\right)$

□(3) $\frac{4}{5}a^2\div 10a$

□(4) $\frac{4}{9}xy\div\left(-\frac{2}{3}y\right)$

□(5) $a\times 6ab\div 2a^2$

□(6) $24x^2y\div 3y\div(-2x)$

□(7) $(-2x)^2\times 9y\div 12xy$

□(8) $(ab)^2\div\left(-\frac{1}{3}b\right)^2\div(-6a)$

ヒント

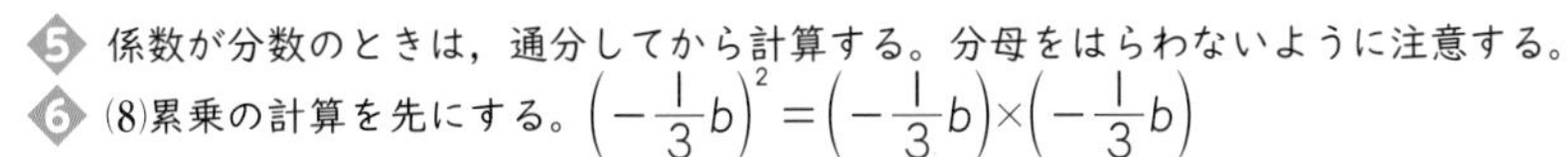

5 係数が分数のときは，通分してから計算する。分母をはらわないように注意する。

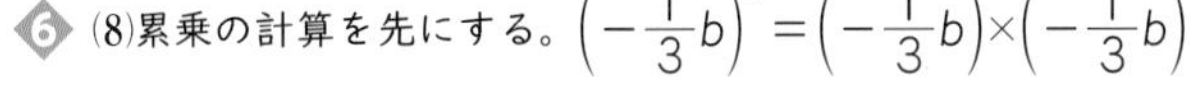

6 (8)累乗の計算を先にする。$\left(-\frac{1}{3}b\right)^2=\left(-\frac{1}{3}b\right)\times\left(-\frac{1}{3}b\right)$

解答▶▶ p.4

2　式の利用
①　式の値／②　文字式による説明／③　等式の変形

●式の値

教科書 p.25

□ **例題 1**　$x=3$，$y=-2$ のとき，$2(-2x+3y)-3(2x-3y)$ の値(あたい)を求めなさい。 ▶▶1

考え方　式を簡単にしてから，数を代入する。

答え　$2(-2x+3y)-3(2x-3y)=-4x+6y-6x+9y$

$=$ ①［　　　］

$x=3$，$y=-2$ を代入すると，

$-10\times3+15\times(-2)=$ ②［　　　］

●文字式による説明

教科書 p.26〜29

□ **例題 2**　連続する 2 つの奇数(きすう)の和は 4 の倍数になることを，文字式を使って説明しなさい。 ▶▶2 3

考え方　奇数は $2\times$(整数)$+1$ の形で表される。連続する 2 つの奇数を文字を使って表し，それらの和が $4\times$(整数) の形で表されることを示す。

説明　n を整数とすると，

小さい方の奇数は $2n+1$，

大きい方の奇数は $2n+$ ①［　　　］

と表される。この 2 数の和は，

$(2n+1)+(2n+$ ①［　　　］$)=2n+1+2n+3$

$=4n+4=4(n+$ ②［　　　］$)$

③［　　　］は整数だから，$4($③［　　　］$)$ は 4 の倍数である。

したがって，連続する 2 つの奇数の和は 4 の倍数である。

●等式の変形

教科書 p.32〜33

□ **例題 3**　$4a+b=6$ を，a について解きなさい。 ▶▶4

考え方　$a=$〜 の形に変形する。

答え　$4a+b=6$

$4a=6-b$ 　（b を移項(いこう)する）

$a=\dfrac{［　　　］}{4}$ 　（両辺を 4 でわる）

プラスワン　a について解く

はじめの等式を変形して，a の値を求める等式を導びくことを，等式を a について解くという。

1 **【式の値】** $x=-2$，$y=-3$ のとき，次の式の値を求めなさい。

教科書 p.25 問 1,2

□(1) $3(x-3y)-(4x-5y)$　　□(2) $-4xy^2\div(-2y)$

●キーポイント
式を簡単にしてから，数を代入すると，計算がしやすい。

2 **【文字式による説明】** 2 桁(けた)の自然数と，その十の位の数と一の位の数を入れかえてできる
□ 自然数との差が，9 の倍数になることを，文字式を使って説明しなさい。

教科書 p.28 例 2 問 4

●キーポイント
2 桁の自然数の十の位の数を a，一の位の数を b とすると，もとの自然数は $10a+b$，入れかえた数は $10b+a$

3 **【弧の長さの和】** 右の図で，BC＝2AB のとき，AB，BC をそれぞれ直径とする 2 つの半円の弧(こ)の長さの和と，AC を直径とする半円の弧の長さの関係について，次の問いに答えなさい。

教科書 p.30～31

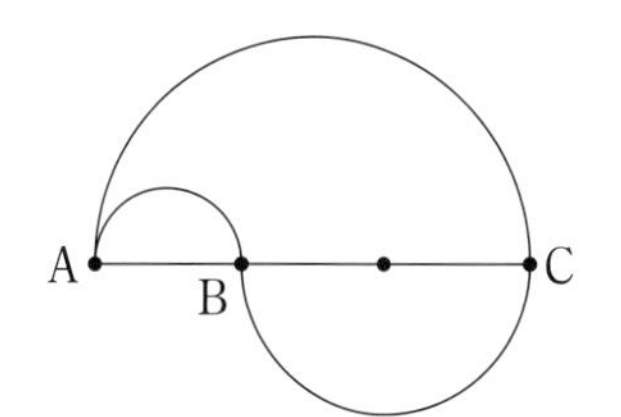

□(1) AB＝a として，AB，BC を直径とする半円の弧の長さを，それぞれ a を使って表しなさい。

●キーポイント
AB＝a とすると，
BC＝$2a$，AC＝$3a$

□(2) AB，BC をそれぞれ直径とする 2 つの半円の弧の長さの和は，AC を直径とする半円の弧の長さに等しくなることを，文字式を使って説明しなさい。

絶対理解 **4** **【等式の変形】** 次の等式を〔　〕内の文字について解きなさい。

教科書 p.32 問 2

□(1) $9x-3y=12$　〔y〕　　□(2) $n=\dfrac{x+y}{3}$　〔x〕

例題の答え **1** ① $-10x+15y$　② -60　**2** ① 3　② 1　③ $n+1$　**3** $6-b$

解答▶▶ p.6

2 式の利用 ①～③

1 $x=2$，$y=-\frac{1}{2}$ のとき，次の式の値を求めなさい。

□(1) $8(2x-3y)-5(3x-5y)$

□(2) $(-2x)^2\times\frac{1}{2}y\div(-2x)$

2 5，6，7 のような奇数から始まる連続する 3 つの整数の和は 6 の倍数になります。このことを，文字式を使って説明しなさい。
□

3 3 桁の自然数と，その百の位の数と一の位の数を入れかえてできる自然数との差は，99 の倍数になります。このことを，文字式を使って説明しなさい。
□

4 偶数と奇数の差は奇数であることを，文字式を使って説明しなさい。
□

5 各位の数の和が 9 の倍数である 3 桁の自然数は 9 の倍数になります。このことを，文字式を使って説明しなさい。
□

ヒント
3 3桁の自然数の百の位の数を a，十の位の数を b，一の位の数を c とすると，もとの数は，$100a+10b+c$
4 m，n を整数とすると，偶数は $2m$，奇数は $2n+1$

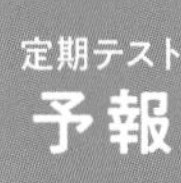

●文字を使って説明するしかたや，等式の変形のしかたを，しっかりと理解しておこう。
偶数，奇数，倍数，3桁の整数などの基本的な整数について，文字式での表し方を覚えておこう。また，等式の変形は，指定された文字についての方程式と考えるといいんだよ。

6 次の問いに答えなさい。

□(1) 右の図で，a，b をそれぞれ直径とする2つの半円の弧の長さの和は，$a+b$ を直径とする半円の弧の長さと等しくなります。このことを，文字式を使って説明しなさい。

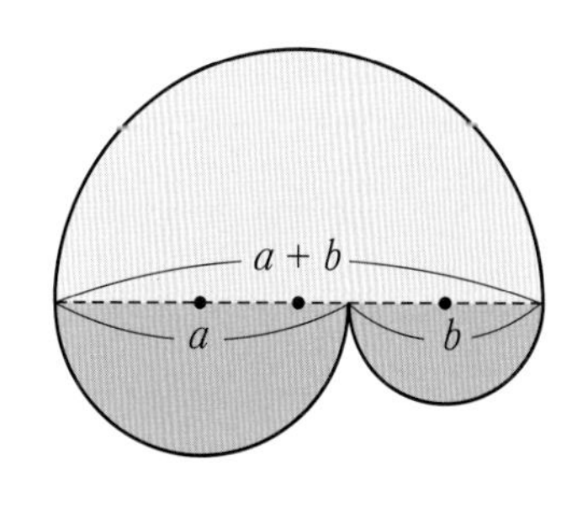

□(2) 縦が a，横が b，高さが c の直方体Aと，直方体Aの縦，横，高さをそれぞれ2倍にした直方体Bがあります。このとき，Bの体積はAの体積の何倍になるかを，文字式を使って説明しなさい。

7 次の等式を〔　〕内の文字について解きなさい。

□(1) $2x+3y=5$　〔y〕

□(2) $\ell=2(a+b)$　〔b〕

□(3) $S=\frac{1}{2}ah$　〔a〕

□(4) $c=\frac{5a+3b}{4}$　〔a〕

8 円柱の体積の公式 $V=\pi r^2h$ を，h について解きなさい。

□

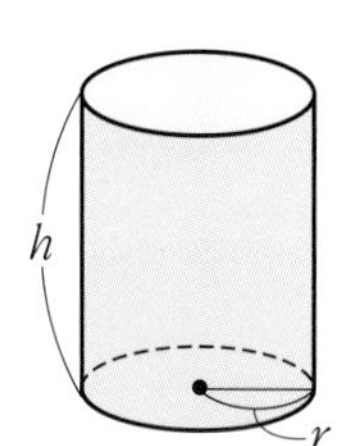

9 右のカレンダーで，✚で囲んだ5つの数2，8，9，10，16の和は，中央の数9の5倍に等しくなっています。ほかの場所でも，✚で囲んだ5つの数について同じことがいえますか。文字式を使って説明しなさい。

□

日	月	火	水	木	金	土
			1	2	3	4
5	6	7	8	9	10	11
12	13	14	15	16	17	18
19	20	21	22	23	24	25
26	27	28	29	30	31	

6 (2)直方体Bの縦，横，高さは $2a$，$2b$，$2c$ と表される。

9 中央の数を n として，上下左右の数を n を使って表す。

解答▶▶ p.6

ぴたトレ 3 確認テスト

1章　式の計算

❶ 次の㋐〜㋕の式について，下の問いに答えなさい。 知

㋐ $8x-3y$　㋑ $-2x^2$　㋒ $-x+9$

㋓ x^2-2x+1　㋔ $7xy-4x$　㋕ $3x$

(1) 単項式はどれですか。

(2) 1次式はどれですか。

❶	点/8点（各4点）
(1)	
(2)	

❷ 次の計算をしなさい。 知

(1) $2a+3b+a-9b$　(2) $x^2-9x+8-5x^2+6x-3$

(3) $(5a-7b)+(4a+3b)$　(4) $(3x+4y)-(2x-3y)$

(5)
$$\begin{array}{rr} & 8x-7y-4 \\ +) & 2x+4y-5 \\ \hline \end{array}$$

(6)
$$\begin{array}{rr} & 3a+2b \\ -) & 9a-5b-8 \\ \hline \end{array}$$

❷	点/30点（各5点）
(1)	
(2)	
(3)	
(4)	
(5)	
(6)	

❸ 次の計算をしなさい。 知

(1) $-5(2a+b-3)$　(2) $(8x-20y)\div4$

(3) $3(-2x+6y)+4(x-5y)$　(4) $\dfrac{2x+y}{2}-\dfrac{x-4y}{3}$

(5) $(-5a)^3$　(6) $(-32xy)\div(-8x)$

(7) $4xy\times(-9xy)\div(-18y^2)$

点UP (8) $\left(-\dfrac{a^2b}{6}\right)\div\dfrac{b}{3}\div4a$

❸	点/32点（各4点）
(1)	
(2)	
(3)	
(4)	
(5)	
(6)	
(7)	
(8)	

成績評価の観点　知…数量や図形などについての知識・技能　考…数学的な思考・判断・表現

❹ $x=3$, $y=-2$ のとき，次の式の値を求めなさい。知

(1) $4x-5y-(6x-8y)$　　(2) $6x^2y\div(-3x)$

❹ 点/10点（各5点）

(1)	
(2)	

❺ 3，7，11 のような差が 4 の連続する 3 つの整数の和は 3 の倍数であることを，文字式を使って説明しなさい。考

❺ 点/5点

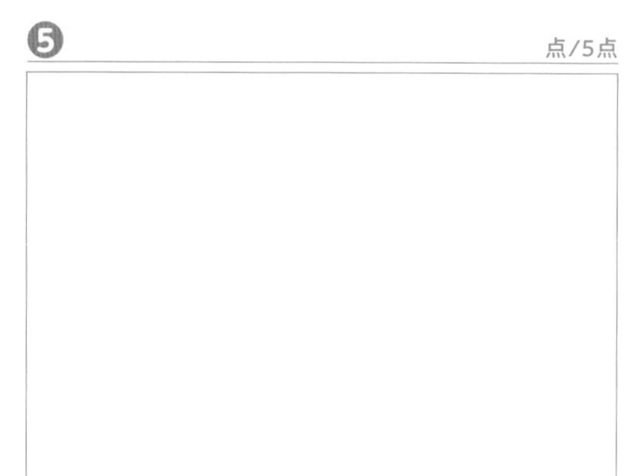

❻ 次の図のような 2 つの円 A と円 B があり，A の半径を x cm ちぢめた円を円 P，B の半径を x cm のばした円を円 Q とします。P と Q の円の周の和は，A と B の円の周の和と比べてどのように変わるかを，文字式を使って説明しなさい。考

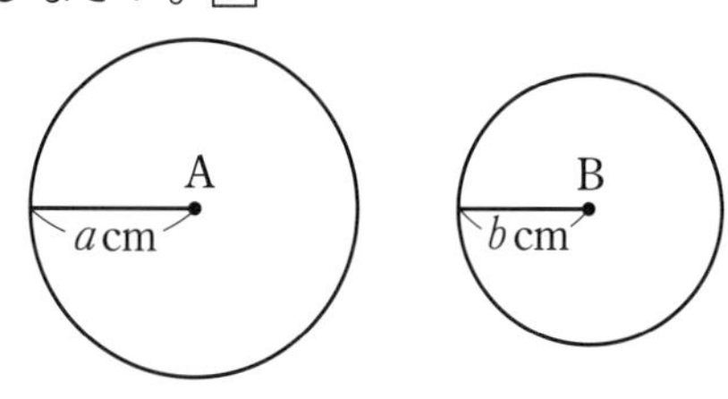

❻ 点/5点

❼ 次の等式を〔 〕内の文字について解きなさい。知

(1) $4x-2y-6=0$　〔y〕　 (2) $m=\frac{1}{2}(a-b+c)$　〔b〕

❼ 点/10点（各5点）

(1)	
(2)	

知 /90点	考 /10点

解答▶▶ p.8

教科書のまとめ〈1章　式の計算〉

●単項式と多項式

・数や文字をかけ合わせた形の式を**単項式**という。

・a や -3 のように，1つの文字や1つの数も単項式と考える。

・単項式の和の形で表された式を**多項式**という。

・多項式で，数だけの項を定数項という。

(例)　$2x-3y+2=\underline{2x}+(\underline{-3y})+\underline{2}$
（$2x$，$-3y$：項　2：定数項）

●次数

・単項式で，かけ合わされている文字の個数を，その単項式の次数という。

・多項式で，各項の次数のうちでもっとも大きいものを，その多項式の次数という。

・次数が1の式を1次式，次数が2の式を2次式という。

●同類項

・文字の部分がまったく同じ項を**同類項**という。

・同類項は，分配法則 $ax+bx=(a+b)x$ を使って1つの項にまとめることができる。

[注意]　x^2 と $2x$ は，文字が同じでも次数が異なるので，同類項ではない。

(例)　$ax+by-cx+dy$
　$=(a-c)x+(b+d)y$

●多項式の加法，減法

・多項式の加法は，式の各項をすべて加え，同類項をまとめる。

・多項式の減法は，ひく式の各項の符号(ふごう)を変えて加える。

・2つの式をたしたりひいたりするときは，それぞれの式にかっこと，記号＋，－をつけて計算する。

(例)　$(2x+y)-(4x-3y)$
　$=2x+y-4x+3y$
　$=-2x+4y$

●多項式と数の乗法・除法

・多項式と数の乗法では，分配法則

$$a(b+c)=ab+ac$$

を使って計算することができる。

・多項式を数でわる除法は，乗法の形に直して計算する。

●かっこがある式の計算

①かっこをはずす→②項を並べかえる→③同類項をまとめる

●分数をふくむ式の計算

方法1

①通分する→②1つの分数にまとめる
→③分子のかっこをはずす
→④同類項をまとめる

方法2

①分数×(多項式)の形にする
→②かっこをはずす
→③項を入れかえて，通分する
→④同類項をまとめる

●単項式の乗法・除法

・単項式と単項式の乗法では，係数の積，文字の積をそれぞれ求め，それらをかけ合わせる。

・同じ文字の積は，累乗(るいじょう)の指数を使って表す。

・単項式どうしの除法では，分数の形にするか，乗法に直して計算する。

(例)　$2x\times4y=(2\times4)\times(x\times y)=8xy$
　$-x\times2x=-2x^2$
　$6xy\div3x=\dfrac{6xy}{3x}=2y$

●等式の変形

等式 $x+2y=6$ を変形して $x=-2y+6$ の形にすることを，等式を x **について解く**という。

2章　連立方程式

次の学習に入る前に取り組もう。

□ 1次方程式を解く手順　◀ 中学1年

①必要であれば，かっこをはずしたり，分母をはらったりする。　$4(x-4)=x-1$
$4x-16=x-1$
②文字の項(こう)を一方の辺に，数の項を他方の辺に移項して集める。　$4x-x=-1+16$
③$ax=b$ の形にする。　$3x=15$
④両辺を x の係数 a でわる。　$x=5$

1 次の方程式を解きなさい。　◀ 中学1年〈1次方程式〉

(1)　$-\frac{2}{3}x=10$　　(2)　$7x-6=4+5x$

(3)　$5(2x-4)=8(x+1)$　　(4)　$0.7x-2.6=-0.4x+1.8$

ヒント
(3)かっこをはずしてから，移項すると……

(5)　$\frac{3}{4}x+1=\frac{1}{4}x-\frac{3}{2}$　　(6)　$\frac{x+3}{5}=\frac{3x-2}{4}$

ヒント
(5)，(6)両辺に分母の公倍数をかけて分母をはらうと……

2 何人かの生徒に色紙を配るのに，1人に4枚ずつ配ると15枚余り，6枚ずつ配ると3枚たりません。
生徒の人数を求めなさい。　◀ 中学1年〈方程式の利用〉

ヒント
色紙の枚数を，2通りの配り方で，それぞれ式に表すと……

3 100円の箱に，120円のプリンと150円のシュークリームを，あわせて12個つめて買うと，1660円でした。
プリンとシュークリームを，それぞれ何個ずつつめましたか。　◀ 中学1年〈方程式の利用〉

ヒント
プリンの個数を x 個として，シュークリームの個数を表すと……

解答▶▶ p.10

ぴたトレ 1 要点チェック

2章　連立方程式

1　連立方程式
①　連立方程式とその解／②　連立方程式の解き方 ――(1)

●連立方程式とその解

教科書 p.42〜44

□ 例題1　2元(げん)1次方程式 $3x+y=8$ ……㋐と，$x+2y=6$ ……㋑について，次の問いに答えなさい。 ▶▶1 2

(1)　㋐，㋑それぞれの式を成り立たせる x，y の値(あたい)の組を求めて，表にします。
　　あ，いにあてはまる数を求めなさい。

㋐

x	1	2	3	4	5
y	5	あ	-1	-4	-7

㋑

x	1	2	3	4	5
y	い	2	$\frac{3}{2}$	1	$\frac{1}{2}$

(2)　㋐と㋑の式を同時に成り立たせる x，y の値の組を求めなさい。

考え方　(1)　それぞれの方程式に x の値を代入し，y の値を求める。

答え　(1)　あ　㋐の式を y について解くと，$y=8-$ ①［　　］　㋐′

$x=2$ を㋐′に代入すると，　$y=8-3\times2=$ ②［　　］

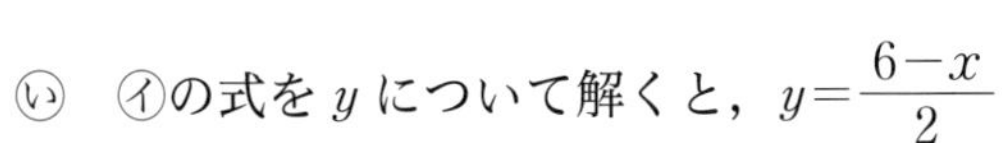

い　㋑の式を y について解くと，$y=\dfrac{6-x}{2}$　 ㋑′

$x=1$ を㋑′に代入すると，　$y=\dfrac{6-1}{2}=$ ③［　　］

(2)　(1)の表から，㋐，㋑の式を同時に成り立たせる x，y の値の組は，

$x=2$，$y=$ ②［　　］

●加減法①

教科書 p.45〜48

□ 例題2　次の連立(れんりつ)方程式を解きなさい。 ▶▶3

$$\begin{cases} 2x+y=7 & ㋐ \\ 3x-y=8 & ㋑ \end{cases}$$

考え方　㋐，㋑の左辺どうし，右辺どうしをそれぞれ加えて，y を消去(しょうきょ)する。

答え

$$\begin{array}{rl} 2x+y &= 7 \\ +)\ 3x-y &= 8 \\ \hline 5x \quad &= ①［　　］ \\ x \quad &= ②［　　］ \end{array}$$

y を消去

$x=3$ を㋐に代入すると，

$2\times3+y=7$

$y=$ ③［　　］

答　$\begin{cases} x= ②［　　］ \\ y= ③［　　］ \end{cases}$

プラスワン　連立方程式，加減法

連立方程式…$\begin{cases} x+y=2 \\ 2x+3y=5 \end{cases}$ のように，方程式を組にしたもの。

加減法(かげんほう)…連立方程式の左辺どうし，右辺どうしを加えたりひいたりして，1つの文字を消去して解く方法。

1 【連立方程式とその解】次の連立方程式について，下の問いに答えなさい。

$$\begin{cases} 2x+y=8 & ① \\ 4x+y=16 & ② \end{cases}$$

教科書 p.42～44 問 1～3

□(1) 2 元 1 次方程式①，②を成り立たせる x，y の値の組をそれぞれ求め，次の表を完成させなさい。

①

x	0	1	2	3	4
y					

②

x	0	1	2	3	4
y					

□(2) 方程式①と②を同時に成り立たせる x，y の値の組を求めなさい。

絶対理解 **2** 【連立方程式とその解】次の㋐～㋓の中で，連立方程式 $\begin{cases} x-y=-3 \\ 3x-y=1 \end{cases}$ の解はどれですか。

□

教科書 p.44 問 4

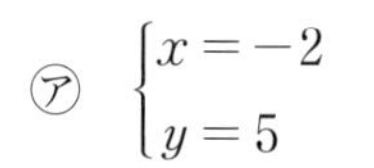

㋐ $\begin{cases} x=-2 \\ y=5 \end{cases}$　　㋑ $\begin{cases} x=2 \\ y=5 \end{cases}$

㋒ $\begin{cases} x=-1 \\ y=2 \end{cases}$　　㋓ $\begin{cases} x=1 \\ y=-2 \end{cases}$

●キーポイント
x，y の値を代入し，方程式が両方とも成り立つかどうかを調べる。

よく出る **3** 【加減法①】次の連立方程式を解きなさい。

教科書 p.47 例 1

□(1) $\begin{cases} x+y=5 \\ x-y=11 \end{cases}$　　□(2) $\begin{cases} 4x+y=6 \\ 2x+y=4 \end{cases}$

●キーポイント
連立方程式の左辺どうし，右辺どうしを加えたりひいたりして，1 つの文字を消去する。

□(3) $\begin{cases} -x+5y=-7 \\ x-4y=6 \end{cases}$　　□(4) $\begin{cases} 5x+3y=1 \\ 8x+3y=-2 \end{cases}$

例題の答え **1** ① $3x$　② 2　③ $\frac{5}{2}$　**2** ① 15　② 3　③ 1

解答▶▶ p.10

2章　連立方程式

1　連立方程式
②　連立方程式の解き方 ——(2)

●加減法②

教科書 p.48~49

□ 例題 1　次の連立方程式を解きなさい。 ▶▶ 1 2

$$\begin{cases} 8x+3y=1 & \text{㋐} \\ 5x+2y=1 & \text{㋑} \end{cases}$$

考え方　どちらかの文字を消去するために，消去したい文字の係数の絶対値をそろえる。
y の係数の絶対値を等しくするために，㋐の両辺を 2 倍，㋑の両辺を 3 倍する。

答え
㋐×2　　$16x+6y=2$　←　$(8x+3y)\times2=1\times2$
㋑×3　$-)\ 15x+6y=3$　←　$(5x+2y)\times3=1\times3$
$x\quad=$ ①［　　］

文字の係数の絶対値が等しくないときは，方程式を何倍かして，係数の絶対値をそろえる

ここがポイント

$x=-1$ を㋑に代入すると，

$5\times(-1)+2y=1$

$2y=$ ②［　　］

$y=$ ③［　　］

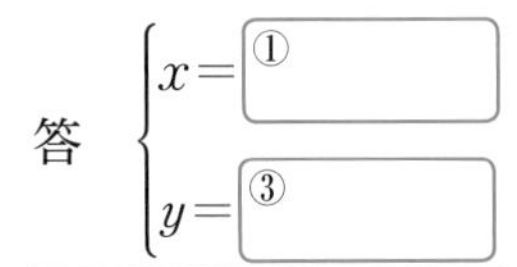

答 $\begin{cases} x= ①［　　］ \\ y= ③［　　］ \end{cases}$

●代入法

教科書 p.50~51

□ 例題 2　次の連立方程式を解きなさい。 ▶▶ 3

$$\begin{cases} 3x-2y=5 & \text{㋐} \\ y=x-4 & \text{㋑} \end{cases}$$

考え方　㋑を㋐に代入して，y を消去する。

答え　㋑を㋐に代入すると，

$3x-2(x-4)=5$

$3x-2x+8=5$

$x=$ ①［　　］

$3x-2(y)=5$ → $3x-2(x-4)=5$　←　$y=x-4$
y は $x-4$ に等しいから，y を $x-4$ におきかえる。

$x=-3$ を㋑に代入すると，

$y=$ ①［　　］-4

$=$ ②［　　］

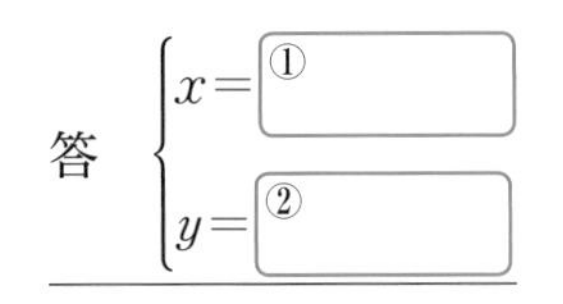

答 $\begin{cases} x= ①［　　］ \\ y= ②［　　］ \end{cases}$

プラスワン　代入法

代入法（だいにゅうほう）…一方の式を他方の式に代入することによって，1 つの文字を消去して解く方法。

数の場合と同じように，文字を式におきかえることも「代入する」といいます。

1 【加減法②】次の連立方程式を加減法で解きなさい。

教科書 p.48 例 2

□(1) $\begin{cases} x+2y=4 \\ 4x+3y=6 \end{cases}$

□(2) $\begin{cases} 2x+3y=8 \\ x+y=2 \end{cases}$

●キーポイント
x, y のどちらかの係数の絶対値を等しくするために，一方の方程式を何倍かする。

□(3) $\begin{cases} 2x+y=5 \\ x-4y=-2 \end{cases}$

□(4) $\begin{cases} 2x-y=4 \\ 5x+4y=-3 \end{cases}$

絶対理解 2 【加減法②】次の連立方程式を加減法で解きなさい。

教科書 p.49 例 3

□(1) $\begin{cases} -2x+3y=0 \\ 3x-2y=5 \end{cases}$

□(2) $\begin{cases} 3x+4y=10 \\ 5x-3y=7 \end{cases}$

●キーポイント
x, y のどちらかの係数の絶対値を等しくするために，両方の方程式をそれぞれ何倍かする。

□(3) $\begin{cases} 3x+2y=1 \\ 4x+5y=-15 \end{cases}$

□(4) $\begin{cases} 2x-6y=8 \\ 3x+4y=-1 \end{cases}$

よく出る 3 【代入法】次の連立方程式を代入法で解きなさい。

教科書 p.50 例 4

□(1) $\begin{cases} 3x-2y=-32 \\ x=-2y \end{cases}$

□(2) $\begin{cases} x-5y=-13 \\ y=-2x+7 \end{cases}$

⚠ミスに注意
式を代入するときは，かっこをつけて代入する。

□(3) $\begin{cases} y=3x-5 \\ y=-x+3 \end{cases}$

□(4) $\begin{cases} 2x-y=8 \\ 3x-2y=11 \end{cases}$

例題の答え **1** ①−1　②6　③3　**2** ①−3　②−7

解答▶▶ p.10

1 連立方程式
② 連立方程式の解き方 ——(3)

●いろいろな連立方程式

教科書 p.51〜52

□ 

例題 1 次の連立方程式を解きなさい。 ▶▶1〜3

(1) $\begin{cases} x+4y=11 & ㋐ \\ 3(x-1)-4y=-2 & ㋑ \end{cases}$

(2) $\begin{cases} 4x-3y=11 & ㋐ \\ \dfrac{1}{3}x+\dfrac{y}{2}=\dfrac{1}{6} & ㋑ \end{cases}$

考え方 (1) ㋑のかっこをはずして，整理してから解く。

(2) ㋑の両辺に，係数の分母の公倍数をかけて，係数を整数に直してから解く。

答え (1) ㋑のかっこをはずすと，

$3x-3-4y=-2$

$3x-4y=$ ① □ ㋒

㋐と㋒を組にした連立方程式を解く。

㋐ $x+4y=11$

㋒ $+)\ 3x-4y=1$

$4x=12$ ←yを消去

$x=$ ② □

$x=3$ を㋐に代入すると，

$3+4y=11$

$y=$ ③ □

答 $\begin{cases} x=3 \\ y= \end{cases}$ ③ □

(2) ㋑の両辺に 6 をかけると，

$\left(\dfrac{1}{3}x+\dfrac{y}{2}\right)\times 6=\dfrac{1}{6}\times$ ④ □

$2x+3y=1$ ㋒

㋐と㋒を組にした連立方程式を解く。

㋐ $4x-3y=11$

㋒ $+)\ 2x+3y=1$

$6x=12$ ←yを消去

$x=$ ⑤ □

$x=2$ を㋒に代入すると，

$2\times 2+3y=1$

$y=$ ⑥ □

答 $\begin{cases} x= \\ y=-1 \end{cases}$ ⑤ □

● $A=B=C$ の形の連立方程式

教科書 p.53

□ 例題 2 次の連立方程式を解きなさい。 ▶▶4

$2x-3y=10x+y=8$

考え方 $A=B=C$ の形の連立方程式を，$\begin{cases} A=C \\ B=C \end{cases}$ の形に直して解く。

答え $\begin{cases} 2x-3y=8 & ㋐ \\ 10x+y=8 & ㋑ \end{cases}$

㋐ $2x-3y=8$

㋑×3 $+)\ 30x+3y=24$

$32x=32$ ←yを消去

$x=$ ① □

$x=1$ を㋑に代入すると，

$10\times 1+y=8$

$y=$ ② □

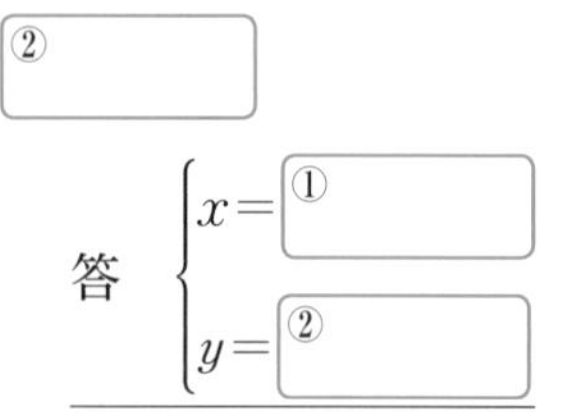

答 $\begin{cases} x= \\ y= \end{cases}$ ① □ ② □

よく出る **1** **【かっこをふくむ連立方程式】** 次の連立方程式を解きなさい。 教科書 p.51 例 5

□(1) $\begin{cases} 2x+y=10 \\ 2(x-y)-y=2 \end{cases}$　□(2) $\begin{cases} 5x+3(x-2y)=-6 \\ -4x+y=-7 \end{cases}$

絶対理解 **2** **【分数をふくむ連立方程式】** 次の連立方程式を解きなさい。 教科書 p.52 例 6

□(1) $\begin{cases} \dfrac{x}{2}+\dfrac{y}{3}=3 \\ 3x-y=9 \end{cases}$　□(2) $\begin{cases} 2x-3y=1 \\ -\dfrac{1}{4}x+\dfrac{4}{5}y=2 \end{cases}$

絶対理解 **3** **【小数をふくむ連立方程式】** 次の連立方程式を解きなさい。 教科書 p.52 問 9

□(1) $\begin{cases} 0.2x+0.1y=0.6 \\ 3x+4y=19 \end{cases}$　□(2) $\begin{cases} 4x+y=17 \\ -0.1x+0.2y=-1.1 \end{cases}$

●キーポイント
係数に小数があるときは，両辺に10や100をかけて，係数をすべて整数にしてから解く。

4 **【$A=B=C$ の形の連立方程式】** 次の連立方程式を解きなさい。 教科書 p.53 例 7

□　$4x+5y=-2x-4y=-6$

●キーポイント
$A=B=C$ の形の連立方程式は，
$\begin{cases} A=B \\ B=C \end{cases}$ $\begin{cases} A=B \\ A=C \end{cases}$ $\begin{cases} A=C \\ B=C \end{cases}$
のどれかの組み合わせをつくって解く。

例題の答え **1** ①1　②3　③2　④6　⑤2　⑥−1　**2** ①1　②−2

解答▶▶ p.11

1　連立方程式　①，②

1 2元1次方程式 $x+y=7$…①，$x-2y=4$…②について，下の(1)，(2)にあてはまるものを，次の㋐～㋓の中から選びなさい。

㋐ $\begin{cases} x=8 \\ y=-1 \end{cases}$　㋑ $\begin{cases} x=-2 \\ y=3 \end{cases}$　㋒ $\begin{cases} x=6 \\ y=1 \end{cases}$　㋓ $\begin{cases} x=-2 \\ y=-3 \end{cases}$

□(1)　①，②の解はそれぞれどれですか。

□(2)　①，②を連立方程式と考えたとき，その解はどれですか。

よく出る **2** 次の連立方程式を加減法で解きなさい。

□(1) $\begin{cases} x+2y=8 \\ x-2y=-4 \end{cases}$

□(2) $\begin{cases} 2x+y=-3 \\ 3x-y=-7 \end{cases}$

□(3) $\begin{cases} 5x-2y=5 \\ 2x+y=11 \end{cases}$

□(4) $\begin{cases} 3x+2y=8 \\ 2x-5y=18 \end{cases}$

3 次の連立方程式を代入法で解きなさい。

□(1) $\begin{cases} x=3y+5 \\ 2x+y=-4 \end{cases}$

□(2) $\begin{cases} 3x-y=4 \\ y=x+2 \end{cases}$

□(3) $\begin{cases} y=-x+2 \\ y=4x-8 \end{cases}$

□(4) $\begin{cases} 2x=3y-12 \\ 2x-y=-8 \end{cases}$

ヒント　**2** (4)どちらかの文字の係数の絶対値がそろうように，それぞれの式の両辺を何倍かする。
3 式を代入するときは，かっこをつける。

定期テスト **予報**	● x，y のどちらを消去するのがよいか見きわめよう。 連立方程式を解くポイントは，与えられた式を $ax+by=c$（a，b，c は整数）の形に直すこと。あとは，式の形をよく見て，加減法と代入法のどちらを使った方がよいか考えよう。

4 次の連立方程式を解きなさい。

□(1) $\begin{cases} 3x-y=5 \\ 2(x+1)=y+5 \end{cases}$

□(2) $\begin{cases} 3(x+1)=7+y \\ 2(x\quad y)-3-y \end{cases}$

□(3) $\begin{cases} \dfrac{1}{2}x+\dfrac{1}{3}y=4 \\ 3x-2y=0 \end{cases}$

□(4) $\begin{cases} \dfrac{x+y}{2}=-4 \\ \dfrac{x-y}{4}=x+3 \end{cases}$

□(5) $\begin{cases} 3x-2y=4 \\ 0.4x+0.1y=-2.4 \end{cases}$

□(6) $\begin{cases} x+2y=-5 \\ 0.2x-0.15y=0.1 \end{cases}$

よく出る 5 次の連立方程式を解きなさい。

□(1) $3x+4y=x+y=2$

□(2) $7x+y=8-y=5x+1$

6 次の問いに答えなさい。

□(1) 連立方程式 $\begin{cases} 3x+4y=9 \\ ax+5y=10 \end{cases}$ の解が $\begin{cases} x=-5 \\ y=b \end{cases}$ であるとき，a，b の値を求めなさい。

□(2) 2組の連立方程式 $\begin{cases} ax+4y=7 \\ 3x+y=13 \end{cases}$ $\begin{cases} x-2y-9 \\ 2x+by=-2 \end{cases}$ が同じ解をもつとき，a，b の値を求めなさい。

ヒント

4 (6)下の式の両辺を100倍して，係数を整数に直して解く。

6 (2)$3x+y=13$ と $x-2y=9$ を連立方程式として x，y の値を求め，残りの式に代入する。

解答▶▶ p.12

2 連立方程式の利用
① 連立方程式の利用

●代金と個数の問題

教科書 p.57～58

□ 
例題 1 1個150円のりんごと1個120円のオレンジを合わせて10個買うと，代金の合計が1380円になりました。買ったりんごとオレンジの個数を求めなさい。 ▸▸1

考え方 (りんごの個数)+(オレンジの個数)=10個
(りんごの代金)+(オレンジの代金)=1380円
上の2つの数量の関係を使って，連立方程式をつくる。

答え 買ったりんごの個数を x 個，オレンジの個数を y 個とすると，

$$\begin{cases} x+y=\boxed{①} & ㋐ \text{ 個数の関係} \\ 150x+120y=1380 & ㋑ \text{ 代金の関係} \end{cases}$$

㋐×150 $\quad 150x+150y=1500$
㋑ $\quad -)\ 150x+120y=1380$

$$30y=120$$
$$y=\boxed{②}$$

$y=4$ を㋐に代入すると，

$$x+4=10$$
$$x=\boxed{③}$$

りんごが6個，オレンジが4個は問題に適している。

答 りんご ③ 個，オレンジ ② 個

1 わかっている数量，わからない数量をはっきりさせ，どの数量を文字で表すかを明らかにする。

2 等しい関係にある数量を見つけて，連立方程式をつくる。

3 連立方程式を解く。

4 方程式の解が，問題に適しているかどうかを確かめる。

●割合の問題

教科書 p.61

□ **例題 2** ある中学校の生徒数は，昨年は男女合わせて580人でした。今年は，昨年と比べ，男子が4％減り，女子が5％増えたため，全体では2人増えました。
昨年の男子の生徒数を x 人，女子の生徒数を y 人として，等しい関係にある数量を見つけて，連立方程式をつくりなさい。 ▸▸3

考え方 数量の関係を表に整理する。

答え

	男子	女子	合計
昨年の生徒数(人)	x	y	580
今年の増加人数(人)	$-x\times\dfrac{\boxed{①}}{100}$	$y\times\dfrac{\boxed{②}}{100}$	③

連立方程式は，
$$\begin{cases} x+y=580 & \text{←昨年の生徒数の関係} \\ -\dfrac{4}{100}x+\dfrac{5}{100}y=2 & \text{←今年の増加人数の関係} \end{cases}$$

1【代金の問題】ある動物園の入園料は，大人3人と中学生4人では1000円，大人2人と中学生3人では700円です。大人1人，中学生1人の入園料を，それぞれ求めなさい。

教科書 p.59 例1

絶対理解 **2**【速さの問題】A市から80 km離(はな)れたB市まで自動車で行くのに，はじめは高速道路を時速80 kmで，途中(とちゅう)から一般(いっぱん)道路を時速30 kmで走ったら，全体で1時間20分かかりました。次の問いに答えなさい。

教科書 p.60 例2

□(1) 高速道路を走った道のりをx km，一般道路を走った道のりをy kmとして，数量の関係をまとめます。次の表の空欄(くうらん)をうめなさい。

	高速道路	一般道路	合計
道のり(km)	x		80
速さ(km/h)	80	30	
時間(時間)		$\frac{y}{30}$	$1\frac{1}{3}$

□(2) 連立方程式をつくり，高速道路，一般道路を走った道のりを，それぞれ求めなさい。

●キーポイント
(1) 1時間20分は，
$1\frac{20}{60}$
$=1\frac{1}{3}$(時間)
(2) 道のりの関係と，時間の関係から，連立方程式をつくる。

3【割合の問題】家からある町まで，電車とバスに乗って行きます。3年前は電車代とバス代を合わせると550円でした。今年は，3年前に比べ，電車代が20 %，バス代が40 %上がっていたので，全部で700円でした。3年前の電車代とバス代を，それぞれ求めなさい。

教科書 p.61 例3

●キーポイント
料金の値上がり分の(700−550)円について方程式をつくる。

4【割合の問題】12 %の食塩水と5 %の食塩水を混ぜて，8 %の食塩水350 gをつくります。それぞれ何gずつ混ぜればよいですか。

教科書 p.62 例4

●キーポイント
食塩水の濃度(%)
$=\frac{食塩の量(g)}{食塩水全体の量(g)}\times 100$

例題の答え **1** ①10 ②4 ③6 **2** ①4 ②5 ③2

2　連立方程式の利用　①

よく出る

1 1個60円のみかんと1個90円のりんごを合わせて20個買い，代金の合計が1410円になるようにします。みかんとりんごを，それぞれ何個買えばよいですか。

□

2 子ども会で美術館に行きました。参加した子どもの人数は，大人の人数の2倍より5人少なかったそうです。美術館の入館料は，大人1人が600円，子ども1人が300円で，入館料の総額は28500円でした。参加した大人と子どもの人数を，それぞれ求めなさい。

□

よく出る

3 ある人が200 kmの道のりを自動車で走りました。その途中(とちゅう)で高速道路を通りました。高速道路では時速90 km，一般(いっぱん)道路では時速30 kmで走り，全体で3時間20分かかりました。高速道路を走った道のりと一般道路を走った道のりを，それぞれ求めなさい。

□

4 池のまわりにある周囲2 kmの道を，A，Bの2人が同じ場所から同時に出発して，歩いて回ります。反対向きに回ると2人は10分後に出会い，同じ向きに回ると50分後にAがBに追いつきます。A，Bの歩く速さは，それぞれ分速何mですか。

□

5 A，Bの2人がバスケットボールを使ってシュートすることにしました。1本入るごとに3点，はずれるごとに −1点を加えていき，それぞれの得点とするように決めました。2人とも10本ずつシュートしたとき，2人の得点の和は24点で，Aの得点はBの得点より4点多くなりました。Aがシュートして入った本数を求めなさい。

□

ヒント　**4** 反対向きに回るとき　(Aの歩いた道のり)＋(Bの歩いた道のり)＝(道の全長)
同じ向きに回るとき　(Aの歩いた道のり)－(Bの歩いた道のり)＝(道の全長)　(1周遅れ)

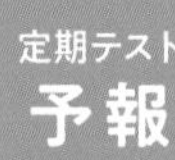

●連立方程式を利用して問題を解く手順を，しっかりと理解しておこう。
問題文の中の数量の何を x，y で表せばよいかよく考えて，連立方程式をつくろう。また，連立方程式の解を求めたら，それが問題に適しているかどうか調べることを忘れないように。

よく出る **6** ある学校の昨年度の生徒数は，男女合わせて 450 人でした。今年度は昨年度と比べ，男子が 10 % 増え，女子は 5 % 減ったため，全体では 12 人増えました。今年度の男子と女子の人数を，それぞれ求めなさい。

7 ある動物園の入園料は，中学生 3 人と大人 2 人で 3100 円でした。また，中学生 35 人と大人 1 人では，中学生だけが団体として 2 割引となったため，大人 1 人分と合わせて，14800 円でした。この動物園の中学生 1 人，大人 1 人の入園料を，それぞれ求めなさい。

8 6 % の食塩水と 12 % の食塩水を混ぜて，10 % の食塩水 300 g をつくります。それぞれ何 g ずつ混ぜればよいですか。

よく出る **9** 2 桁（けた）の自然数があります。その十の位の数を 2 倍すると，一の位の数と等しくなります。また，この自然数の十の位の数と一の位の数を入れかえてできる自然数は，もとの自然数より 27 大きくなります。もとの自然数を求めなさい。

10 周囲の長さが 50 cm の長方形があります。この長方形を，右の図のように縦方向に 3 枚，横方向に 2 枚しきつめると正方形ができます。この長方形の縦と横の長さを，それぞれ求めなさい。

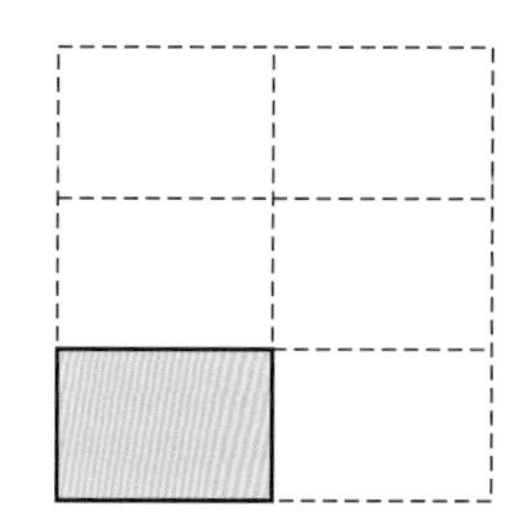

ヒント
6 昨年度の男子の人数を x 人，女子の人数を y 人として連立方程式をつくる。
9 もとの自然数の十の位の数を x，一の位の数を y として連立方程式をつくる。

解答▶▶ p.15

ぴたトレ
3
確認テスト

2章　連立方程式

❶ 2元1次方程式 $3x+y=10$ について，次の問いに答えなさい。知

(1) $\begin{cases} x=6 \\ y=-8 \end{cases}$ は，この方程式の解といえますか。

(2) x，y を自然数とするとき，この方程式の解をすべて求めなさい。

❶　点/8点（各4点）

(1)	
(2)	

❷ 次の連立方程式を解きなさい。知

(1) $\begin{cases} 2x+y=7 \\ x=y+8 \end{cases}$

(2) $\begin{cases} x-y=-11 \\ x+y=3 \end{cases}$

(3) $\begin{cases} 5x-3y=2 \\ 3x+2y=5 \end{cases}$

(4) $\begin{cases} 2x+3y-1=0 \\ -3x-2y+9=0 \end{cases}$

❷　点/16点（各4点）

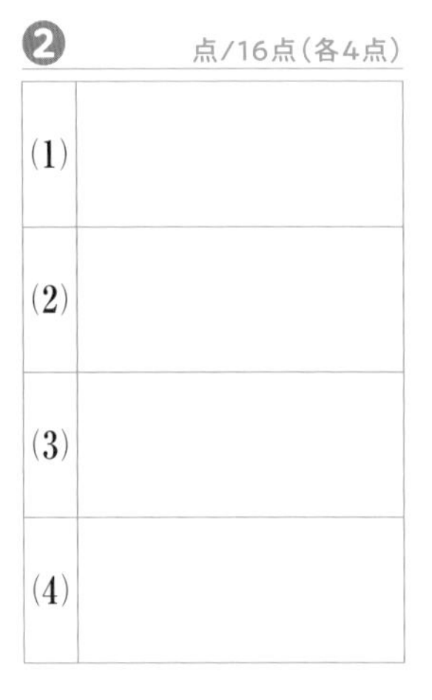

(1)	
(2)	
(3)	
(4)	

❸ 次の連立方程式を解きなさい。知

(1) $\begin{cases} 5(x+y)=2x \\ 4(x+3y)=x-y \end{cases}$

(2) $\begin{cases} 6x-y=-2 \\ \dfrac{1}{2}x-\dfrac{4}{5}y=7 \end{cases}$

(3) $\begin{cases} 4x+9y=3 \\ 0.1x+0.8y=-0.5 \end{cases}$

点UP (4) $\begin{cases} 0.3x-0.5y=3.5 \\ \dfrac{1}{5}x-\dfrac{3}{4}y=4 \end{cases}$

(5) $4x+3y=-2x-6y=6$

(6) $x+y=x-y+2=2y-4$

❸　点/36点（各6点）

(1)	
(2)	
(3)	
(4)	
(5)	
(6)	

成績評価の観点　知…数量や図形などについての知識・技能　考…数学的な思考・判断・表現

❹ 次の問いに答えなさい。 知

(1) 連立方程式 $\begin{cases} ax+by=12 \\ bx+ay=-20 \end{cases}$ の解が $\begin{cases} x=2 \\ y=-6 \end{cases}$ になるとき，

a，b の値を求めなさい。

(2) 連立方程式 $\begin{cases} x+y=6 \\ x-y=2a \end{cases}$ の解が２元１次方程式 $2x-3y=7$ を満たすとき，a の値とこの連立方程式の解を求めなさい。

❹ 点/12点(各6点)(各完答)

(1)	a の値
	b の値
(2)	a の値
	連立方程式の解

❺ ノート３冊とボールペン２本を買い，650円はらいました。このときのノート２冊とボールペン３本の代金は同じでした。ノート１冊とボールペン１本の値段を，それぞれ求めなさい。考

❺ 点/6点(完答)

❻ ２つの数があります。大きい方の数から小さい方の数をひいた差は50になります。また，小さい方の数の２倍に21を加えると大きい方の数と等しくなります。この２つの数を求めなさい。考

❻ 点/6点

❼ A地点から14 km 離（はな）れたB地点までの間を往復しました。行きはA地点から２時間歩き，そのあと30分間自転車に乗ってB地点に着きました。帰りはB地点から30分間歩き，そのあと１時間自転車に乗ってA地点に着きました。ただし，歩く速さ，自転車の速さはそれぞれ一定であるとします。次の問いに答えなさい。 考

(1) 自転車の速さを時速 y km として，30分間に進んだ道のりを求めなさい。

(2) 歩く速さと自転車の速さは，それぞれ時速何 km ですか。

❼ 点/16点(各8点)

((2)完答)

２章 教科書40〜67ページ

知 /72点	考 /28点

解答▸▸ p.16

教科書のまとめ〈2章　連立方程式〉

●連立方程式と解

・2種類の文字をふくむ1次方程式を**2元1次方程式**といい，2元1次方程式を成り立たせる2種類の文字の値の組を，その2元1次方程式の**解**という。

・2つの2元1次方程式を1組と考えたものを**連立方程式**または連立2元1次方程式という。

・連立方程式で，2つの方程式を同時に成り立たせる x，y の値の組を，連立方程式の**解**といい，解を求めることを，連立方程式を**解く**という。

●連立方程式の解き方

文字 y をふくむ連立方程式から，y をふくまない1つの方程式をつくることを，y を**消去する**という。

●加減法

・連立方程式の左辺どうし，右辺どうしを加えたりひいたりすることによって，1つの文字を消去する連立方程式の解き方を**加減法**という。

・2つの式をそのまま加えてもひいても，文字を消去することができないときは，どちらかの文字を消去するために，一方の方程式の両辺，もしくは両方の方程式の両辺を何倍かして，消去する文字の係数の絶対値をそろえる。

(例) $\begin{cases} 2x+3y=1 & ① \\ 3x+4y=2 & ② \end{cases}$

$$\begin{array}{lrr} ①\times3 & & 6x+9y=3 \\ ②\times2 & -) & 6x+8y=4 \\ \hline & & y=-1 \end{array}$$

$y=-1$ を①に代入すると，

$2x-3=1$　　$x=2$

答 $\begin{cases} x=2 \\ y=-1 \end{cases}$

●代入法

一方の式を他方の式に代入することによって，1つの文字を消去する連立方程式の解き方を**代入法**という。

(例) $\begin{cases} y=3x & ① \\ 5x-2y=1 & ② \end{cases}$

①を②に代入すると，

$5x-2\times3x=1$

$x=-1$

$x=-1$ を①に代入すると，$y=-3$

答 $\begin{cases} x=-1 \\ y=-3 \end{cases}$

●係数が整数でない連立方程式

・係数に小数があるときは，両辺に10や100などをかけて，係数を整数にする。

・係数に分数があるときは，両辺に分母の公倍数をかけて，係数を整数にする。

●$A=B=C$ の形の連立方程式

次のいずれかの連立方程式をつくって解く。

$\begin{cases} A=B \\ A=C \end{cases}$　$\begin{cases} A=B \\ B=C \end{cases}$　$\begin{cases} A=C \\ B=C \end{cases}$

●連立方程式を利用して問題を解く手順

1 問題の中にある，数量の関係を見つけ，図や表，ことばの式で表す。

2 わかっている数量，わからない数量をはっきりさせ，文字を使って連立方程式をつくる。

3 連立方程式を解く。

4 連立方程式の解が問題に適しているかどうかを確かめ，適していれば問題の答えとする。

※割合の問題では，割合を分数で表すときに，約分せずに表し，方程式の両辺を100倍などするとよい。

3章　1次関数

次の学習に入る前に取り組もう。

□比例のグラフ

◀中学1年

比例の関係 $y=ax$ のグラフは，原点を通る直線で，比例定数 a の値によって次のように右上がりか，右下がりになる。

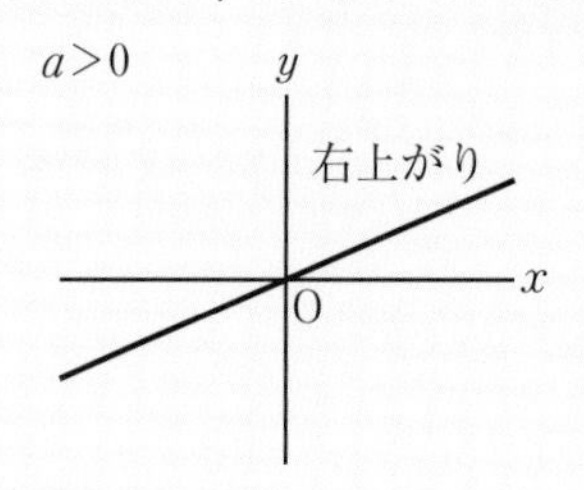

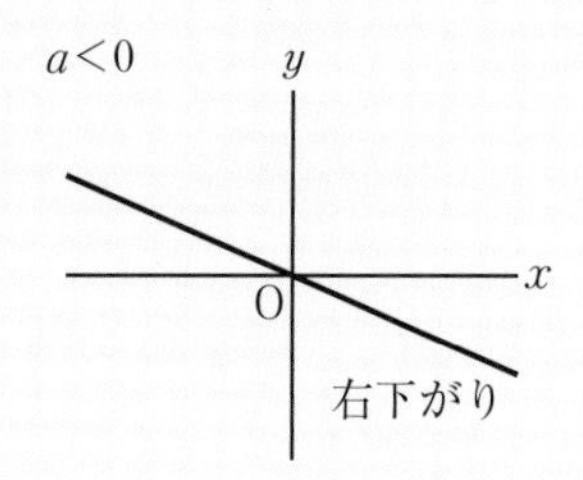

1 次の x と y の関係を式に表しなさい。このうち，y が x に比例するものはどれですか。また，反比例するものはどれですか。

◀中学1年〈比例，反比例〉

(1)　1辺の長さが x cm の正方形の周の長さ y cm

(2)　120ページの本を，x ページ読んだときの残りのページ数 y ページ

(3)　面積 30 cm^2 の長方形の縦の長さ x cm と横の長さ y cm

ヒント
比例定数を a とすると，比例の関係は
$y=ax$
反比例の関係は
$y=\frac{a}{x}$
だから……

2 次の(1)～(3)のグラフをかきなさい。

◀中学1年〈比例のグラフ〉

(1)　$y=x$　　(2)　$y=-\frac{1}{3}x$　　(3)　$y=\frac{5}{2}x$

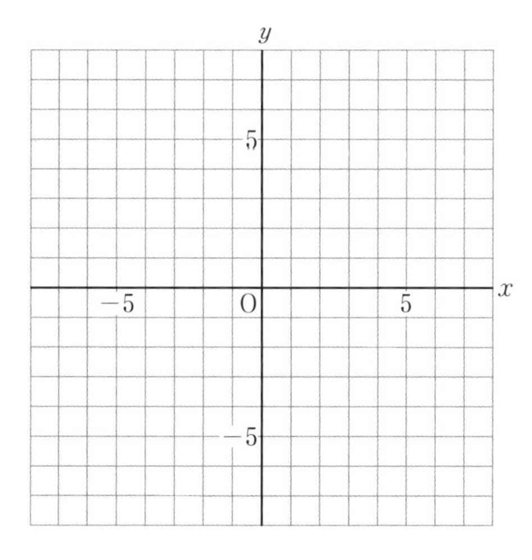

ヒント
比例のグラフは，原点ともう1つの点をとると……

解答▶▶ p.18

1 1次関数
① 1次関数

● 1次関数

教科書 p.72~73

□ 例題 1 大気中の気温は，上空 11 km まで 1 km 上昇(じょうしょう)するごとに 6 ℃ ずつ下がります。地上の気温が 27 ℃ であるとき，上空 x km の気温を y ℃ とします。次の問いに答えなさい。 ▶▶1

(1) y を x の式で表しなさい。

(2) y は x の 1 次関数であるといえますか。

考え方 (2) y が x の関数で，$y=ax+b$(a，b は定数，$a \neq 0$)で表されるとき，y は x の 1 次関数であるという。

答え (1) 1 km 上昇するごとに 6 ℃ ずつ下がるから，x km では $6x$ ℃ 下がる。

地上の気温が 27 ℃ だから，

$y=27-$ ① ［　　］ すなわち，$y=-$ ① ［　　］ $+27$

(2) $y=ax+b$(a，b は定数)の形に表されるから，y は x の 1 次関数と ② ［　　］。

● 変化の割合

教科書 p.74~75

□ 例題 2 1 次関数 $y=3x-2$ で，x の値(あたい)が次のように増加したときの変化の割合を求めなさい。 ▶▶2 3

(1) 3 から 7 まで　　(2) -4 から 2 まで

考え方 x の増加量をもとにしたときの y の増加量の割合を，変化の割合という。

$$(\text{変化の割合})=\frac{(y\text{の増加量})}{(x\text{の増加量})}$$

答え (1) x の増加量は，

$7-3=$ ① ［　　］

y の増加量は，

$(3\times7-2)-(3\times3-2)=12$

だから，

$$(\text{変化の割合})=\frac{(y\text{の増加量})}{(x\text{の増加量})}=\frac{12}{①\,[\quad]}=3$$

(2) x の増加量は，

$2-(-4)=$ ② ［　　］

y の増加量は，

$(3\times2-2)-\{3\times(-4)-2\}=18$

だから，

$$(\text{変化の割合})=\frac{(y\text{の増加量})}{(x\text{の増加量})}=\frac{18}{②\,[\quad]}=3$$

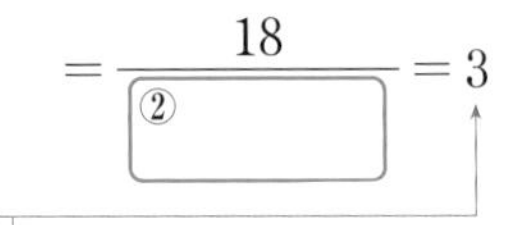

ここがポイント 1 次関数 $y=ax+b$ では，変化の割合は一定で，x の係数 a に等しい。

絶対理解 **1** 【1次関数】次の(1)～(3)で，y を x の式で表しなさい。
また，y は x の1次関数であるといえますか。 教科書 p.73 問3

●キーポイント
比例は1次関数の特別な場合といえる。

□(1) 分速 x m で30分歩いたときの道のりが y m である。

□(2) 1辺の長さが x cm の正方形の面積が y cm² である。

□(3) 上底4 cm，下底 x cm，高さ10 cm の台形の面積が y cm² である。

2 【変化の割合】1次関数 $y=2x+1$ について，次の問いに答えなさい。 教科書 p.75 問5,8

●キーポイント
1次関数 $y=ax+b$ では，
$$(\text{変化の割合})=\frac{(y\text{の増加量})}{(x\text{の増加量})}=a$$
である。

□(1) x の値が次のように増加したときの変化の割合を求めなさい。
① 2から8まで　② −4から1まで

□(2) x の増加量が次のときの y の増加量を求めなさい。
① 1　② 4

3 【変化の割合】1次関数 $y=-2x+1$ で，x の値が1から4まで増加したときの y の増加量
□ を求めなさい。 教科書 p.75 問8

例題の答え **1** ①$6x$ ②いえる **2** ①4 ②6

3章 教科書72～75ページ

1 1次関数
② 1次関数のグラフ

●1次関数のグラフ

教科書 p.76~78

□ **例題 1** 1次関数 $y=3x+2$ のグラフについて，次の問いに答えなさい。 ▶▶ 1 2 4

(1) $y=3x$ のグラフをどのように移動した直線ですか。

(2) グラフの切片(せっぺん)を答えなさい。

考え方 1次関数 $y=ax+b$ のグラフは，$y=ax$ のグラフを y 軸(じく)の正の向きに b だけ平行移動した直線である。また，b をこのグラフの切片という。

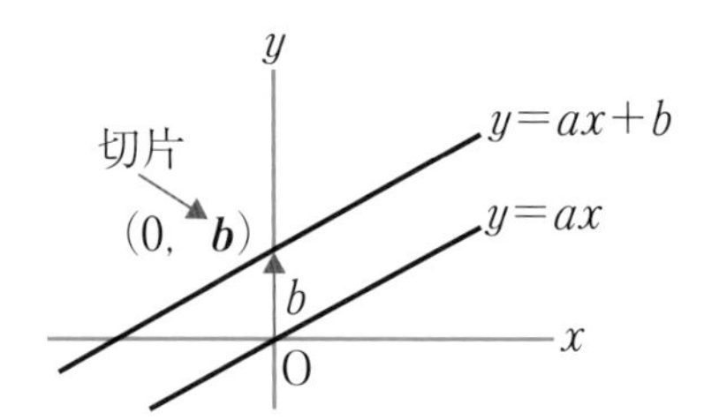

1次関数 $y=ax+b$ の定数の部分 b は，
・$x=0$ のときの y の値(あたい)
・グラフと y 軸との交点 $(0,\ b)$ の y 座標

答え (1) 1次関数 $y=3x+2$ のグラフは $y=3x$ のグラフを y 軸の正の向きに ① だけ平行移動した直線である。

(2) 1次関数 $y=3x+2$ のグラフの切片は ② である。

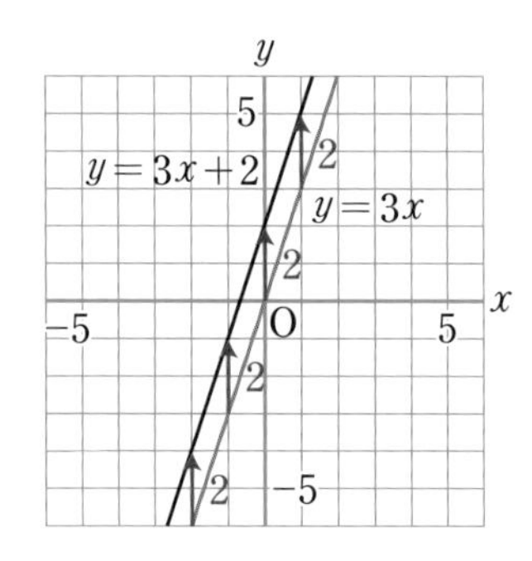

プラスワン y 軸の正の向きに -3 移動すること

y 軸の正の向きに -3 移動することは，y 軸の負の向きに3だけ平行移動することと同じです。

●グラフの傾き

教科書 p.79~80

□ **例題 2** 1次関数 $y=3x-2$ のグラフの傾き(かたむ)きを答えなさい。 ▶▶ 3 4

考え方 1次関数 $y=ax+b$ のグラフで，a を傾きという。

答え $a=3$ だから，傾きは ＿＿ である。

プラスワン 1次関数 $y=ax+b$ のグラフ

1次関数 $y=ax+b$ のグラフは，傾きが a，切片が b の直線である。

1 $a>0$ のとき，右上がり

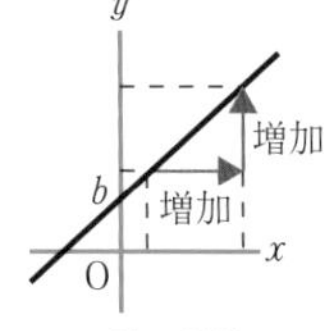

x の値が増加すると，y の値も増加する。

2 $a<0$ のとき，右下がり

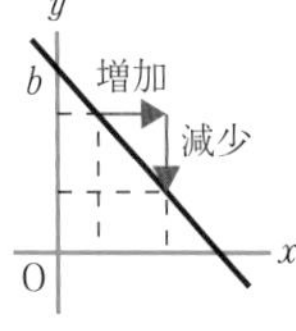

x の値が増加すると，y の値は減少する。

傾き a の絶対値が大きいほど，傾きは急になります。

絶対理解 **1** 【1次関数のグラフ】右の図の直線は $y=3x$ のグラフです。

□ このグラフを利用して，$y=3x-4$ のグラフをかき入れなさい。

また，$y=3x-4$ のグラフは，$y=3x$ のグラフをどのように移動させたものですか。 教科書 p.78 問 2,3

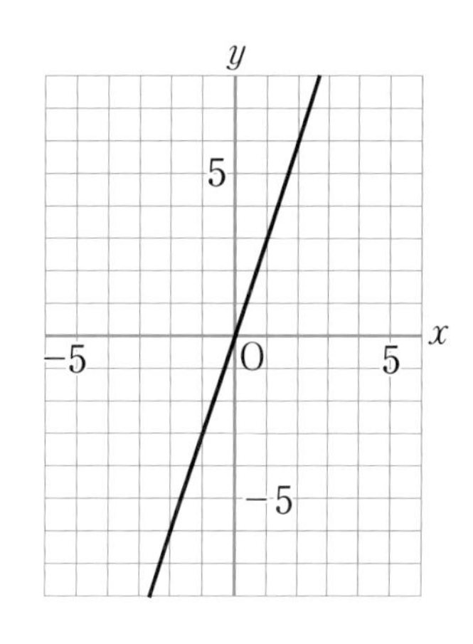

2 【グラフの切片】次の1次関数のグラフの切片を答えなさい。 教科書 p.78 問 3

□(1) $y=2x-3$　　□(2) $y=-3x+1$

●キーポイント
1次関数 $y=ax+b$ の b をこのグラフの切片という。

よく出る **3** 【グラフの傾き】次の1次関数のグラフの傾きを答えなさい。 教科書 p.80 問 7

□(1) $y=4x-1$　　□(2) $y=-x+5$

4 【1次関数の表，式，グラフ】1次関数 $y=-3x+4$ の表，式，グラフの関係を次のようにまとめます。□にあてはまる数やことばを答えなさい。 教科書 p.81 問 8

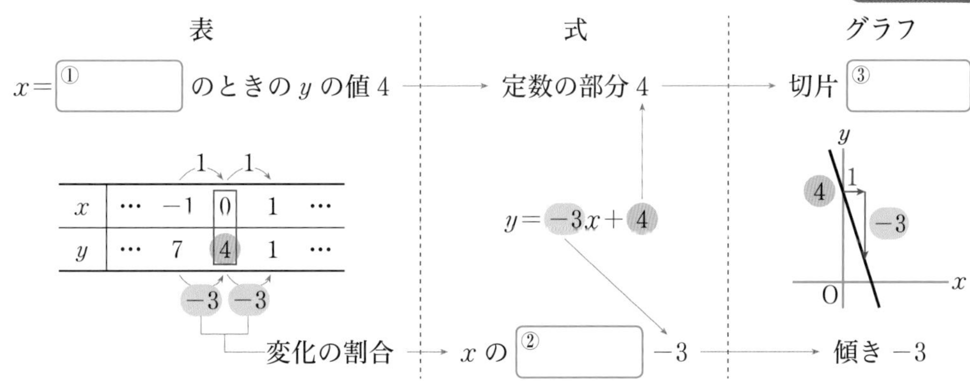

例題の答え **1** ①2　②2　**2** 3

解答▶▶ p.18

3章 1次関数

1 1次関数
③ 1次関数のグラフのかき方・式の求め方 ——(1)

1次関数のグラフのかき方

教科書 p.82

例題 1 次の1次関数のグラフのかき方を説明しなさい。 ▶▶1 2

(1) $y=\frac{1}{3}x+4$　　(2) $y=-2x-3$

考え方　1次関数のグラフ上の2点をとって，直線を引く。

答え (1) 切片が ① [　　] であるから，y 軸上の点 $(0,\ 4)$ を通る。 ｝切片から1点を決める

また，傾きが $\frac{1}{3}$ であるから，

点 $(0,\ 4)$ から，たとえば，右へ ② [　　]，上へ1だけ

進んだ点 $(3,\ 5)$ を通る。 ｝傾きから1点を決める

グラフは，次の図の直線になる。

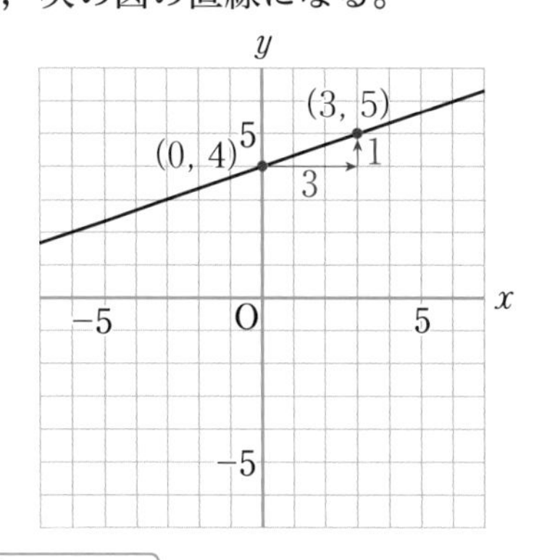

(2) 切片が ③ [　　] であるから，

y 軸上の点 $(0,\ -3)$ を通る。

また，傾きが -2 であるから，点 $(0,\ -3)$ から，

たとえば，右へ1，下へ ④ [　　] だけ進んだ

点 $(1,$ ⑤ [　　]$)$ を通る。

グラフは，右の図の直線になる。

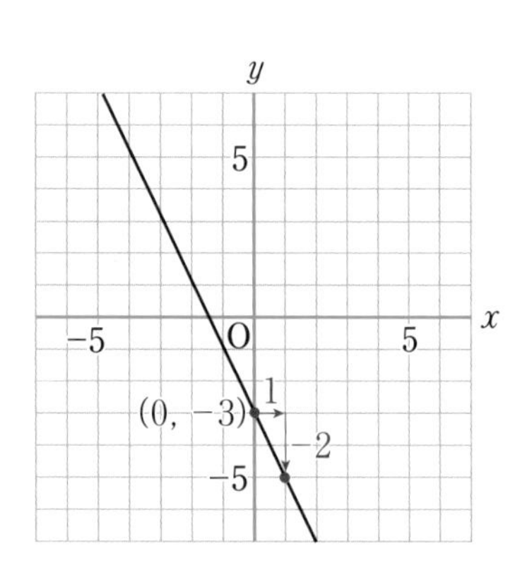

プラスワン 1次関数のグラフ上の2点のとり方

1次関数 $y=\frac{1}{3}x+4$ のグラフは，2点 $(0,\ 4)$，$(6,\ 6)$ や2点 $(-3,\ 3)$，$(6,\ 6)$ を通る直線を引いてもかくことができる。

グラフ上の2点は，x 座標と y 座標がともに整数である点をとると，かきやすくなります。

絶対理解 **1** 【1次関数のグラフのかき方】次の1次関数のグラフと y 軸の交点の座標を答えなさい。また，それぞれのグラフを，下の図にかき入れなさい。

教科書 p.82 例1

□(1) $y=2x+1$

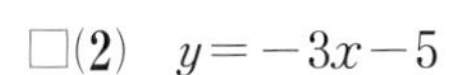

□(2) $y=-3x-5$

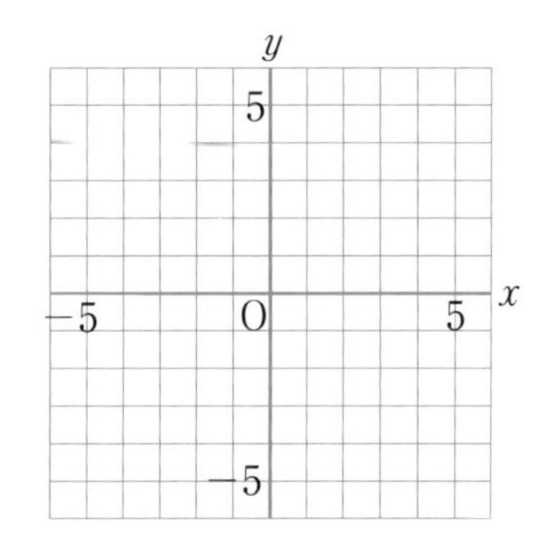

●キーポイント
離(はな)れた2点をとった方が，グラフを正確にかくことができる。

□(3) $y=\dfrac{3}{5}x+2$

□(4) $y=-\dfrac{2}{3}x-2$

2 【1次関数のグラフのかき方】次の1次関数のグラフを，下の図にかき入れなさい。

教科書 p.82 例1

□(1) $y=3x-3$

□(2) $y=-x+4$

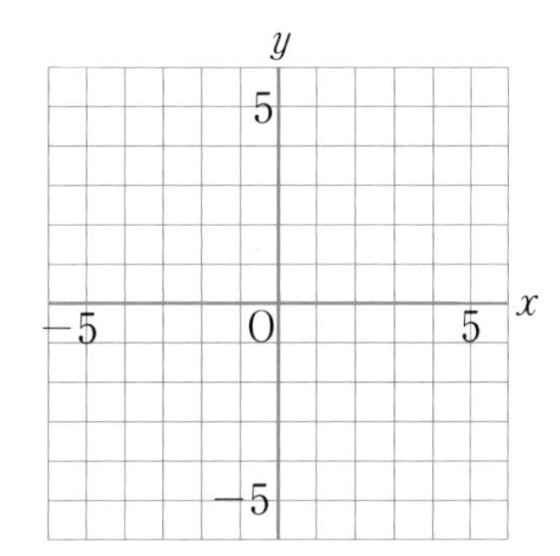

□(3) $y=\dfrac{1}{2}x-1$

□(4) $y=-\dfrac{3}{4}x+3$

例題の答え **1** ①4　②3　③−3　④2　⑤−5

ぴたトレ 1 要点チェック

3章　1次関数

1　1次関数
③　1次関数のグラフのかき方・式の求め方 ——(2)

●直線の式の求め方

教科書 p.83〜84

例題 1　次の問いに答えなさい。 ▶▶1 2

(1)　右の図の直線の式を求めなさい。

(2)　点 $(2,\ -4)$ を通り，傾きが -3 の直線の式を求めなさい。

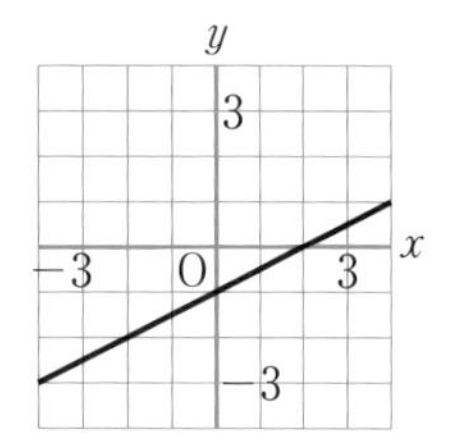

考え方　(1)　グラフから切片と傾きを読み取る。

(2)　直線の式 $y=ax+b$ に，傾き a と通る点の x 座標，y 座標の値を代入し，b の値を求める。（a：-3，x 座標：2，y 座標：-4）

答え　(1)　求める式を $y=ax+b$ とする。

グラフが点 $(0,\ -1)$ を通るから，$b=$ ①［　　］

また，グラフ上のある点から右へ2進むと上へ ②［　　］ 進むから，$a=\frac{1}{2}$

したがって，求める1次関数の式は，$y=\frac{1}{2}x-$ ③［　　］

(2)　求める直線の式を $y=ax+b$ とする。

傾きが -3 より，$a=$ ④［　　］ となるから，$y=-3x+b$

この直線が点 $(2,\ -4)$ を通るから，

$x=2$，$y=-4$ を $y=-3x+b$ に代入すると，

$-4=-3\times2+b$　　$b=$ ⑤［　　］

したがって，求める直線の式は，$y=$ ④［　　］ $x+$ ⑤［　　］

●2点を通る直線の式

教科書 p.85

例題 2　2点 $(1,\ -1)$，$(4,\ 5)$ を通る直線の式を求めなさい。 ▶▶3

考え方　2点から傾きを求め，1点の x 座標，y 座標の値を代入し，切片を求める。

答え　2点 $(1,\ -1)$，$(4,\ 5)$ を通るから，傾きは，$\frac{5-(-1)}{4-1}=$ ①［　　］

よって，求める直線の式は $y=2x+b$ と表すことができる。

点 $(1,\ -1)$ を通るから，$x=1$，$y=-1$ を $y=2x+b$ に代入すると，

$-1=2\times1+b$　　$b=$ ②［　　］

したがって，求める直線の式は，$y=2x-3$

プラスワン　2点を通る直線の式の別の求め方

$y=ax+b$ に2組の x，y の値を代入して，連立方程式をつくり，a，b の値を求める。

絶対理解 **1** 【直線の式の求め方】次の図の直線①～④の式を求めなさい。

教科書 p.83 例 2

□

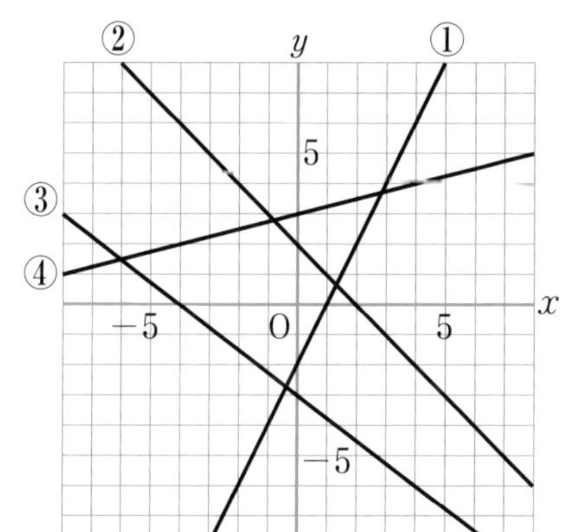

●キーポイント
グラフから，切片と傾きを読み取る。

2 【直線の式の求め方】次の直線の式を求めなさい。

教科書 p.84 例 3 問 4

□(1)　点 $(-1,\ 2)$ を通り，傾きが 3 の直線

□(2)　点 $(2,\ 7)$ を通り，傾きが $\dfrac{1}{2}$ の直線

□(3)　点 $(4,\ 5)$ を通り，直線 $y=2x+1$ に平行な直線

●キーポイント
(3)　$y=2x+1$ に平行な直線の傾きは，$y=2x+1$ の傾きと等しくなる。

よく出る **3** 【2 点を通る直線の式】次の 2 点を通る直線の式を求めなさい。

教科書 p.85 例 4

□(1)　$(1,\ 4)$，$(3,\ 6)$

□(2)　$(-2,\ 1)$，$(6,\ 13)$

□(3)　$(-3,\ 4)$，$(4,\ -3)$

□(4)　$(3,\ 1)$，$(9,\ -1)$

例題の答え **1** ①−1　②1　③1　④−3　⑤2　**2** ①2　②−3

解答▶▶ p.19

1 1次関数 ①～③

1 次の表は，ある長さのばねに x g のおもりをつるしたときの，ばね全体の長さを y cm として，x と y の関係をまとめたものです。下の問いに答えなさい。

x(g)	0	5	10	15	20	25	…
y(cm)	6	8.5	11	13.5	16	18.5	…

□(1) おもりをつるさないときのばねの長さは何 cm ですか。

□(2) おもりの重さが 1 g 増加するごとに，ばねの長さは何 cm ずつのびますか。

□(3) y を x の式で表しなさい。

□(4) 18 g のおもりをつるしたとき，ばね全体の長さは何 cm になりますか。

2 1次関数 $y=-\frac{5}{2}x+6$ について，次の問いに答えなさい。

□(1) 変化の割合を答えなさい。

□(2) x の増加量が 4 のときの y の増加量を求めなさい。

3 $y=\frac{1}{2}x$ のグラフを利用して，次の1次関数のグラフを，右の図にかき入れなさい。
また，それぞれのグラフの切片を答えなさい。

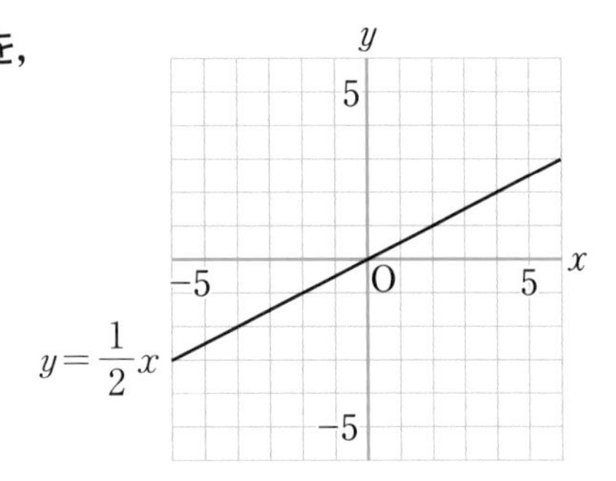

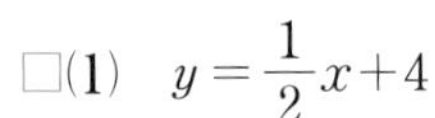
□(1) $y=\frac{1}{2}x+4$

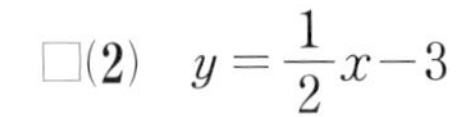
□(2) $y=\frac{1}{2}x-3$

ヒント
1 (4)は(3)で求めた式の x に値を代入して求める。
2 (2)(y の増加量)＝(変化の割合)×(x の増加量)

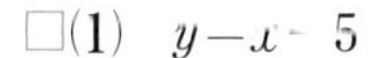

定期テスト
予報

● 1次関数の式とグラフの関係をしっかり理解しよう。
1次関数 $y=ax+b$ のグラフは，傾きが a，切片が b の直線だよ。この関係を使って，式からグラフをかいたり，グラフから式を求めたりできるようにしておこう。

4 次の1次関数のグラフを，右の図にかき入れなさい。

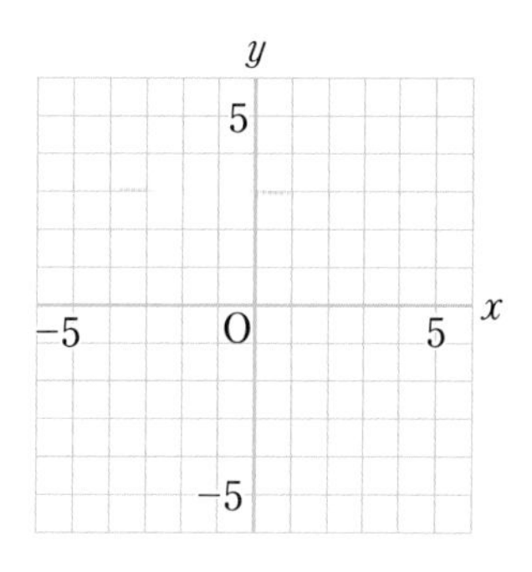

□(1) $y=x-5$

□(2) $y=3x+2$

□(3) $y=\dfrac{2}{3}x-4$

□(4) $y=-\dfrac{3}{2}x+2$

5 次の図で，直線①～④の式を求めなさい。

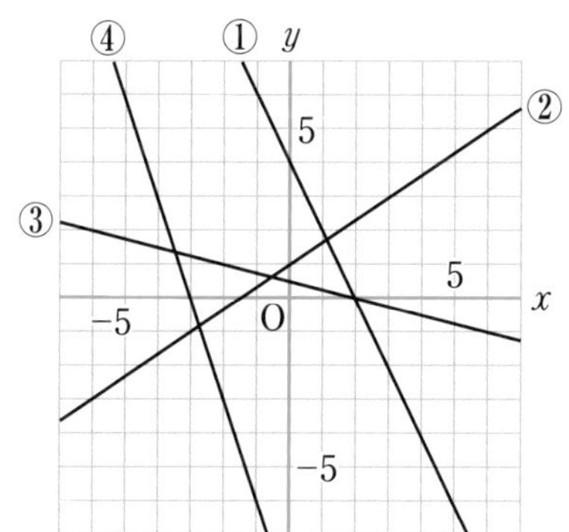

6 次の直線の式を求めなさい。

□(1) 点 $(3,\ 1)$ を通り，切片が3の直線

□(2) 点 $(-4,\ -7)$ を通り，x の値が4増加すると y の値が5増加する直線

□(3) 点 $(-3,\ 5)$ を通り，直線 $y=-2x$ に平行な直線

□(4) 2点 $\left(0,\ \dfrac{1}{4}\right)$，$\left(\dfrac{1}{2},\ 0\right)$ を通る直線

ヒント

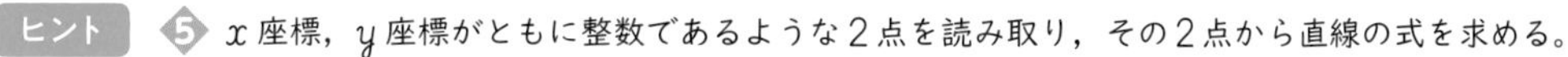
5 x 座標，y 座標がともに整数であるような2点を読み取り，その2点から直線の式を求める。

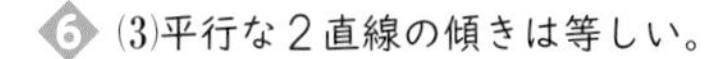
6 (3)平行な2直線の傾きは等しい。

3章
教科書72～86ページ

解答▶▶ p.20

3章　1次関数

2　方程式と1次関数
①　2元1次方程式のグラフ

●2元1次方程式のグラフ

教科書 p.87～91

□ **例題 1** 次の方程式のグラフを，右の図のA～Eから選びなさい。 ▶▶1～3

(1)　$3x+y=2$

(2)　$3x-4y=12$

(3)　$y=-3$

(4)　$x=2$

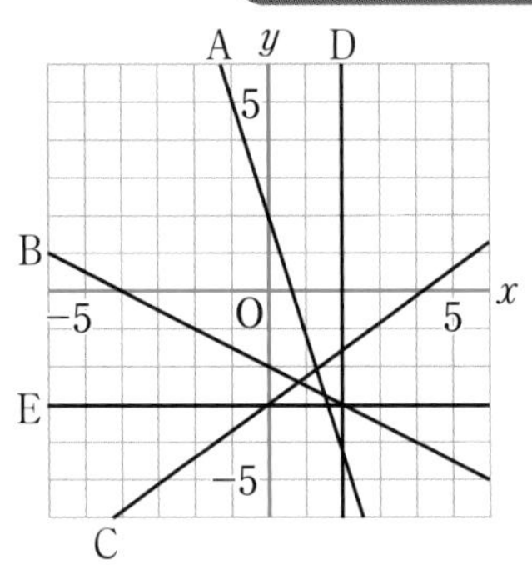

考え方　2元1次方程式 $ax+by=c$ のグラフは直線になる。

(1)　2元1次方程式を y について解いて，傾きと切片を求める。

(2)　グラフが通る適当な2点を求める。

(3)　$y=h$ のグラフは，点 $(0,\ h)$ を通り，x 軸に平行な直線である。

(4)　$x=k$ のグラフは，点 $(k,\ 0)$ を通り，y 軸に平行な直線である。

答え　(1)　$3x+y=2$ を y について解くと，$y=$ ① $x+2$

グラフは傾きが ① ，切片が2だから， ② のグラフである。

(2)　$x=0$ のとき $y=$ ③ ，$y=0$ のとき $x=$ ④

したがって，グラフは2点 $(0,$ ③ $)$，$($ ④ $,\ 0)$ を通るから，

⑤ のグラフである。

(3)　$y=-3$ のグラフは，点 $(0,$ ⑥ $)$ を通り，x 軸に平行な直線だから，

⑦ のグラフである。

(4)　$x=2$ のグラフは，点 $($ ⑧ $,\ 0)$ を通り，y 軸に平行な直線だから，

⑨ のグラフである。

(3)は，$ax+by=c$ で $a=0$ のとき，(4)は，$ax+by=c$ で $b=0$ のときのグラフです。

プラスワン　$ax+by=c$ のグラフのかき方

2元1次方程式のグラフは，y について解いて，傾きと切片を求めたり，適当な2点を決めて，かくことができる。

絶対理解 **1** 【2元1次方程式のグラフのかき方】次の方程式のグラフを，下の図にかき入れなさい。

教科書 p.88 例1

□(1)　$-2x+y=-3$

□(2)　$x+y=6$

□(3)　$4x+3y=12$

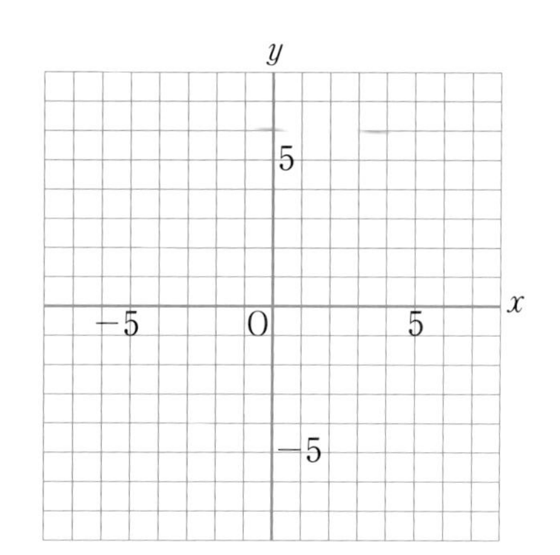

2 【2元1次方程式のグラフのかき方】次の方程式のグラフを，適当な2点を決めて，下の図にかき入れなさい。

教科書 p.89 例2

□(1)　$x-y=5$

□(2)　$3x+4y=12$

□(3)　$\dfrac{x}{2}-\dfrac{y}{5}=-1$

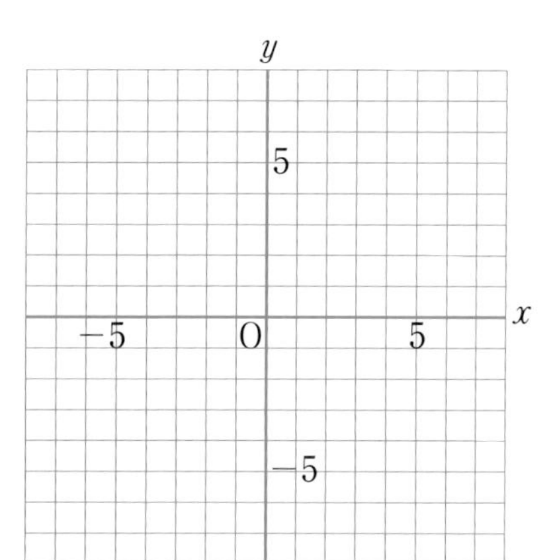

●キーポイント
$x=0$ のときの y の値，$y=0$ のときの x の値をそれぞれ求めて，2点を通る直線をかく。

よく出る **3** 【$y=h$，$x=k$ のグラフ】次の方程式のグラフを，下の図にかき入れなさい。

教科書 p.90 例3,4

□(1)　$y=5$

□(2)　$3y+6=0$

□(3)　$x=-2$

□(4)　$-2x+8=0$

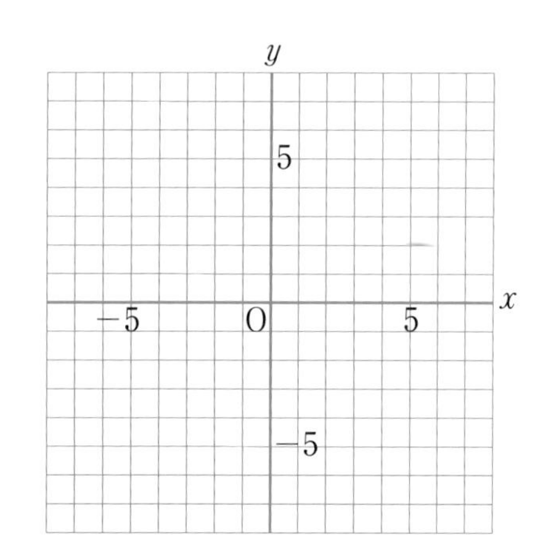

●キーポイント
(2)　y について解く。
(4)　x について解く。

例題の答え **1** ①−3　②A　③−3　④4　⑤C　⑥−3　⑦E　⑧2　⑨D

ぴたトレ 1 要点チェック

3章 1次関数

2 方程式と1次関数
② 連立方程式の解とグラフ

●連立方程式の解とグラフ

教科書 p.92

□ **例題 1** 次の連立方程式を，グラフを使って解きなさい。 ▶▶1

$$\begin{cases} 2x-y=1 & ㋐ \\ x+2y=8 & ㋑ \end{cases}$$

考え方 x，y についての連立方程式の解は，それぞれの方程式のグラフの交点の x 座標，y 座標の組である。

答え ㋐を y について解くと，$y=2x-1$ だから，

㋐のグラフは右の図の ① ＿＿ のグラフである。

㋑を y について解くと，$y=-\frac{1}{2}x+4$ だから，

㋑のグラフは右の図の ② ＿＿ のグラフである。

2つのグラフの交点の座標は，

(③ ＿＿，④ ＿＿) となる。

したがって，連立方程式の解は，$\begin{cases} x=③ \text{＿＿} \\ y=④ \text{＿＿} \end{cases}$

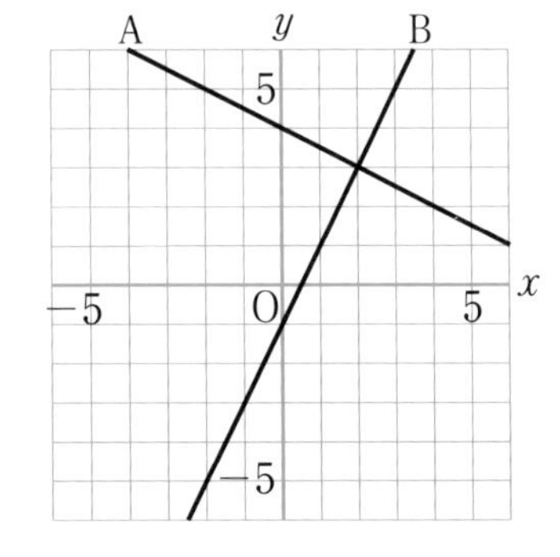

●グラフの交点と連立方程式の解

教科書 p.93

□ **例題 2** 2直線 ℓ，m が，右の図のように点Pで交わっています。このとき，点Pの座標を次の(1)，(2)の手順で求めなさい。 ▶▶2

(1) 直線 ℓ，m の式を求める。

(2) (1)で求めた2つの式を，連立方程式として解く。

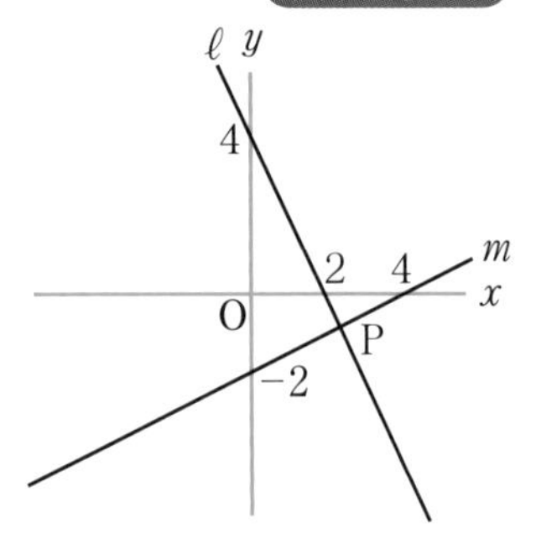

考え方 2直線の交点の座標は，2つの直線の式を1組にした連立方程式を解いて求めることができる。

答え (1) 直線 ℓ は，切片が4，傾きが ① ＿＿ だから，$y=$ ① ＿＿ $x+4$

直線 m は，切片が ② ＿＿，傾きが $\frac{1}{2}$ だから，

$y=\frac{1}{2}x-$ ③ ＿＿

(2) (1)から，直線 ℓ，m の式を1組にした連立方程式を解くと，

$\begin{cases} x=\frac{12}{5} \\ y=④ \text{＿＿} \end{cases}$ したがって，P$\left(\frac{12}{5},\ ④ \text{＿＿}\right)$

絶対理解 **1** **【連立方程式の解とグラフ】** 次の連立方程式を，グラフを使って解きなさい。

教科書 p.92 問 2

□(1) $\begin{cases} x-y=1 & ① \\ 2x \quad y-4 & ② \end{cases}$

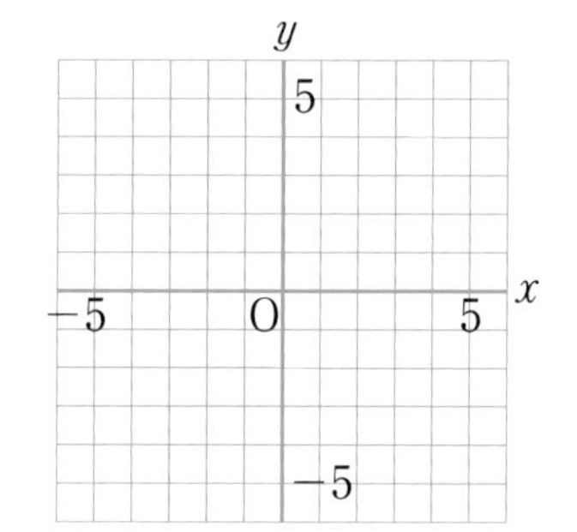

□(2) $\begin{cases} 2x+y=-3 & ① \\ -x-2y=0 & ② \end{cases}$

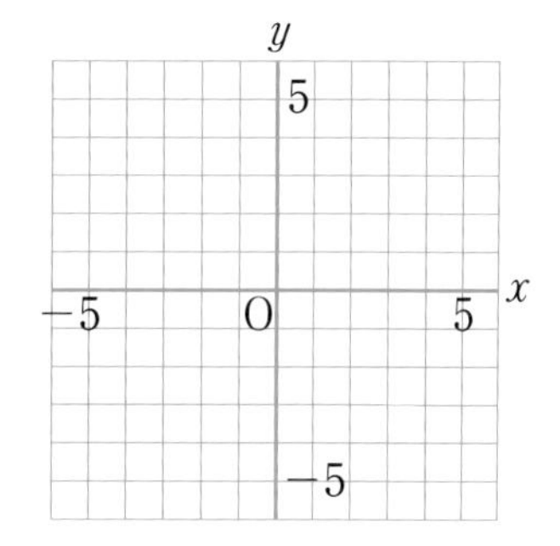

●キーポイント
方程式のグラフをかく
▼
交点の座標を読み取る

2 **【グラフの交点と連立方程式の解】** 2 直線 ℓ，m が，右の図のように点 P で交わっています。このとき，点 P の座標を次の(1)，(2)の手順で求めなさい。 教科書 p.93 問 3

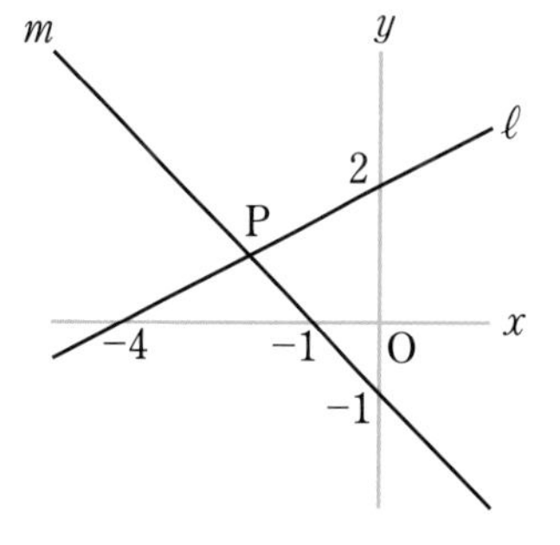

□(1) 直線 ℓ，m の式を求めなさい。

① 直線 ℓ

② 直線 m

□(2) (1)で求めた 2 つの式を，連立方程式として解いて，交点 P の座標を求めなさい。

●キーポイント
2 つの直線の式を求める
▼

2 つの直線の式を 1 組にした連立方程式を解く

例題の答え **1** ①B ②A ③2 ④3 **2** ①−2 ②−2 ③2 ④$-\frac{4}{5}$

解答▶▶ p.21

3 1次関数の利用
① 1次関数の利用

1次関数の利用

教科書 p.95〜99

□ 右の図の長方形 ABCD で，点 P は A を出発して，辺上を B，C を通って D まで動きます。点 P が A から x cm 動いたときの △PAD の面積を y cm^2 とするとき，x と y の関係をグラフに表しなさい。

▶▶1 2

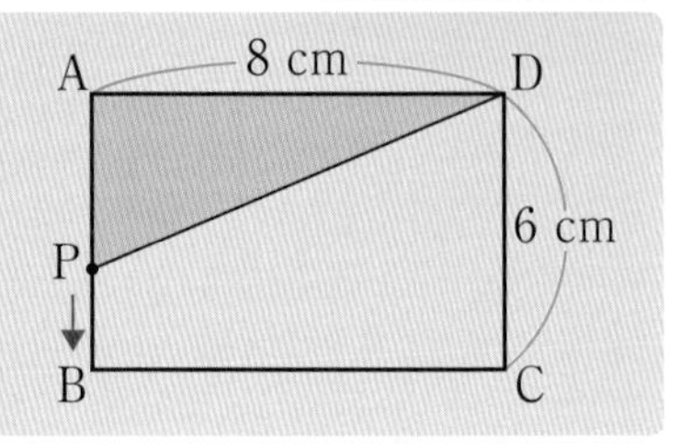

考え方 点 P が辺 AB 上にある場合，辺 BC 上にある場合，辺 CD 上にある場合に分け，それぞれ x と y の関係を式に表し，それらのグラフをかく。

答え ㋐ 点 P が辺 AB 上にある場合

x の変域は，$0 \leqq x \leqq$ ①□　AB＝6 cm

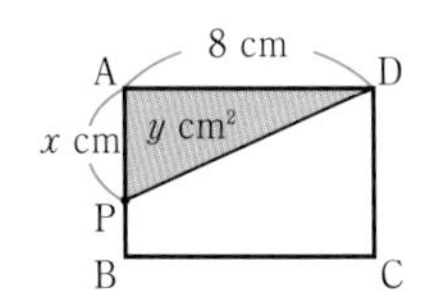

右の図から，

$y=\frac{1}{2}\times$ ②□ $\times x$
（底辺）（高さ）

すなわち，$y=$ ③□ x

㋑ 点 P が辺 BC 上にある場合

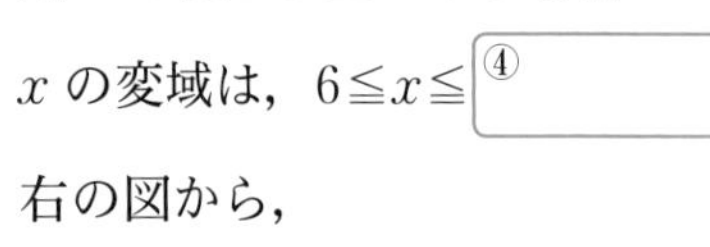

x の変域は，$6 \leqq x \leqq$ ④□

点 P は A から 6 cm 進んだ B から，(6+8) cm 進んだ C まで

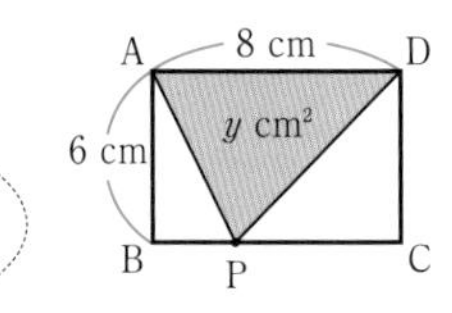

右の図から，

$y=\frac{1}{2}\times 8\times$ ⑤□

すなわち，$y=$ ⑥□

㋒ 点 P が辺 CD 上にある場合

x の変域は，$14 \leqq x \leqq$ ⑦□

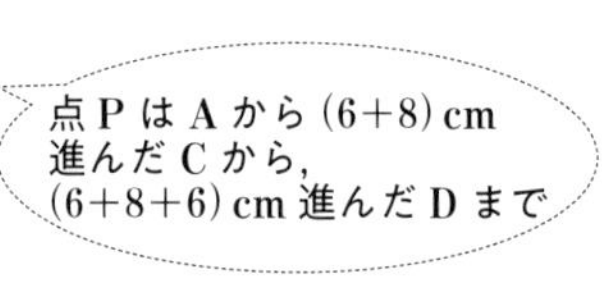

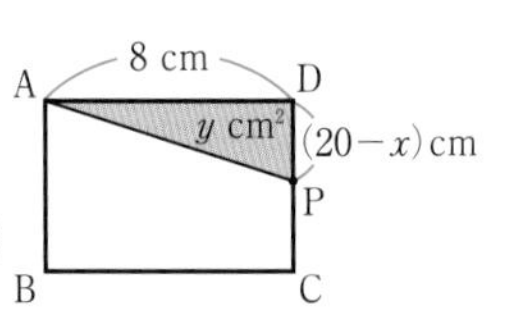

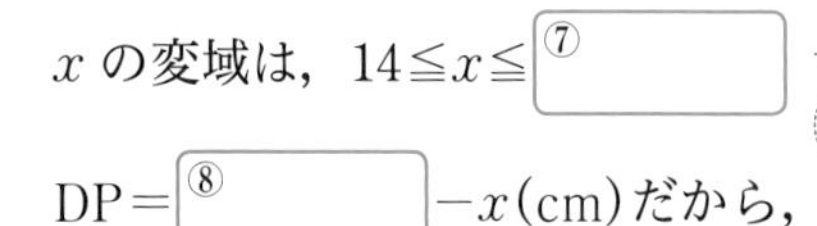

DP＝ ⑧□ $-x$(cm)だから，
（AB+BC+CD）

$y=\frac{1}{2}\times 8\times($ ⑧□ $-x)$

すなわち，$y=$ ⑨□ $x+80$

㋐〜㋒のグラフをかくと，右の図のようになる。

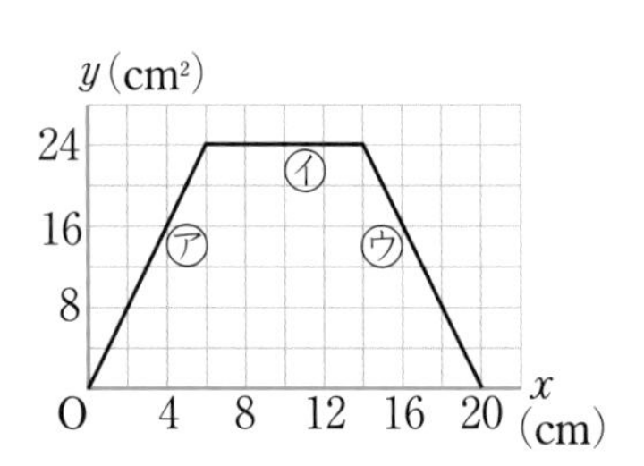

1 【1次関数の利用】ビーカーに入れた水をアルコールランプを使って熱し，熱し始めてから x 分後の水温を y ℃として x と y の関係を調べたところ，次の表のようになりました。下の問いに答えなさい。

教科書 p.95Q

x(分)	0	1	2	3	4	5
y(℃)	10.0	13.6	17.2	20.8	24.4	28.0

□(1) 表の対応する x と y の値の組を座標とする点を図にかき入れてみると，右上の図のようにほぼ一直線上にならびました。このグラフが，2点 (0, 10)，(5, 28) を通ると考えて，直線の式を求めなさい。

□(2) 水温が 64 ℃になるのは，熱し始めてから何分後と考えられますか。

●キーポイント
グラフを見ると，ほぼ直線なので，y は x の1次関数とみることができる。
(2)は，(1)で求めた式に $y=64$ を代入して，x の値を求める。

絶対理解 **2** 【グラフの利用】たくやさんは，家から 1500 m 離(はな)れた駅へ歩いて行きました。たくやさんの兄は，たくやさんが出発してから 6 分後に同じ道を通って分速 150 m で家から駅に自転車で向かいました。右の図は，たくやさんが家を出発してから x 分後の家からの道のりを y m として，たくやさんと兄の進んだようすをグラフに表したものです。次の問いに答えなさい。 教科書 p.99 例3

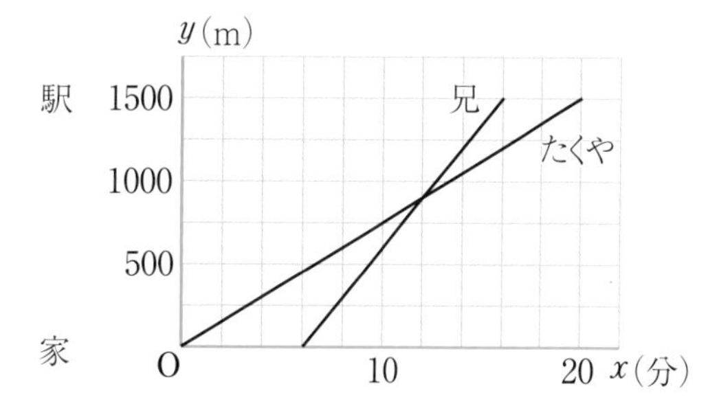

□(1) たくやさんの歩く速さは分速何 m ですか。

□(2) 兄がたくやさんに追い着いたのは，たくやさんが家を出発してから何分後ですか。

□(3) 兄がたくやさんに追い着いたのは，家から何 m 離れた地点ですか。

●キーポイント
(1) グラフの傾きが速さを表している。
(2) グラフの交点の x 座標を求める。
(3) グラフの交点の y 座標を求める。

例題の答え **1** ①6 ②8 ③4 ④14 ⑤6 ⑥24 ⑦20 ⑧20 ⑨−4

解答▶▶ p.22

ぴたトレ 2 練習

2 方程式と1次関数 ①, ②
3 1次関数の利用 ①

よく出る **1** 次の方程式のグラフを，右の図にかき入れなさい。

□(1) $x+3y=6$　　□(2) $2x-3y=12$

□(3) $y=-2$　　□(4) $x-3=0$

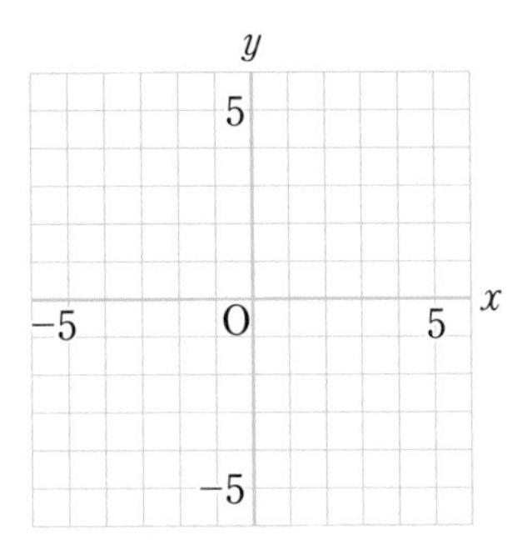

2 次の連立方程式を，グラフを使って解きなさい。

□(1) $\begin{cases} 2x+y=-4 & ① \\ x-3y=-9 & ② \end{cases}$

□(2) $\begin{cases} 2x-y=4 & ① \\ 2x+3y=12 & ② \end{cases}$

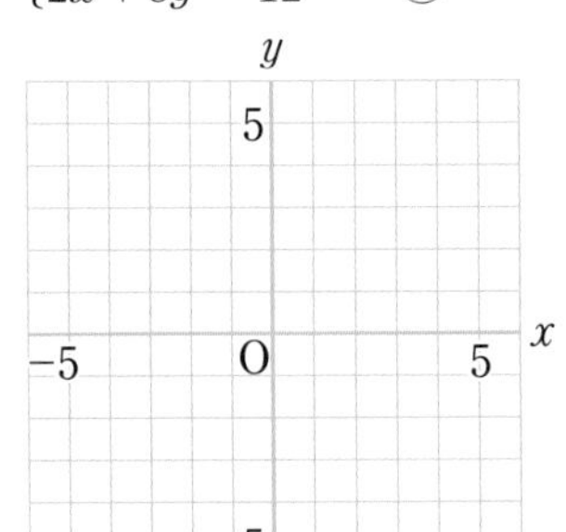

3 2直線 ℓ，m が，右の図のように点Pで交わっているとき，次の問いに答えなさい。

□(1) 直線 ℓ，m の式を求めなさい。

□(2) 点Pの座標を求めなさい。

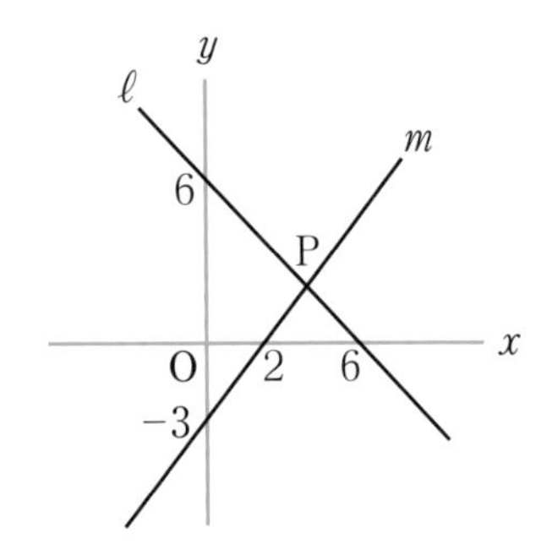

ヒント **1** (3)は x 軸に平行，(4)は y 軸に平行な直線となる。
2 ①②の式をそれぞれ y について解き，グラフをかいて交点の座標を求める。

定期テスト 予報

●2直線の交点の座標は，連立方程式を解いて求めよう。
2直線の交点の座標は，直線の式を連立方程式として解いて求めよう。また，2元1次方程式 $ax+by=c$ と x 軸，y 軸との交点は，方程式にそれぞれ $y=0$，$x=0$ を代入して求めよう。

4 x の変域が $-3<x<3$ のとき，1次関数 $y=\frac{4}{3}x-2$ のグラフを，右の図にかき入れなさい。
□ また，y の変域を求めなさい。

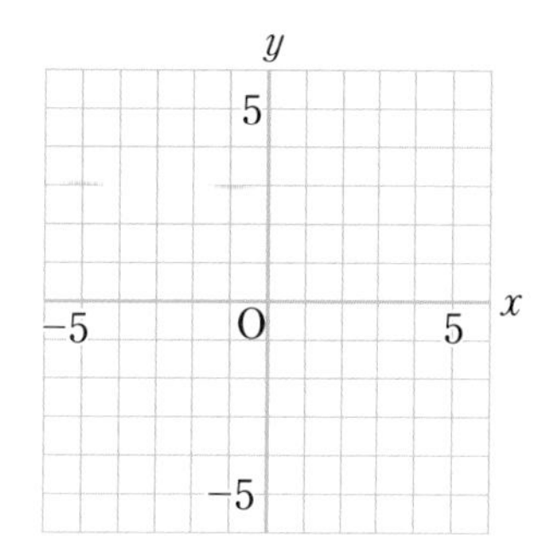

よく出る **5** 右の図の長方形ABCDで，点PはBを出発して，辺上をC，Dを通ってAまで，秒速2cmで動きます。
点Pが出発してから x 秒後の△ABPの面積を y cm^2 として，次の問いに答えなさい。

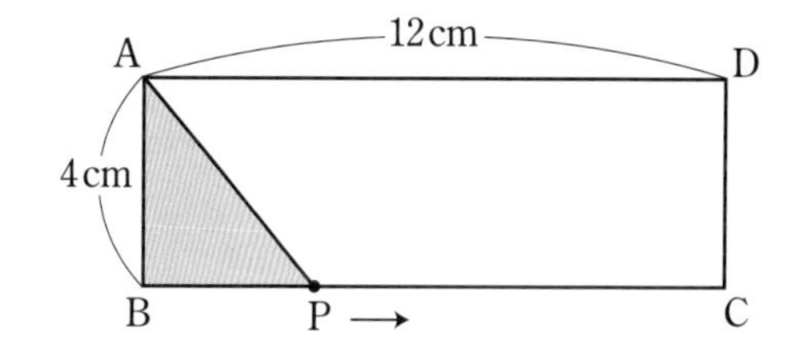

□(1) 点Pが辺BC上(B，Cをふくむ)にあるとき，y を x の式で表しなさい。
また，x の変域を答えなさい。

□(2) 点Pが辺DA上(D，Aをふくむ)にあるとき，y を x の式で表しなさい。
また，x の変域を答えなさい。

□(3) 点PがB→C→D→Aと動くときの x と y の関係を表すグラフを，右の図にかき入れなさい。

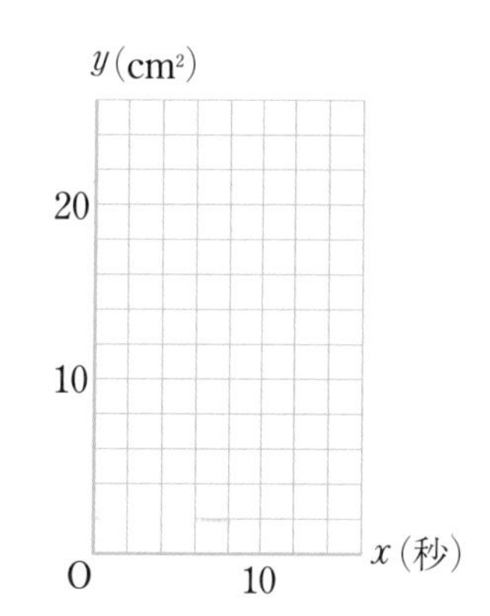

3章

教科書87～101ページ

ヒント
4 グラフは直線ではなく，線分となる。線分の両端の点はふくまないので○で示す。
5 (3)点PがB，C，D，Aにあるときのそれぞれの x，y の値をとって結ぶとよい。

解答▶▶ p.22

3章　1次関数

時間30分　／100点　合格70点

❶ 次の式で表される関数のうち，y が x の1次関数であるものはどれですか。すべて選んで記号で答えなさい。知

㋐ $y=5-2x$　㋑ $xy=6$　㋒ $2y=x$　㋓ $y=\frac{2}{3x}$

❶ 点/4点

❷ 1次関数 $y=-\frac{3}{4}x-2$ について，次の問いに答えなさい。知

(1) 変化の割合を答えなさい。

(2) x の増加量が8のときの y の増加量を求めなさい。

点UP (3) x の変域が $-4 \leqq x < 8$ のときの y の変域を求めなさい。

❷ 点/15点（各5点）

(1)	
(2)	
(3)	

❸ 次の図で，直線①～④の式を求めなさい。知

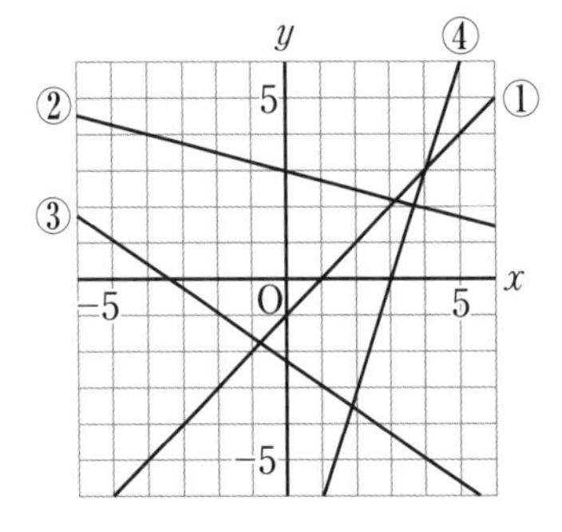

❸ 点/16点（各4点）

①	
②	
③	
④	

❹ 次の直線の式を求めなさい。知

(1) 点 $(4,\ 5)$ を通り，傾きが -2 の直線

(2) 点 $(-2,\ -5)$ を通り，切片が -4 の直線

(3) 2点 $(2,\ 7)$，$(-1,\ -11)$ を通る直線

❹ 点/15点（各5点）

(1)	
(2)	
(3)	

成績評価の観点　知…数量や図形などについての知識・技能　考…数学的な思考・判断・表現

5 右の図について，次の問いに答えなさい。知

(1) 直線①，②の式を求めなさい。

(2) 直線①，②の交点の座標を求めなさい。

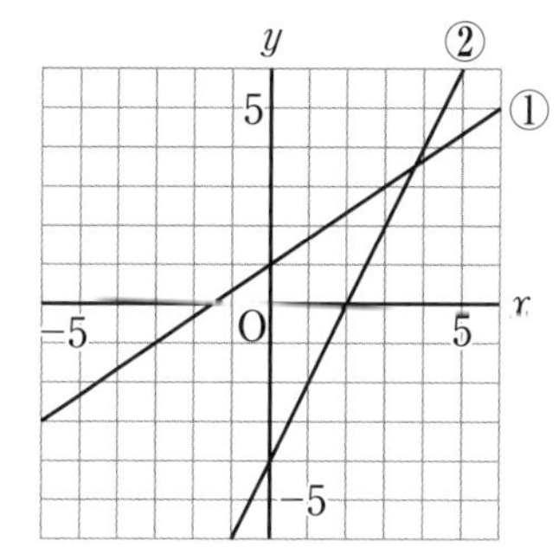

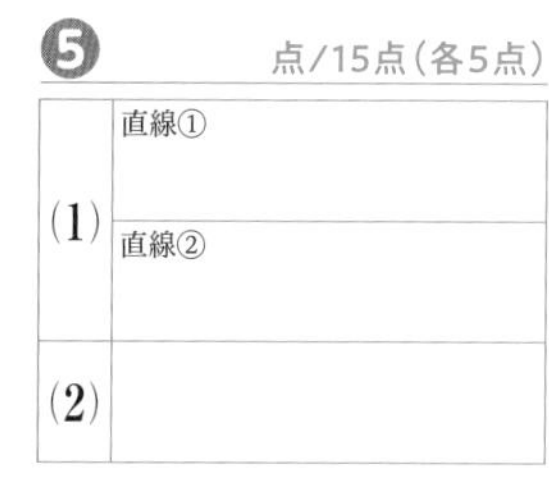

6 ろうそくがあります。このろうそくに火をつけてから x 分後の残りのろうそくの長さを y cm とすると，y は x の1次関数になりました。また，このときの x と y の関係は，次の表のようになりました。下の問いに答えなさい。考

x(分)	2	4	6	8	…
y(cm)	19.2	18.4	17.6	16.8	…

(1) y を x の式で表しなさい。

(2) 火をつけてから9分後のろうそくの長さを求めなさい。

(3) x の変域と y の変域をそれぞれ求めなさい。

6	点/20点（各5点）
(1)	
(2)	
(3)	x の変域
	y の変域

7 右の図のように，1辺が16 cmの正方形ABCDがあります。点PはCを出発して，秒速4 cmで，正方形の辺上をD，Aを通ってBまで動くものとします。点Pが頂点Cを出発してから x 秒後の△PBCの面積を y cm^2 として，次の問いに答えなさい。考

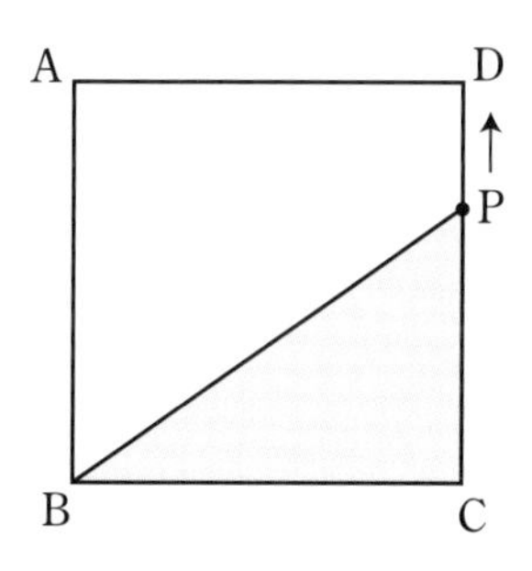

(1) 点Pが辺CD上にあるとき，y を x の式で表しなさい。

(2) 点Pが辺AB上にあるとき，y を x の式で表しなさい。

(3) △PBCの面積が112 cm^2 になるのは，点Pが頂点Cを出発してから何秒後ですか。

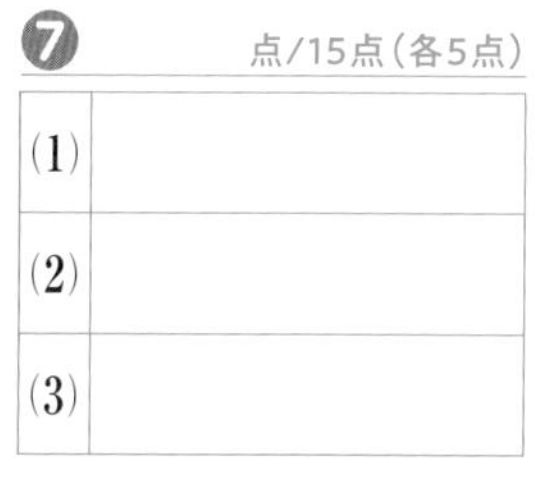

知 /65点	考 /35点

解答▶▶ p.23

教科書のまとめ〈3章　1次関数〉

●1次関数

・y が x の関数で，y が x の1次式，すなわち，$y=ax+b$（a は0でない定数，b は定数）で表されるとき，**y は x の1次関数であるという。**

・1次関数 $y=ax+b$ では，y は x に比例する部分 ax と定数の部分 b の和とみることができる。

・比例は1次関数の特別な場合といえる。

●変化の割合

y が x の関数であるとき，x の増加量をもとにした y の増加量の割合を，**変化の割合**という。

$$(\text{変化の割合})=\frac{(y\text{の増加量})}{(x\text{の増加量})}$$

●1次関数の変化の割合

・1次関数 $y=ax+b$ では，x がどの値からどれだけ増加しても，変化の割合は一定で，x の係数 a に等しい。

$$(\text{変化の割合})=\frac{(y\text{の増加量})}{(x\text{の増加量})}=a$$

・1次関数の変化の割合は，x の増加量が1のときの y の増加量に等しい。

・$(y\text{の増加量})=a\times(x\text{の増加量})$

●1次関数のグラフ

1次関数 $y=ax+b$ のグラフは，$y=ax$ のグラフを y 軸の正の向きに b だけ平行移動した直線である。

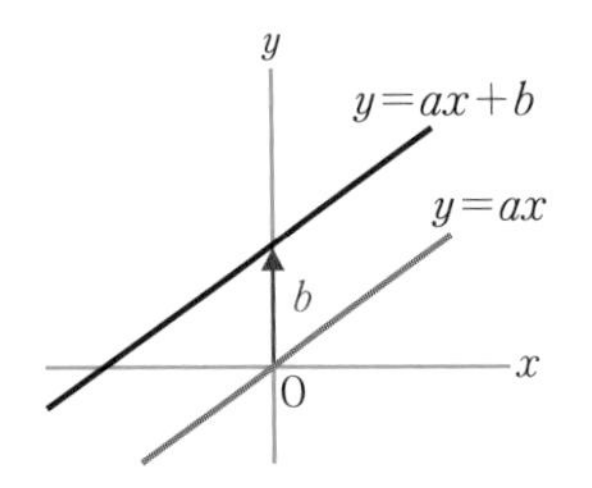

●1次関数 $y=ax+b$ のグラフ

・傾きが a，切片が b の直線。

・$a>0$ のとき
　x の値が増加すると，y の値も増加し，グラフは右上がりの直線。

・$a<0$ のとき
　x の値が増加すると，y の値は減少し，グラフは右下がりの直線。

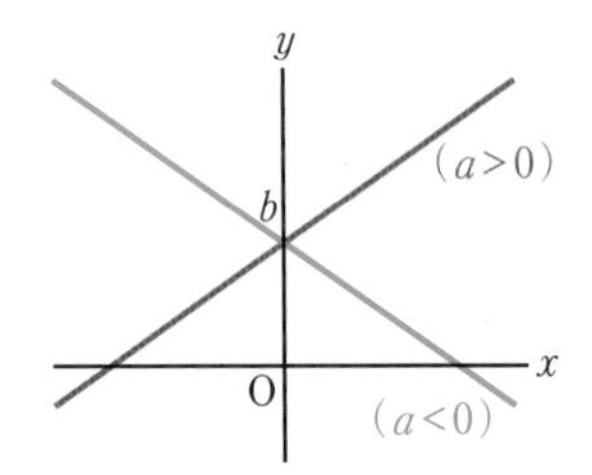

●2元1次方程式のグラフ

・方程式 $ax+by=c$ のグラフは直線。

・$y=h$ のグラフは，x 軸に平行な直線。

・$x=k$ のグラフは，y 軸に平行な直線。

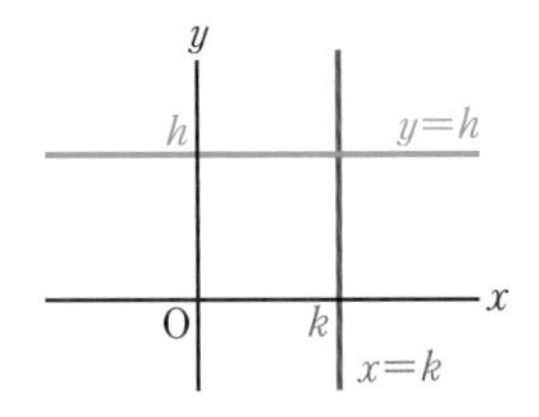

●グラフの交点と連立方程式の解

2つの2元1次方程式のグラフの交点の x 座標，y 座標の組は，その2つの方程式を1組にした連立方程式の解である。

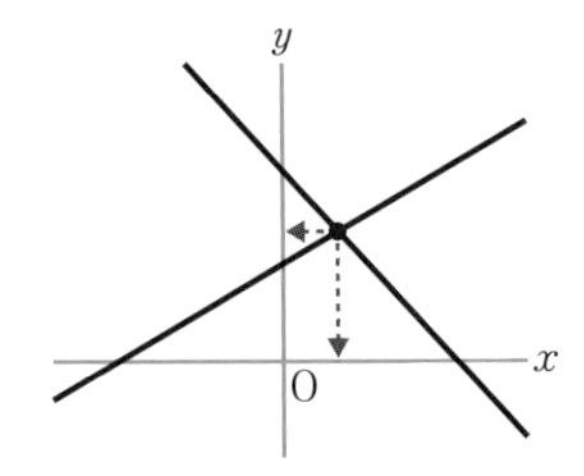

ぴたトレ 0 スタートアップ

4章　図形の性質の調べ方

次の学習に入る前に取り組もう。

□**合同な図形** ◀小学5年

2つの図形がぴったり重なるとき，これらの図形は合同であるといいます。合同な図形で，重なり合う頂点，辺，角をそれぞれ対応する頂点，対応する辺，対応する角といいます。

□**三角形の角** ◀小学5年

三角形の3つの角の大きさの和は180°です。

1 次の2つの四角形は合同です。下の問いに答えなさい。 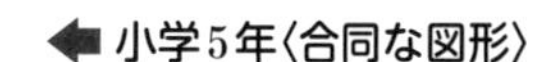

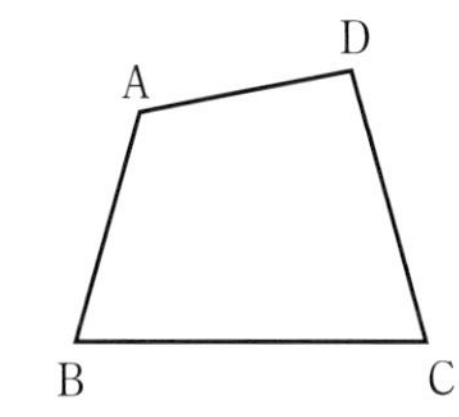

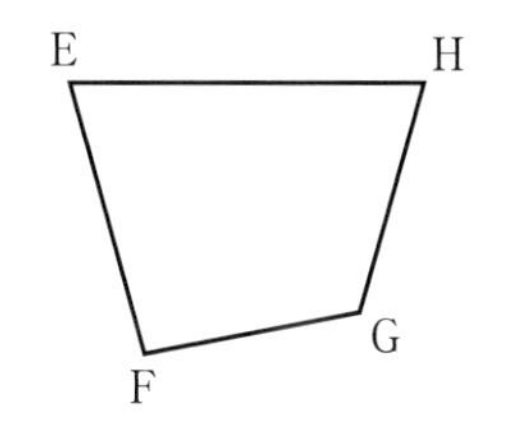

(1) 対応する頂点をすべて答えなさい。

(2) 対応する辺をすべて答えなさい。

(3) 対応する角をすべて答えなさい。

四角形ABCDを180°回転してみると……

2 次の2つの三角形は合同です。下の問いに答えなさい。 ◀小学5年〈合同な図形〉

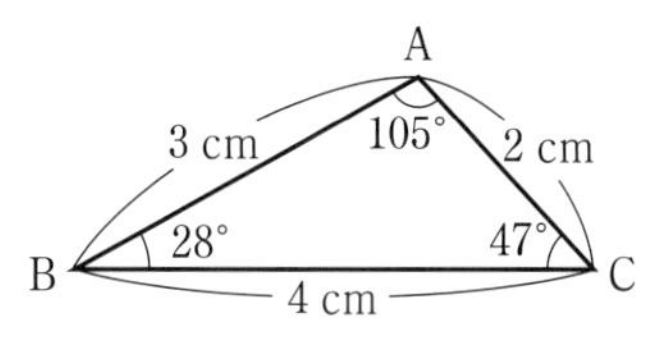

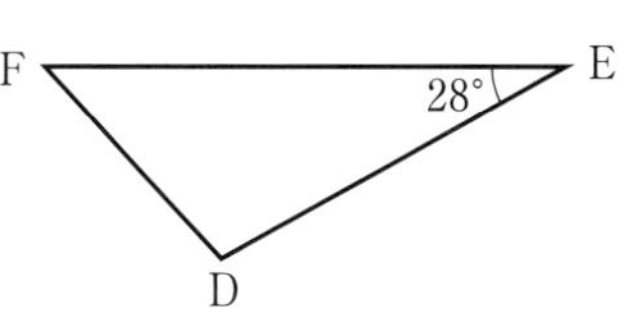

(1) △DEFの3つの辺の長さをそれぞれ求めなさい。

(2) ∠D，∠Fの大きさをそれぞれ求めなさい。

ヒント

対応する角に注目すると……

3 次の図で，$\angle x$，$\angle y$の大きさを求めなさい。 ◀小学5年〈三角形の角〉

(1)

85°
x
65°

(2)

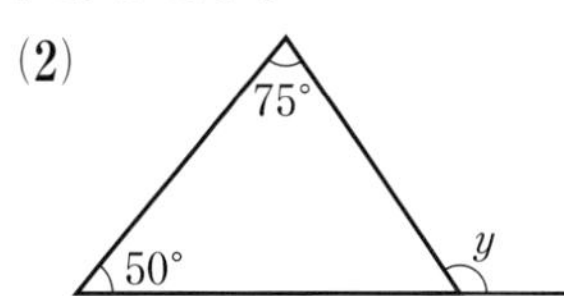

ヒント

三角形の3つの角の大きさの和が180°だから……

解答▶▶ p.25

4章　図形の性質の調べ方

1　いろいろな角と多角形
①　いろいろな角

●対頂角，同位角，錯角

教科書 p.110〜111

例題 1　右の図で，次の角を答えなさい。　▶▶1〜4

(1)　$\angle a$ の対頂角(たいちょうかく)

(2)　$\angle b$ の同位角(どういかく)

(3)　$\angle c$ の錯角(さっかく)

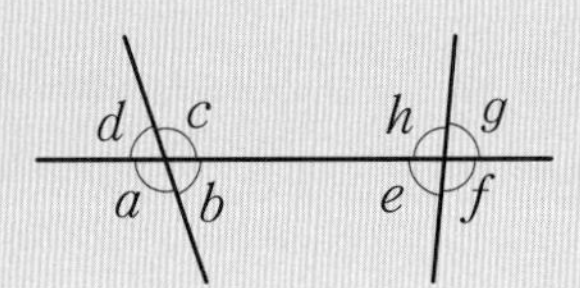

考え方

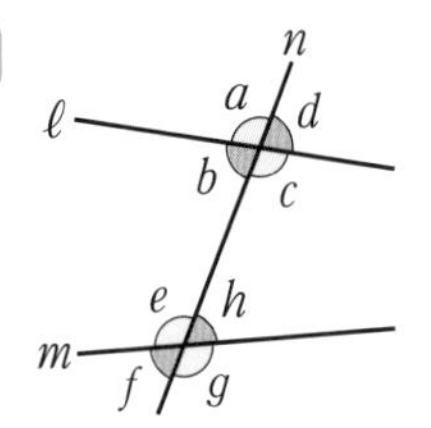

左の図の $\angle a$ と $\angle c$ のように，向かい合った2つの角を対頂角という。

左の図のように，2直線 ℓ，m に直線 n が交わってできる角のうち，$\angle a$ と $\angle e$，$\angle d$ と $\angle h$ のような位置にある2つの角を同位角という。

また，$\angle b$ と $\angle h$，$\angle c$ と $\angle e$ のような位置にある2つの角を錯角という。

答え

(1)　$\angle a$ の対頂角は ① ＿＿＿ である。

(2)　$\angle b$ の同位角は ② ＿＿＿ である。

(3)　$\angle c$ の錯角は ③ ＿＿＿ である。

「対頂角は等しい」という性質があります。

●平行線の性質，平行線になるための条件

教科書 p.112〜114

例題 2　右の図について，次の問いに答えなさい。　▶▶2〜4

(1)　$\ell /\!/ m$ であることを説明しなさい。

(2)　$\angle x$，$\angle y$ の大きさを求めなさい。

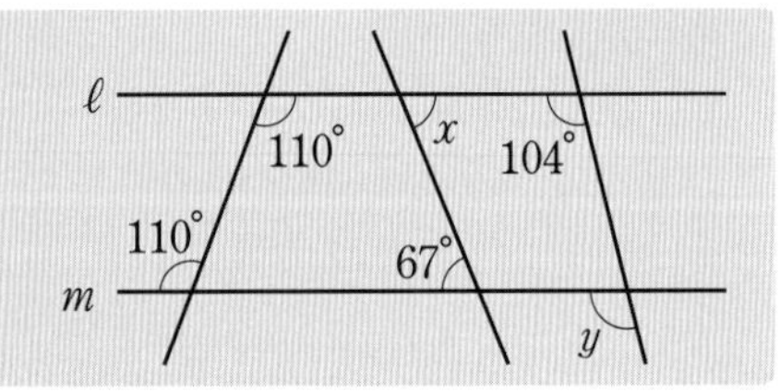

考え方　(1)　同位角または錯角が等しければ，2直線は平行である。

(2)　2直線が平行ならば，同位角，錯角は等しくなる。

答え

(1)　① ＿＿＿ が 110° で等しいから，$\ell /\!/ m$

(2)　$\ell /\!/ m$ より，錯角は等しいから，　$\angle x=$ ② ＿＿＿ °

$\ell /\!/ m$ より，同位角は等しいから，$\angle y=$ ③ ＿＿＿ °

プラスワン　平行線の性質

2直線に1つの直線が交わるとき，

1　2直線が平行ならば，同位角は等しい。

2　2直線が平行ならば，錯角は等しい。

プラスワン　平行線になるための条件

2直線に1つの直線が交わるとき，

1　同位角が等しいならば，2直線は平行である。

2　錯角が等しいならば，2直線は平行である。

1 【対頂角】右の図のように，3 直線 ℓ，m，n が 1 点で交わっています。このとき，$\angle a$，$\angle b$，$\angle c$ の大きさを求めなさい。

教科書 p.111 問 2

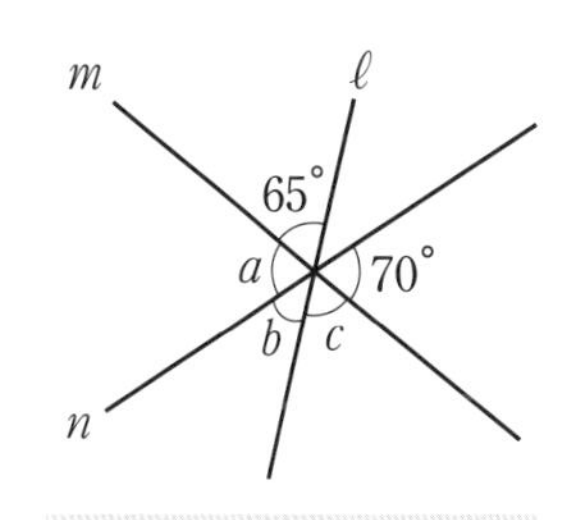

●キーポイント
対頂角は等しいことを使う。

よく出る **2** 【平行線と同位角】右の図について，次の問いに答えなさい。

教科書 p.112 問 5

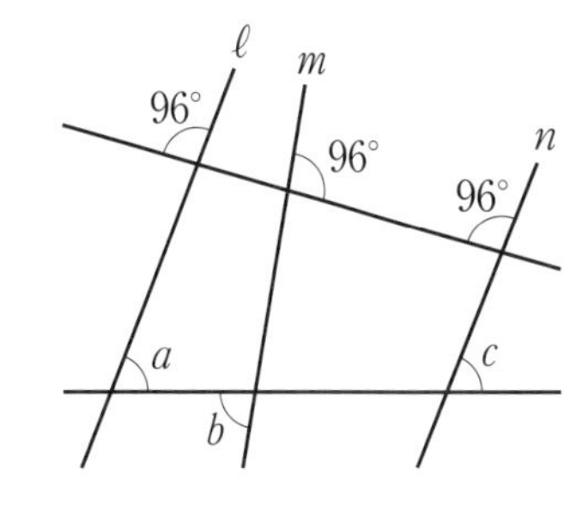

□(1) 直線 ℓ，m，n のうち，平行線はどれですか。記号 // を使って表しなさい。

□(2) $\angle a$，$\angle b$，$\angle c$ のうち，等しい角はどれとどれですか。記号を使って表しなさい。

絶対理解 **3** 【平行線と錯角】右の図で，$\ell /\!/ m$ のとき，$\angle x$，$\angle y$ の大きさを求めなさい。

教科書 p.113 問 7

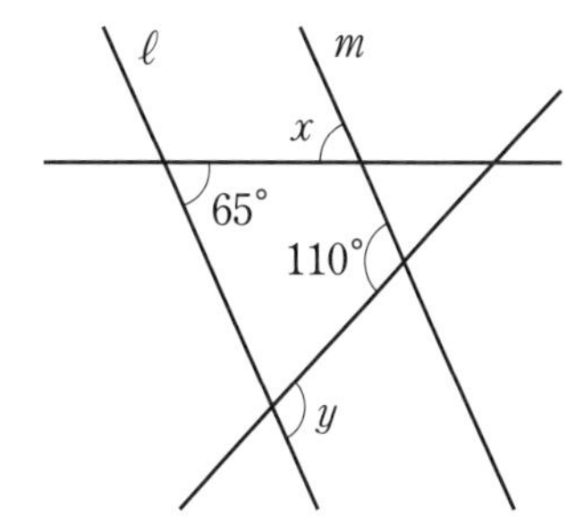

4 【平行線と錯角】右の図で，$\ell /\!/ m$ のとき，$\angle x$ の大きさを求めなさい。

教科書 p.114 問 8

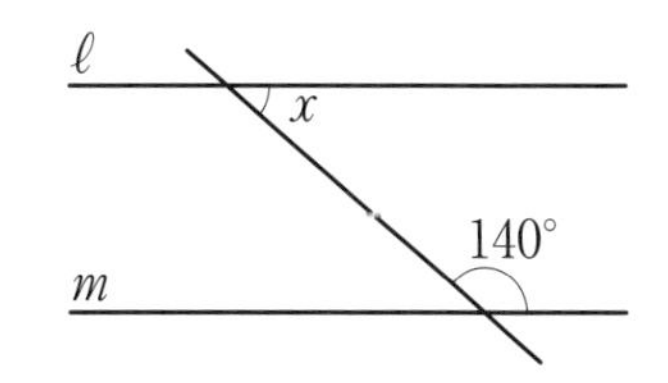

例題の答え **1** ①$\angle c$　②$\angle f$　③$\angle e$　**2** ①錯角　②67　③104

解答▶▶ p.25

4章　図形の性質の調べ方

1　いろいろな角と多角形
②　三角形の角／③　多角形の角

●三角形の角の性質

教科書 p.115～117

□ **例題1** 次の図で，$\angle x$ の大きさを求めなさい。 ▶▶1

(1)

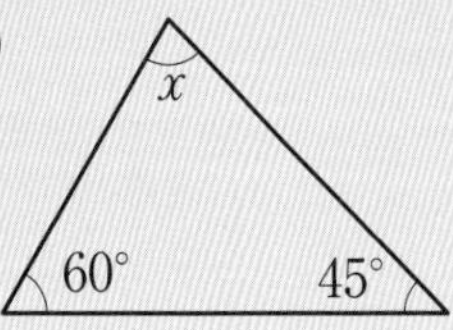

(2)

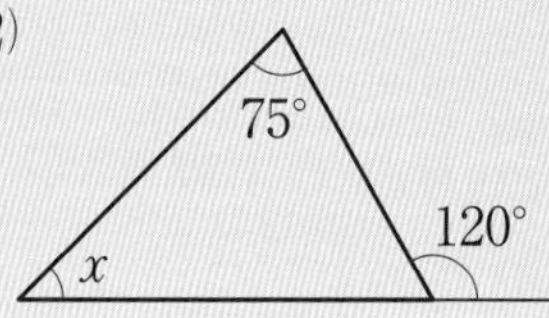

考え方　(1)　三角形の内角（ないかく）の和は，180° である。

(2)　三角形の外角（がいかく）は，これととなり合わない 2 つの内角の和に等しくなる。

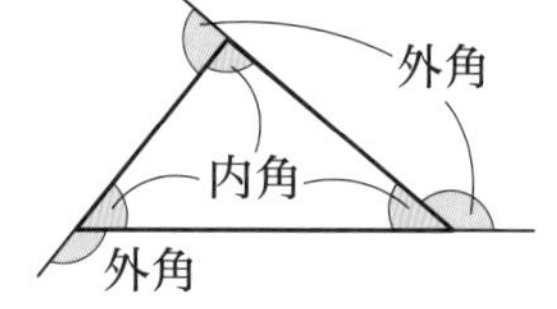

答え　(1)　$\angle x+60^\circ+45^\circ=$ ① □ ° より，

$\angle x=$ ② □ °

(2)　$\angle x+75^\circ=$ ③ □ ° より，

$\angle x=$ ④ □ °

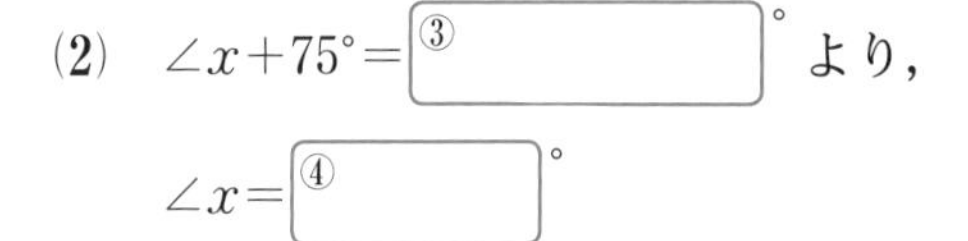

プラスワン　鋭角，鈍角

0° より大きく 90° より小さい角を鋭角（えいかく），90° より大きく 180° より小さい角を鈍角（どんかく）といいます。

●多角形の内角の和

教科書 p.118～120

□ **例題2** 十角形の内角の和を求めなさい。 ▶▶2

考え方　n 角形の内角の和は，$180^\circ\times(n-2)$ である。

答え　$180^\circ\times(n-2)$ の n に ① □ を代入すると，

$180^\circ\times($ ① □ $-2)=$ ② □ °

答 ② □ °

●多角形の外角の和

教科書 p.121～122

□ **例題3** 右の図で，$\angle x$ の大きさを求めなさい。 ▶▶3 4

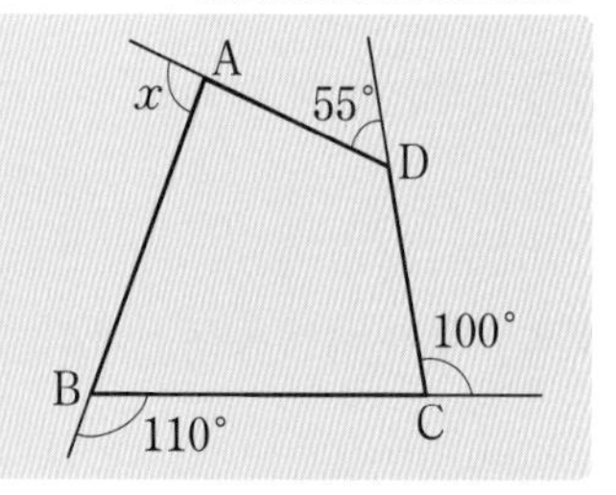

考え方　多角形の外角の和は 360° である。

答え　$\angle x+110^\circ+100^\circ+55^\circ=$ ① □ ° より，

$\angle x=$ ② □ °

どんな多角形でも外角の和は 360° になります。

絶対理解 **1** 【三角形の角の性質】次の図で，$\angle x$ の大きさを求めなさい。 教科書 p.117 問 4

□(1)

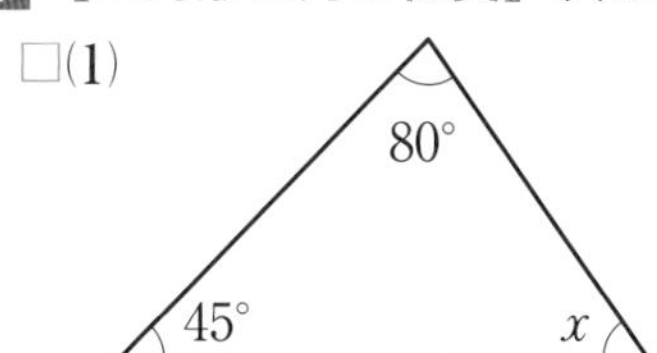

□(2)

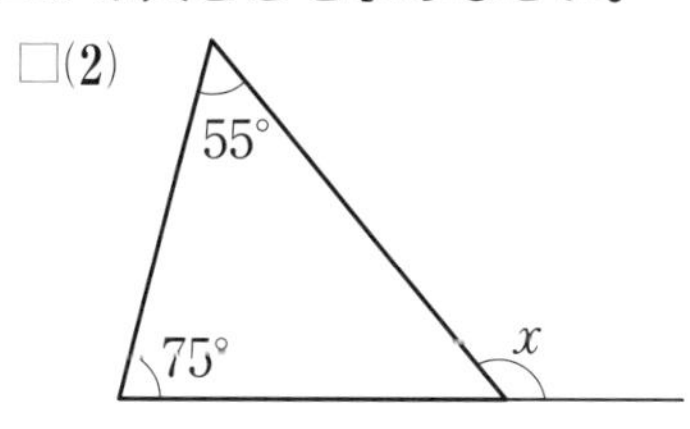

●キーポイント

三角形の外角は，これとととなり合わない2つの内角の和に等しくなる。

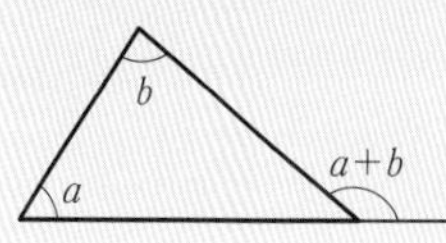

□(3)

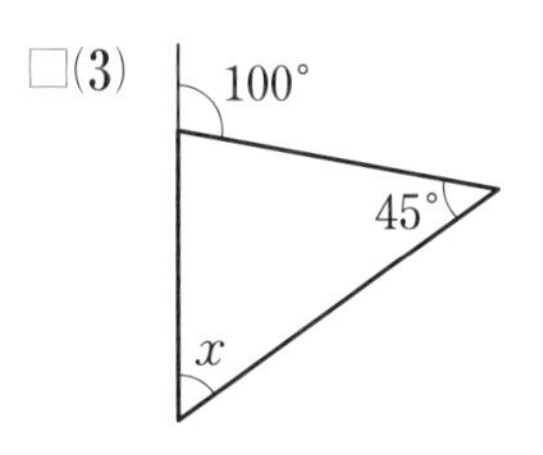

よく出る **2** 【多角形の内角の和】次の問いに答えなさい。 教科書 p.120 問 1

□(1) 八角形の内角の和は何度ですか。

□(2) 内角の和が 2160° になるのは何角形ですか。

●キーポイント

(2) 方程式の形にして求める。

3 【多角形の外角の和】次の図で，$\angle x$ の大きさを求めなさい。 教科書 p.121Q

□(1)

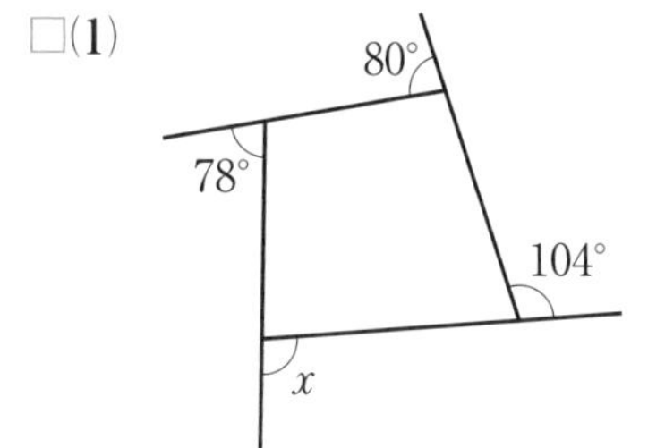

□(2)

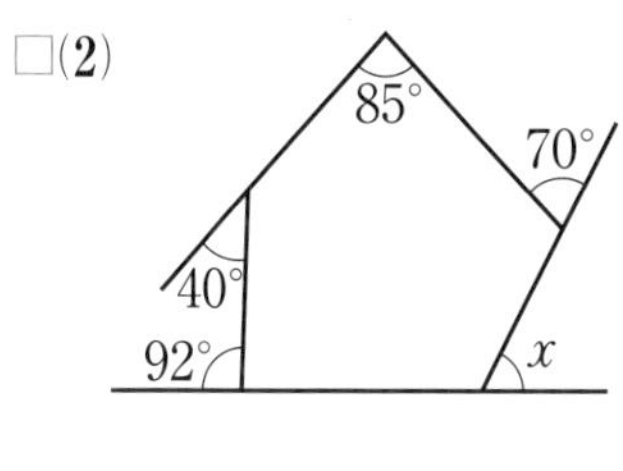

4 【多角形の外角の和】1つの外角が 60° になるのは正何角形ですか。 教科書 p.122 問 3

□

例題の答え **1** ①180 ②75 ③120 ④45 **2** ①10 ②1440 **3** ①360 ②95

解答▶▶ p.25

1 いろいろな角と多角形 ①～③

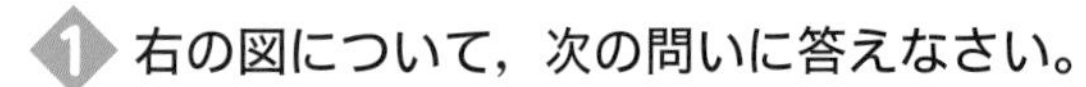

1 右の図について，次の問いに答えなさい。

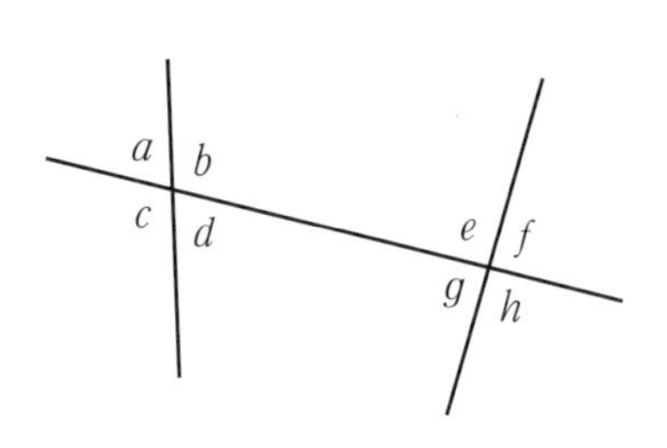

□(1) $\angle e$ と等しい角を答えなさい。

□(2) $\angle d$ の対頂角，同位角，錯角を答えなさい。

2 次の図で，$\angle x$ の大きさを求めなさい。

□(1)

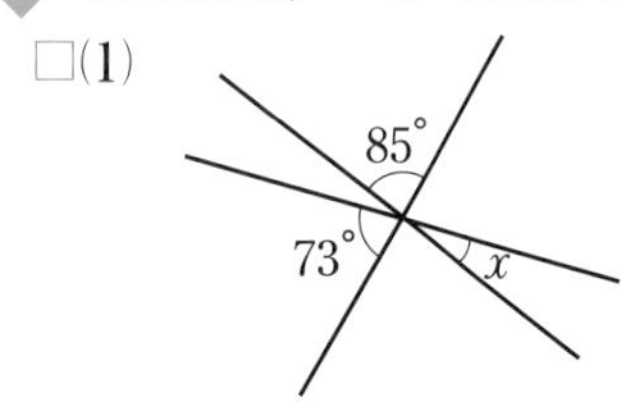

□(2)

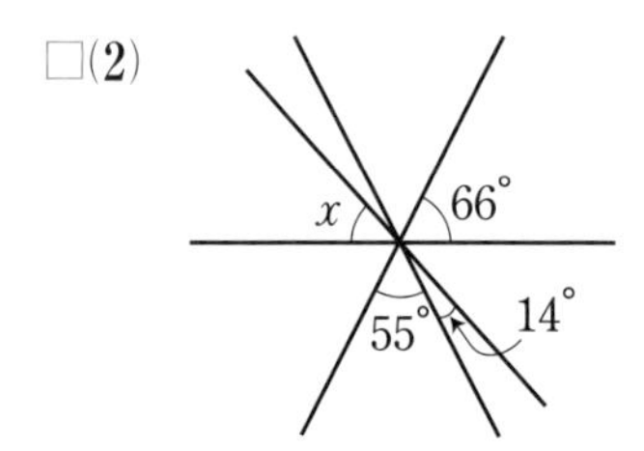

3 右の図で，平行線はどれですか。平行の記号を使って表しなさい。□

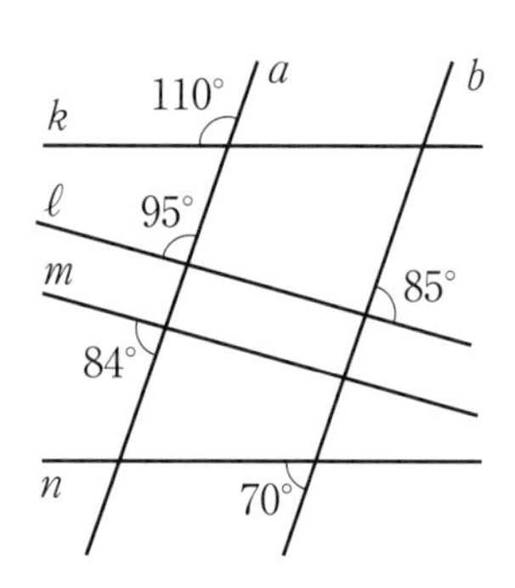

よく出る **4** 次の図で，$\ell /\!/ m$ のとき，$\angle x$，$\angle y$ の大きさを求めなさい。

□(1)

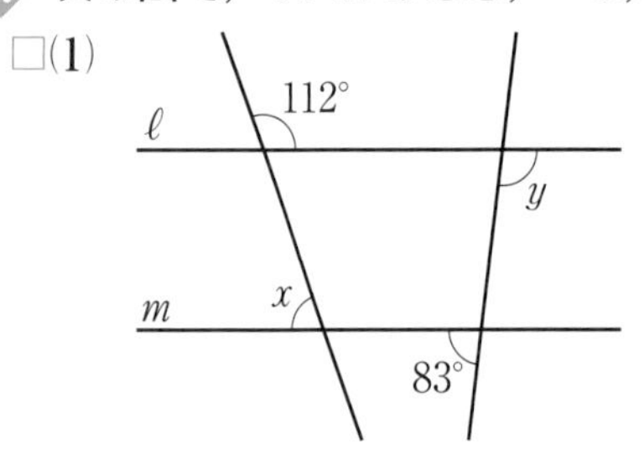

□(2)

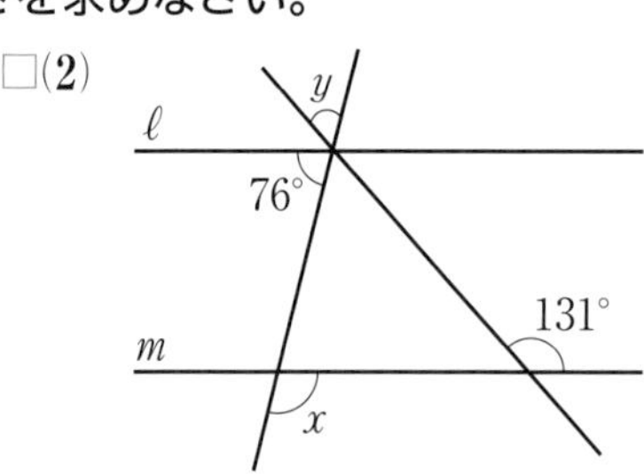

ヒント
2 対頂角は等しいことを利用する。
3 まず，大きさがわかっている角の同位角や錯角の大きさを求める。

定期テスト 予報

●平行線の性質をしっかり理解しよう。
平行線の性質を利用して角の大きさを求める問題では，対頂角や同位角，錯角などを利用して等しい角に印をつけるとわかりやすいよ。

5 右の図で，$\ell /\!/ m$ のとき $\angle a+\angle c=180^\circ$ となることを，次のように説明しました。□にあてはまるものを答えなさい。

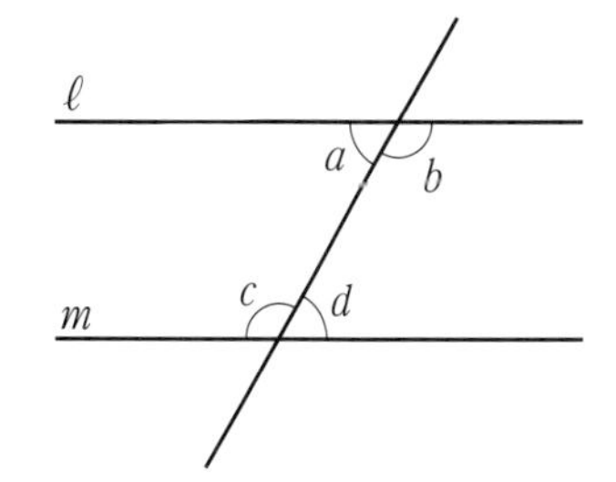

平行線の錯角は等しいから，$\angle a=\angle$ ㋐□　①

一直線の角は 180° だから，$\angle$ ㋑□ $+\angle d=180^\circ$　②

①，② より，$\angle a+\angle$ ㋒□ $=$ ㋓□ °

6 次の図で，$\angle x$ の大きさを求めなさい。

□(1)

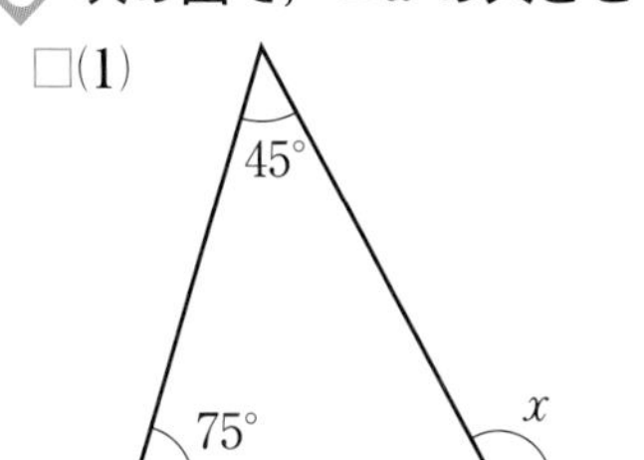

□(2)

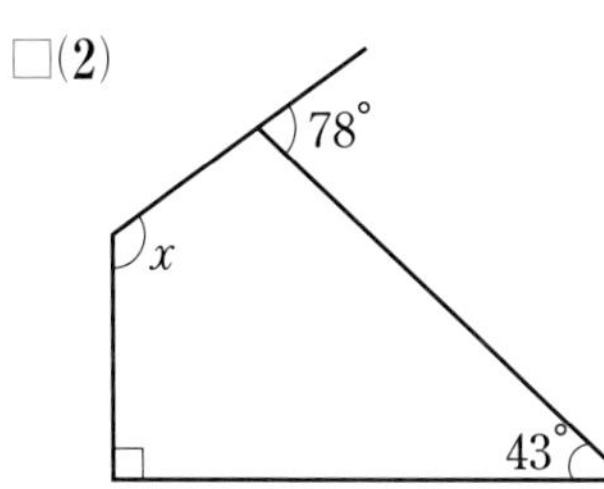

□(3)

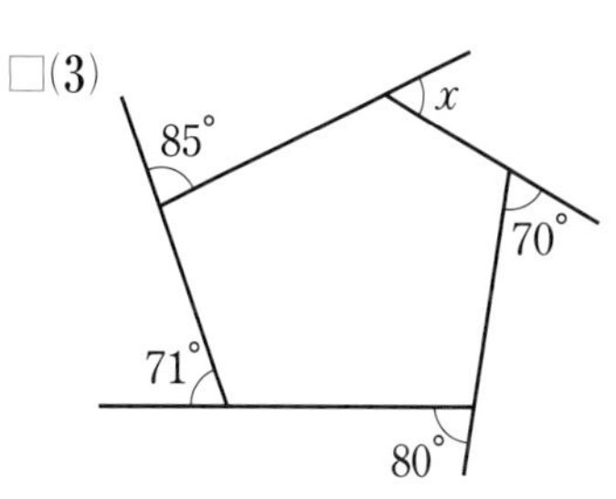

7 次の問いに答えなさい。

□(1) 正十二角形の 1 つの内角の大きさを求めなさい。

□(2) 内角の和が 2700° の多角形は何角形ですか。

□(3) 1 つの外角が 20° になるのは，正何角形ですか。

8 右の図で，$\angle a$，$\angle b$，$\angle c$，$\angle d$，$\angle e$ の大きさの和を求めなさい。

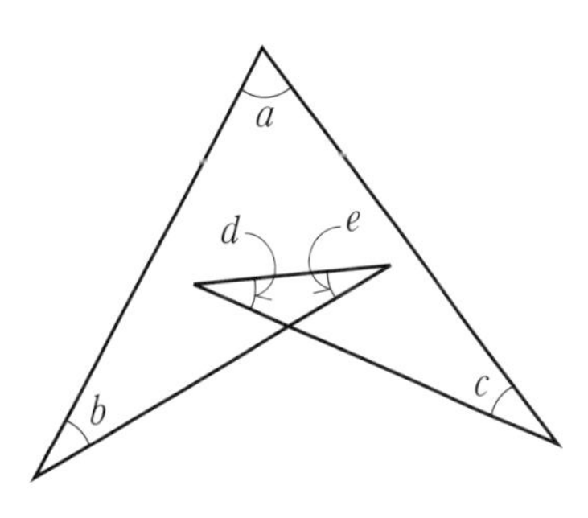

7 n 角形の内角の和は $180^\circ\times(n-2)$，外角の和は 360° である。
8 $\angle b$ と $\angle c$ の頂点を結ぶ。

4章

教科書 110～124ページ

解答▶▶ p.25

ぴたトレ 1 要点チェック

2　図形の合同
①　合同な図形／②　三角形の合同条件

●合同な図形の性質

教科書 p.125〜126

□ **例題 1** 右の図で，四角形 ABCD≡四角形 EFGH であるとき，次の問いに答えなさい。 ▶▶1

(1) 辺 AD と辺 FG の長さを，それぞれ求めなさい。

(2) ∠B と ∠E の大きさを，それぞれ求めなさい。

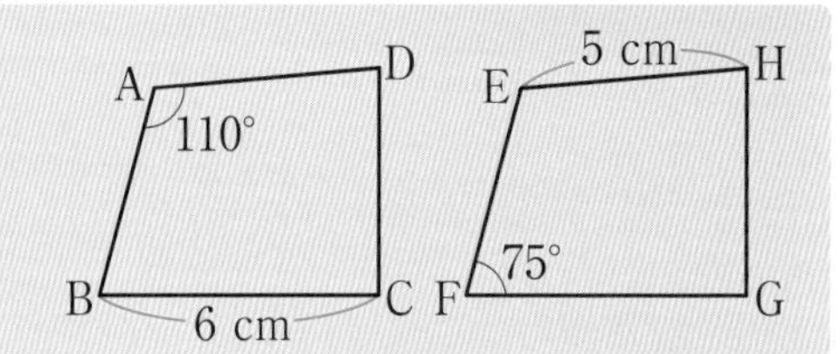

考え方　合同な図形では，対応する線分の長さ，対応する角の大きさは，それぞれ等しくなる。

答え (1) 辺 AD に対応する辺は，辺 EH だから，

AD＝①［　　］cm

辺 FG に対応する辺は，辺 ②［　　］だから，

FG＝③［　　］cm

(2) ∠B に対応する角は，∠F だから，∠B＝④［　　］°

∠E に対応する角は，∠⑤［　　］だから，∠E＝⑥［　　］°

プラスワン　合同を表す記号

2つの図形が合同であることを，記号≡を使って表す。
このとき，2つの図形の対応する点が同じ順序になるように表す。

●三角形の合同条件

教科書 p.127〜129

□ **例題 2** 右の図で，合同な三角形はどれとどれですか。記号≡を使って表しなさい。
また，そのときの合同条件を答えなさい。 ▶▶23

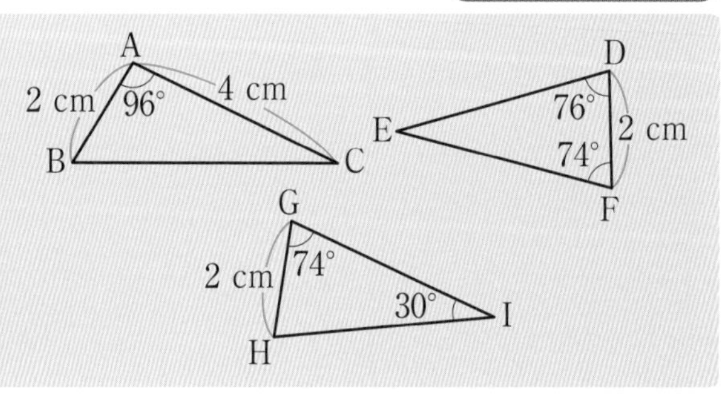

考え方　△GHI において，∠H＋74°＋30°＝180° だから，∠H＝76° である。

答え △DEF≡△①［　　］

合同条件…②［　　］組の辺とその③［　　］の角がそれぞれ等しい。

DF＝HG＝2 cm，∠D＝∠H＝76°，∠F＝∠G＝74°

プラスワン　三角形の合同条件

1 3組の辺がそれぞれ等しい。
2 2組の辺とその間の角がそれぞれ等しい。
3 1組の辺とその両端の角がそれぞれ等しい。

絶対理解 **1** 【合同な図形の性質】右の図で，四角形 ABCD≡四角形 EFGH であるとき，次の問いに答えなさい。 教科書 p.126 問 2

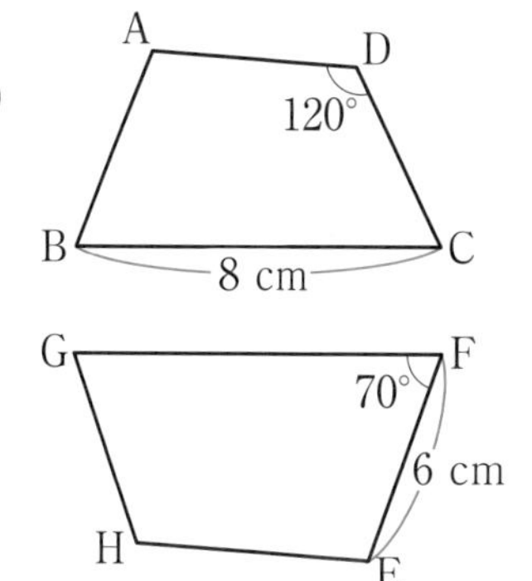

□(1) 辺 AD，∠C に対応する辺，角を，それぞれ答えなさい。

□(2) 辺 AB，辺 FG の長さを，それぞれ答えなさい。

□(3) ∠B，∠H の大きさを，それぞれ答えなさい。

よく出る **2** 【三角形の合同条件】次の図で，合同な三角形はどれとどれですか。記号≡を使って表しなさい。また，そのときの合同条件を答えなさい。 教科書 p.129 問 1

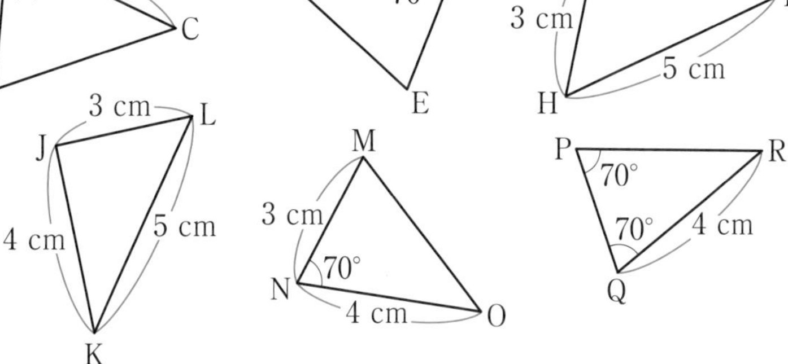

3 【三角形の合同条件】次の図で，合同な三角形はどれとどれですか。記号≡を使って表しなさい。また，そのときの合同条件を答えなさい。 教科書 p.129 問 2

□(1)

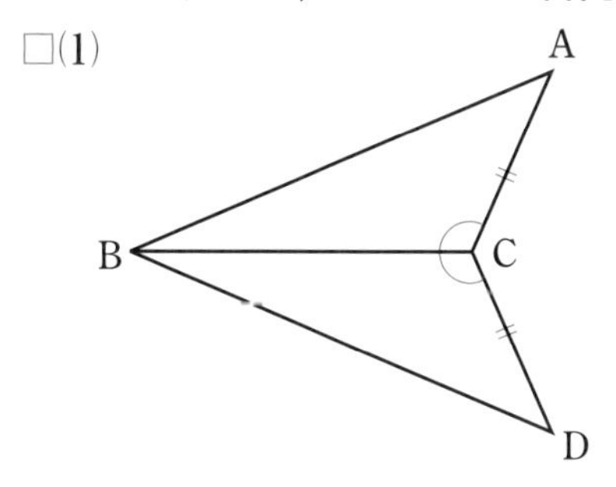

□(2)

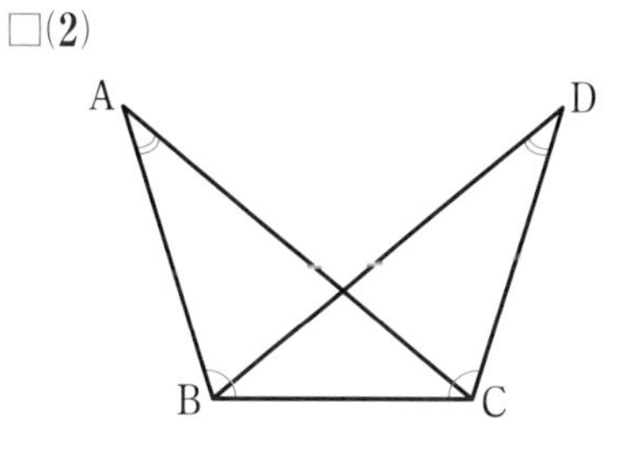

キーポイント
2つの三角形に共通な辺を見つけ，三角形の合同条件が成り立つかどうかを調べる。

4章 教科書125～129ページ

例題の答え **1** ①5 ②BC ③6 ④75 ⑤A ⑥110 **2** ①HIG ②1 ③両端

2 図形の合同
③ 図形の性質の確かめ方

●仮定と結論，証明

教科書 p.130～135

□ 例題 1 右の図で，AB＝AD，BC＝DC ならば，
∠ABC＝∠ADC です。 ▸▸1 2

(1) 仮定(かてい)と結論(けつろん)を答えなさい。

(2) ∠ABC＝∠ADC であることを証明しなさい。

A　B　D　C

考え方 (1) 「a ならば b」のとき，a を仮定，b を結論という。

(2) ∠ABC と ∠ADC が対応する角になる 2 つの三角形の合同を確かめる。

答え (1) 仮定…AB＝AD，BC＝[①]

結論…∠ABC＝∠[②]

証明 (2) △ABC と △[③] において，

仮定から，　AB＝AD　㋐

BC＝[①]　㋑

共通な辺だから，AC＝AC　㋒

㋐，㋑，㋒より，[④] がそれぞれ

等しいから，△ABC≡△[③]

合同な図形の対応する角は等しいから，

∠ABC＝∠[②]

ここがポイント

1 仮定と結論を区別して，図に必要な印を記入する

2 結論をいうために何がいえればよいかを考える。

3 根拠を明らかにしながら，証明を書き記す。

プラスワン　証明

あることがらが正しいことを，すでに正しいと認められたことがらを根拠にして，筋道を立てて説明することを**証明**という。

●逆

教科書 p.136～137

□ 例題 2 「$a>0$，$b>0$ ならば $ab>0$ である。」の逆(ぎゃく)を答えなさい。また，それは正しいですか。正しくない場合は，反例(はんれい)をあげなさい。 ▸▸3

考え方 「■ ならば ●」の逆は「● ならば ■」である。

答え 逆は，$ab>0$ ならば，$a>0$，[①] である。

これは正しくない。

反例…$a=-1$，$b=-2$ のとき，

$ab>0$ であるが，$a<0$，[②] である。

絶対理解 **1** 【仮定と結論，証明】右の図で，AO＝DO，BO＝CO ならば，∠BAO＝∠CDO です。このとき，次の問いに答えなさい。 教科書 p.132〜133Q

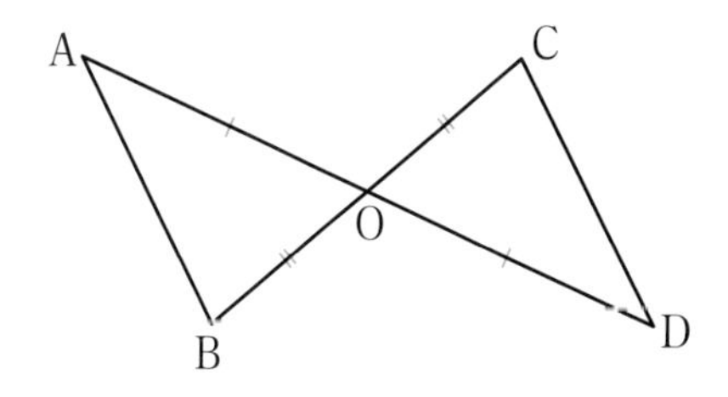

□(1) このことの仮定と結論を答えなさい。

□(2) このことを証明しなさい。

●キーポイント
∠BAO と ∠CDO が対応する角になるような 2 つの三角形の合同を示す。

2 【作図と証明】右の図は，線分 AB の垂直二等分線 PQ を，次のような手順で作図したものです。

1 点 A，B をそれぞれ中心とする半径の等しい円をかき，その交点を P，Q とする。

2 点 P と Q を通る直線を引く。

このとき，次の問いに答えなさい。 教科書 p.134 問 5

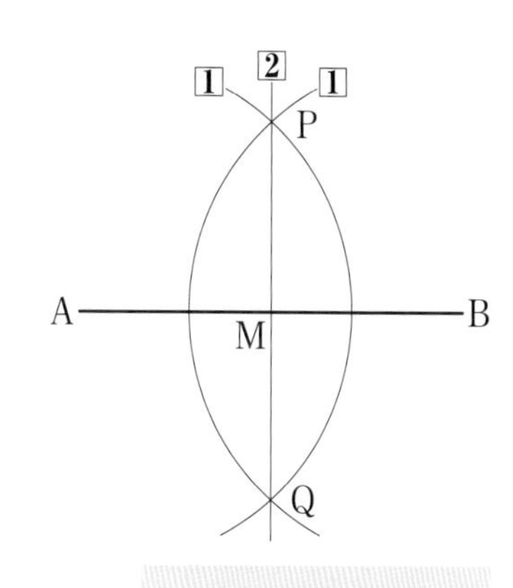

□(1) △APQ≡△BPQ であることを証明しなさい。

□(2) 作図した直線 PQ が線分 AB の垂直二等分線であることを証明しなさい。

●キーポイント
(2) (1) を利用して，△APM と △BPM が合同であることを示す。

絶対理解 **3** 【逆】次のことがらの逆を答えなさい。また，それが正しいかどうかを調べなさい。正しくない場合は，反例をあげて示しなさい。 教科書 p.137 問 8

□(1) △ABC≡△DEF ならば，AB＝DE である。

□(2) 2 直線が平行ならば，錯角は等しい。

□(3) $x=2$，$y=3$ ならば，$x+y=5$ である。

例題の答え **1** ①DC ②ADC ③ADC ④3 組の辺 **2** ①$b>0$ ②$b<0$

2 図形の合同 ①～③

1 次の図で，合同な三角形はどれとどれですか。記号≡を使って表しなさい。
また，そのときの合同条件を答えなさい。
ただし，同じ印をつけた辺や角は，それぞれ等しいとします。

□(1)

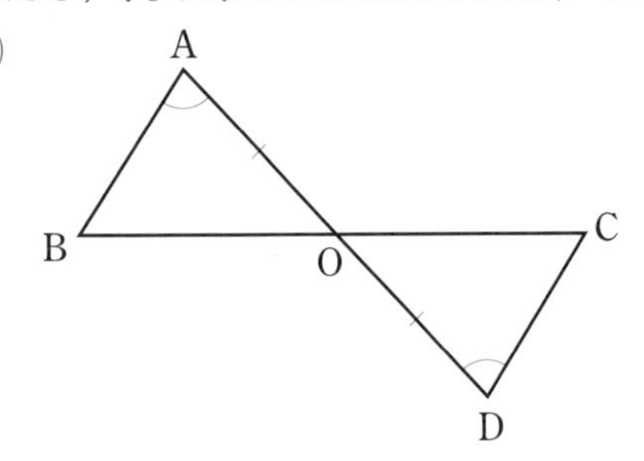

□(2)

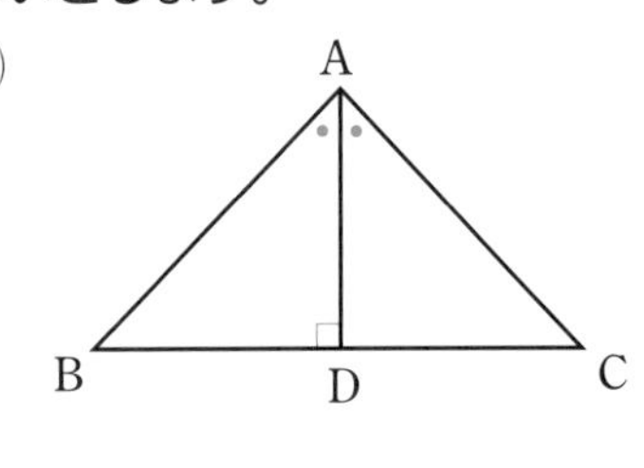

2 次の㋐～㋔のうち，△ABC≡△DEF であるといえるものはどれですか。すべて選び記号で答えなさい。
□

㋐ ∠A＝∠D,　∠B＝∠E,　∠C＝∠F
㋑ AB＝DE,　BC＝EF,　CA＝FD
㋒ BC＝EF,　AC＝DF,　∠C＝∠F
㋓ AB＝DE,　AC＝DF,　∠C＝∠F
㋔ AB＝DE,　∠B＝∠E,　∠C＝∠F

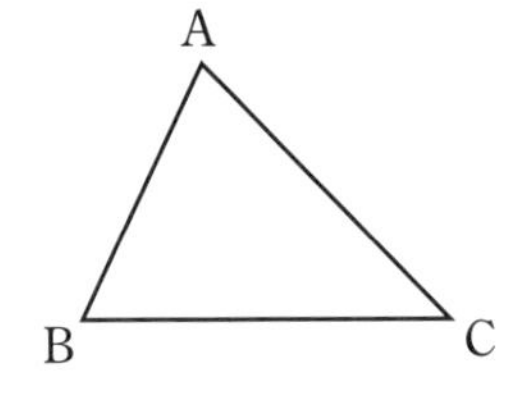

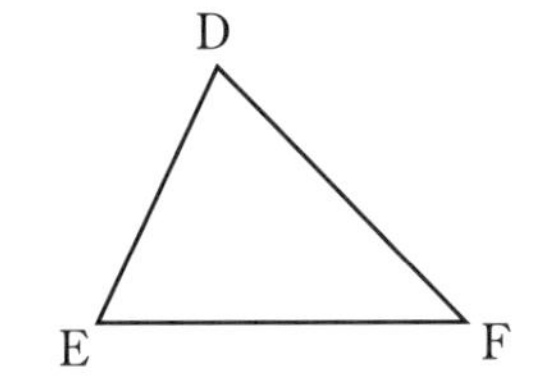

3 右の図で，**AB＝DC，AC＝DB** ならば，
△ABC≡△DCB です。このとき，次の問いに答えなさい。

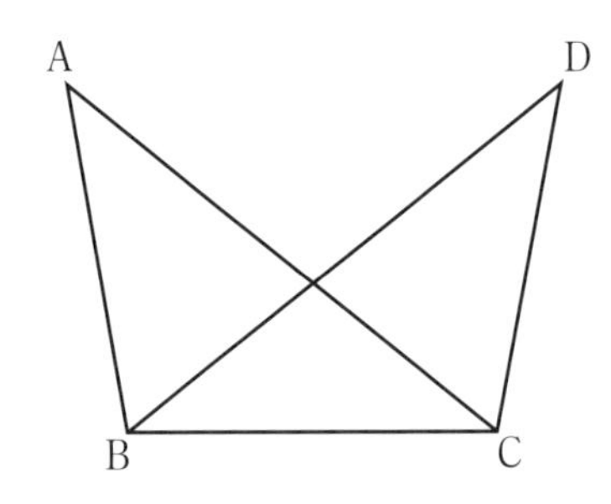

□(1) 仮定と結論を答えなさい。

□(2) このことを証明しなさい。

ヒント **2** 三角形の合同条件にあてはめる。
㋔三角形の内角の和は 180° だから，2つの角の大きさがわかれば残りの1つの角は決まる。

定期テスト予報

●証明問題では，仮定と結論をはっきりさせよう。
結論に着目し，三角形の合同を使ってそれを導くためには，どの線分や角の大きさが等しいことを利用すればよいかを考えよう。三角形の合同条件はしっかり覚えておこう。

4 右の図は，次の❶～❸の手順で直線 PQ を作図したものです。このとき，∠APQ＝90° であることを証明しなさい。

❶ 直線 ℓ 上の点 P を中心とする１つの円をかき，ℓ との交点をそれぞれ A，B とする。

❷ A，B をそれぞれ中心として，半径が等しい円を交わるようにかき，その交点の１つを Q とする。

❸ 直線 PQ を引く。

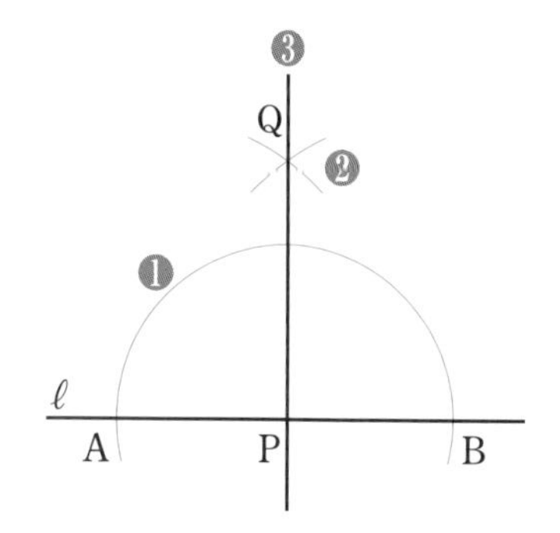

5 右の図のように，∠XOY の２辺 OX，OY 上に，OA＝OB となるように２点 A，B をとります。∠XOY の二等分線と線分 AB との交点を C とするとき，AC＝BC であることを証明しなさい。

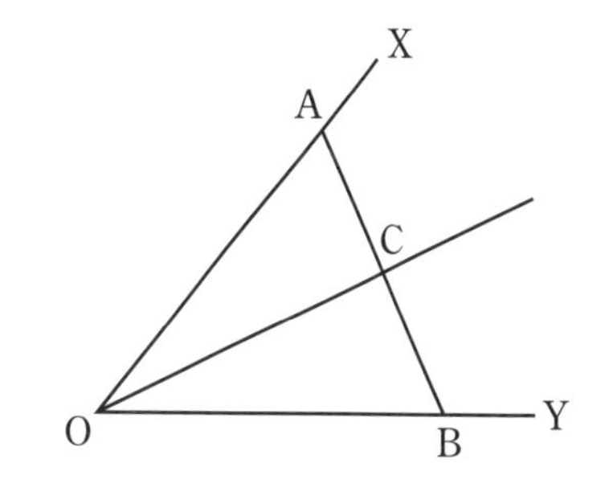

6 次のことがらの逆を答えなさい。
また，それが正しいかどうかを答えなさい。

(1) ２直線 ℓ，m が平行ならば，錯角 $\angle x$ と $\angle y$ は等しい。

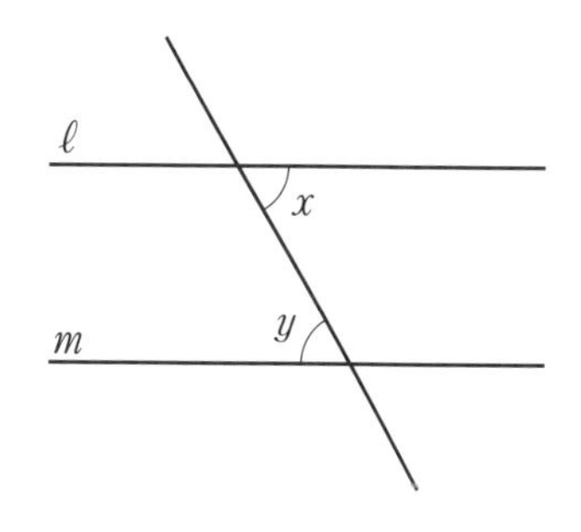

(2) a，b が偶数ならば，$a+b$ は偶数である。

(3) △ABC と △DEF で，△ABC≡△DEF ならば，∠A＝∠D，∠B＝∠E，∠C＝∠F

ヒント
4 A と Q，B と Q を結んで，△APQ と △BPQ に着目する。
6 反例をさがしてみる。

解答▶▶ p.28

ぴたトレ
3
確認テスト

4章　図形の性質の調べ方

時間30分　／100点　合格70点

1 次の図で，$\ell /\!/ m$ のとき，$\angle x$ の大きさを求めなさい。知

(1)

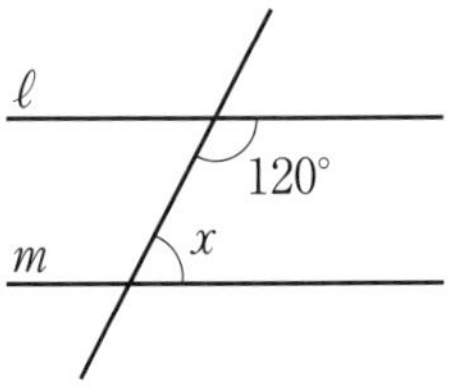

(2)

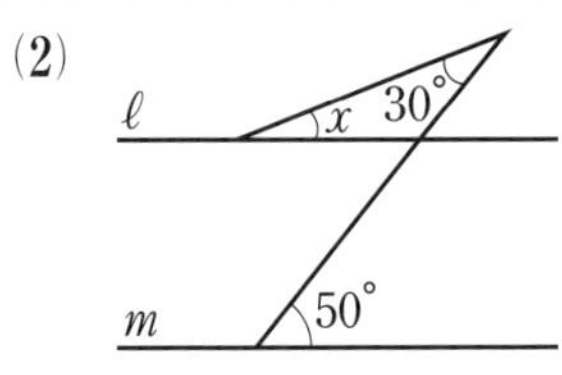

点UP (3)

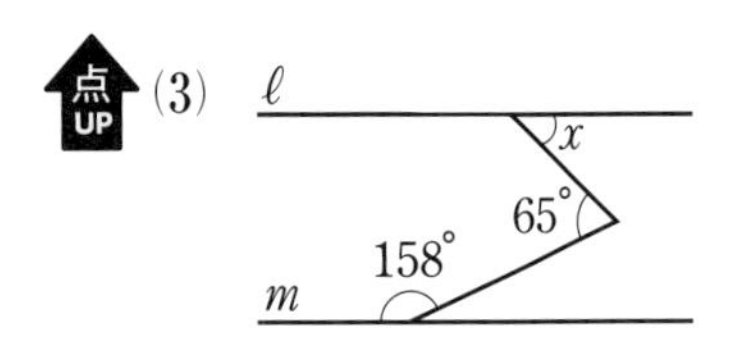

1	点/18点（各6点）
(1)	
(2)	
(3)	

2 次の図で，$\angle x$ の大きさを求めなさい。知

(1)

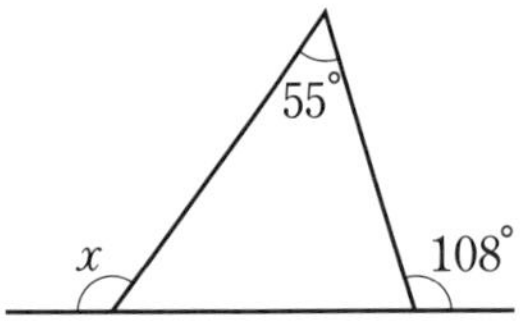

点UP (2)

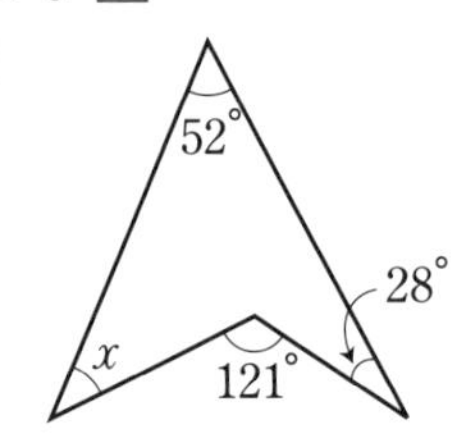

(3)

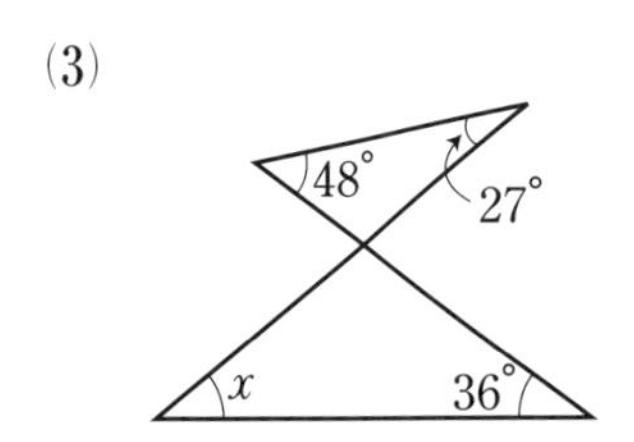

(4)

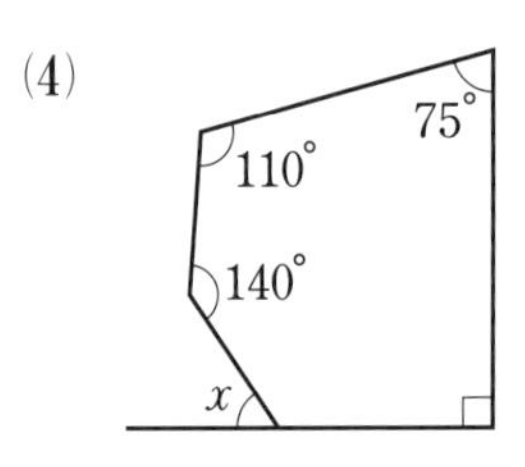

2	点/24点（各6点）
(1)	
(2)	
(3)	
(4)	

3 次の問いに答えなさい。知

(1)　正十五角形の１つの内角の大きさを求めなさい。

(2)　内角の和が 1980° である多角形は何角形ですか。

(3)　１つの外角の大きさが 36° である正多角形は正何角形ですか。

3	点/18点（各6点）
(1)	
(2)	
(3)	

成績評価の観点　知…数量や図形などについての知識・技能　考…数学的な思考・判断・表現

4 次の図で，AD＝BC，AD∥BC です。線分 AC と BD の交点を O とするとき，△AOD≡△COB であることを証明しなさい。考

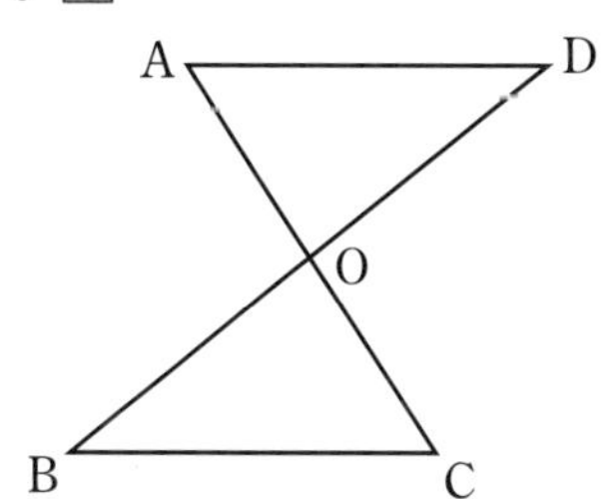

点UP **5** 次の図の四角形 ABCD は正方形で，点 M と N はそれぞれ辺 CD，BC の中点です。AM＝DN であることを証明しなさい。考

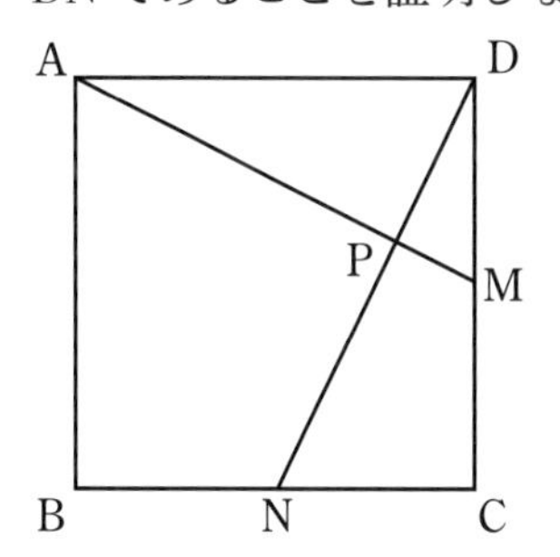

点UP **6** AD∥BC である台形 ABCD があります。次の図のように，CB の延長線上に，AD＝BE となるような点 E をとり，D と E を結びます。線分 DE と辺 AB との交点を P とするとき，P は辺 AB の中点であることを証明しなさい。考

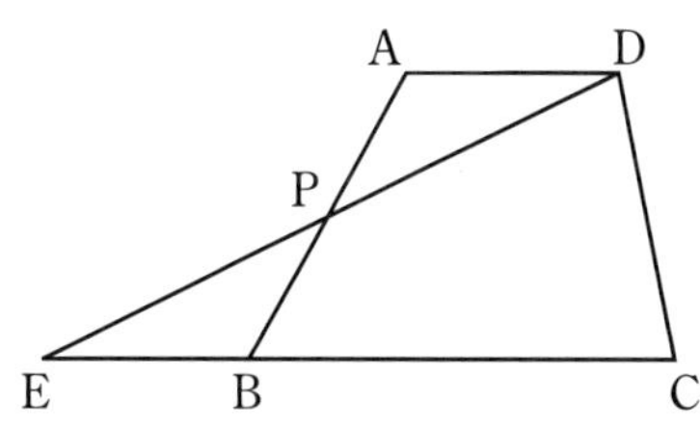

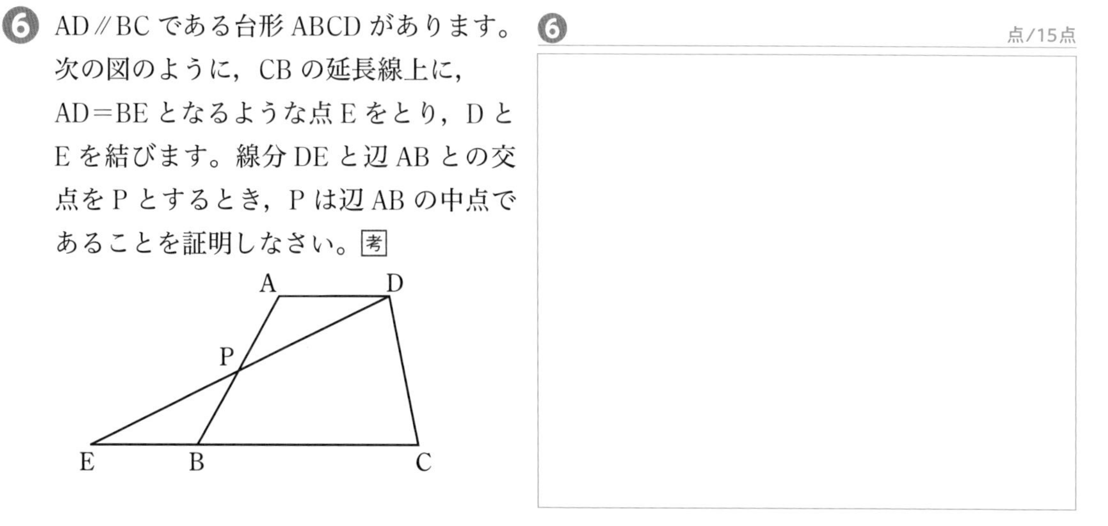

知 /60点	考 /40点

4章 教科書108～145ページ

解答▶▶ p.29

教科書のまとめ〈4章　図形の性質の調べ方〉

●角

・対頂角　$\angle b$ と $\angle c$
　同位角　$\angle a$ と $\angle c$
　錯角　　$\angle a$ と $\angle b$
・対頂角は等しい。

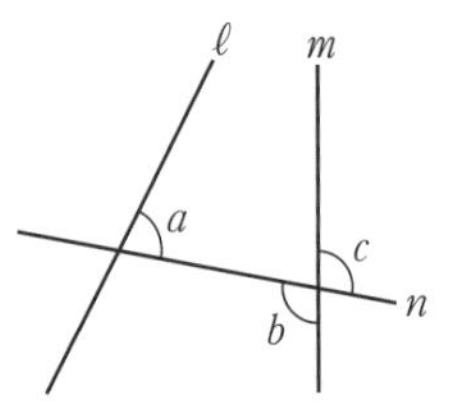

●平行線の性質

2直線に1つの直線が交わるとき，次のことが成り立つ。

1. 2直線が平行ならば，同位角は等しい。
2. 2直線が平行ならば，錯角は等しい。

●平行線になるための条件

2直線に1つの直線が交わるとき，次のことが成り立つ。

1. 同位角が等しいならば，2直線は平行である。
2. 錯角が等しいならば，2直線は平行である。

●三角形の角の性質

1. 三角形の内角の和は，180°である。
2. 三角形の外角は，これととなり合わない2つの内角の和に等しい。

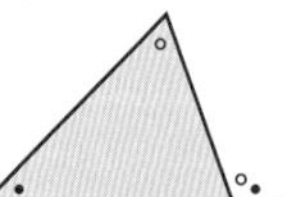

●多角形の内角と外角

1. n 角形の内角の和は，$180° \times (n-2)$ である。
2. 多角形の外角の和は，360° である。

●合同な図形の性質

1. 合同な図形では，対応する線分の長さはそれぞれ等しい。
2. 合同な図形では，対応する角の大きさはそれぞれ等しい。

●三角形の合同条件

2つの三角形は，次の1つが成り立てば合同である。

1. 3組の辺がそれぞれ等しい。

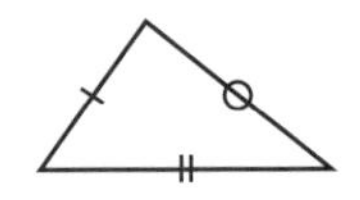
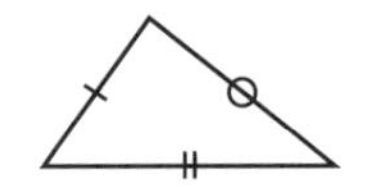

2. 2組の辺とその間の角がそれぞれ等しい。

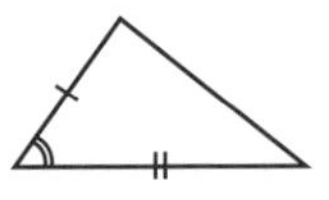
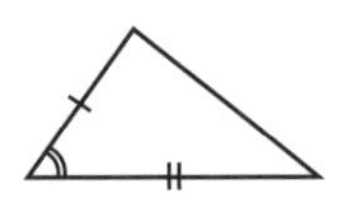

3. 1組の辺とその両端の角がそれぞれ等しい。

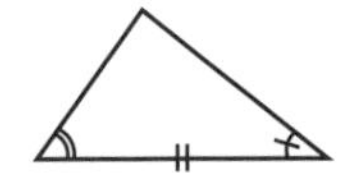

●仮定と結論

「　　　ならば　　　」の形に書かれたことがらで，　　　の部分を**仮定**，　　　の部分を**結論**という。

(例)「$a=b$ ならば，$a-c=b-c$ である。」
　ということがらについて，
　仮定は，$a=b$
　結論は，$a-c=b-c$

●図形の性質の証明の進め方

1. 仮定と結論を明確にする。
2. 結論の辺や角をふくむ2つの三角形に着目する。
3. 着目した2つの三角形で，等しい辺や角を見つける。
4. 三角形の合同条件のどれが根拠として使えるか判断し，合同であることを示す。
5. 合同な図形の性質を根拠にして，結論を導く。

●逆

・仮定と結論が入れかわっている2つのことがらがあるとき，一方を他方の**逆**という。
・あることがらが成り立たないことを示す例を**反例**という。

5章　三角形・四角形

次の学習に入る前に取り組もう。

□三角形の合同条件　　◀中学2年

2つの三角形は，次のどれか1つが成り立てば合同である。

①3組の辺がそれぞれ等しい。

②2組の辺とその間の角がそれぞれ等しい。

③1組の辺とその両端（りょうたん）の角がそれぞれ等しい。

1 次の□にあてはまることばを書きなさい。　　◀小学3年〈二等辺三角形，正三角形〉

(1) 2つの辺の長さが等しい三角形を，□という。二等辺三角形では，2つの角の大きさが□。

(2) 3つの辺の長さが等しい三角形を，□という。正三角形では，□の角の大きさがすべて等しい。

ヒント

三角形の辺の長さや角の大きさに目をつけると……

2 次の図の三角形を，合同な三角形の組に分けなさい。また，そのとき使った合同条件を答えなさい。

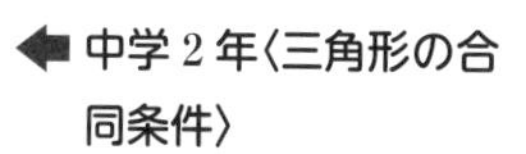
◀中学2年〈三角形の合同条件〉

ヒント

それぞれの三角形について，どの辺の長さや角の大きさが等しいかに着目すると……

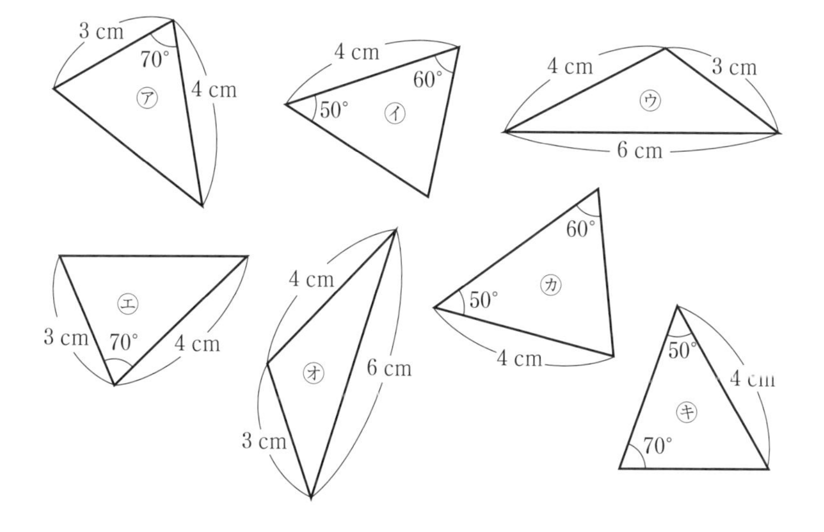

1 三角形
① 二等辺三角形 ——(1)

●二等辺三角形の角

教科書 p.148〜151

□ 右の図で，$\angle x$，$\angle y$ の大きさを求めなさい。 ▶▶1

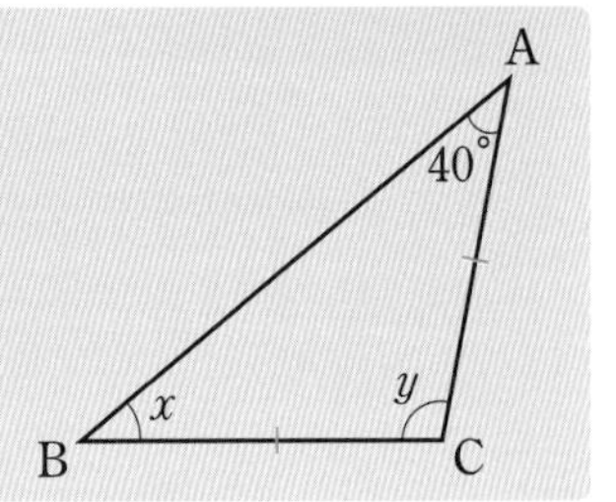

考え方　「二等辺三角形の2つの底角(ていかく)は等しい。」という定理(ていり)を使う。

答え　$\angle x =$ ①［　　］°

①［　　］°$+40°+\angle y=180°$ より，$\angle y=$ ②［　　］°

プラスワン　定義，定理

定義(ていぎ)…用語の意味をはっきり述べたもの。
定理…証明されたことがらのうち，よく利用されるもの。

「2つの辺が等しい三角形を二等辺三角形という。」は，二等辺三角形の定義です。

●二等辺三角形の性質

教科書 p.148〜151

□ △ABC において，AB＝AC ならば，∠B＝∠C であることを，頂点 A と底辺 BC の中点 M を結ぶ線分 AM を引いて証明しなさい。 ▶▶23

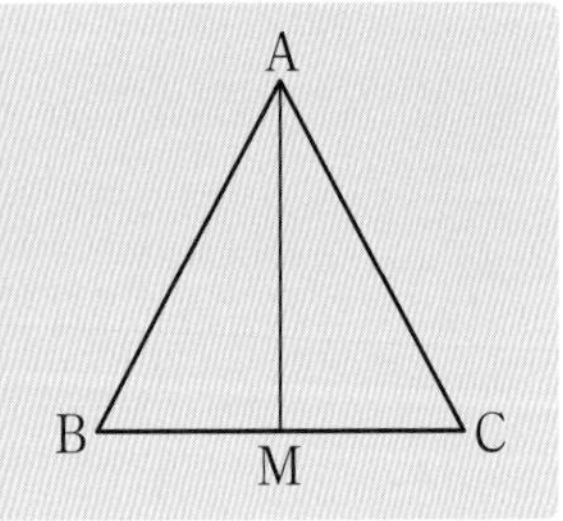

考え方　∠B と ∠C が対応する角になるような2つの三角形が合同であることを示し，合同な図形の性質を利用して証明する。

証明　△ABM と △①［　　］において，

仮定から，　AB＝AC　……㋐

M は辺 BC の中点だから，　BM＝②［　　］　……㋑

共通な辺だから，　AM＝AM　……㋒

㋐，㋑，㋒より，③［　　］がそれぞれ等しいから，

△ABM≡△①［　　］

したがって，　∠B＝∠C

（合同な図形の対応する角の大きさは等しい）

1【二等辺三角形の角】次の図で，$\angle x$，$\angle y$ の大きさを求めなさい。 教科書 p.150 問 1

□(1) BA＝BC　　　□(2) AB＝AC，∠ABD＝∠CBD

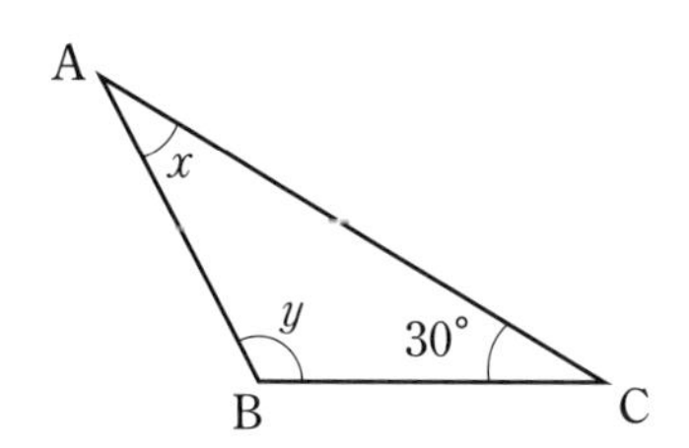

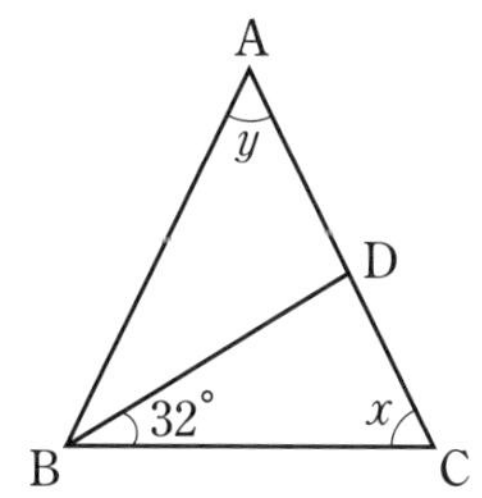

絶対理解 **2**【二等辺三角形の性質】二等辺三角形 ABC で，頂角 ∠A の二等分線は底辺 BC を垂直に 2 等分することを証明しなさい。

□

教科書 p.150 問 2

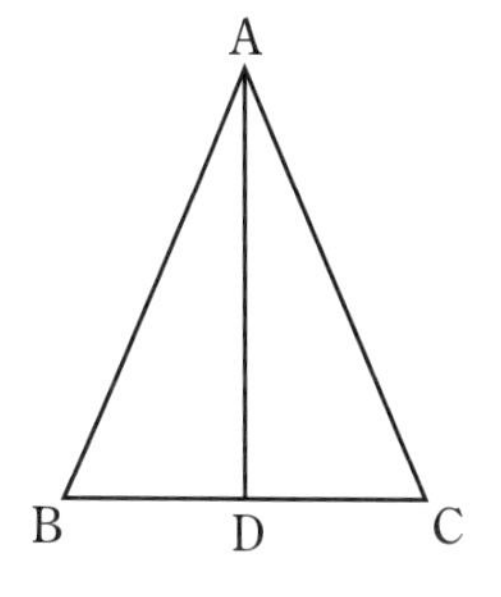

3【二等辺三角形の性質】AB＝AD，BC＝DC である四角形 ABCD で，対角線 AC，BD の交点を O とするとき，次の問いに答えなさい。 教科書 p.151 問 3

□(1) ∠BCA＝∠DCA であることを証明しなさい。

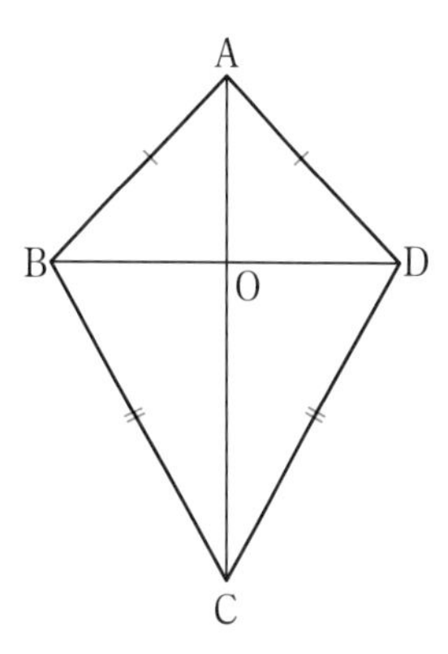

□(2) (1)の結果から，AC は線分 BD の垂直二等分線であることを証明しなさい。

●キーポイント
(1) ∠BCA と ∠DCA が対応する角となるような2つの三角形の合同を証明する。

例題の答え **1** ①40 ②100 **2** ①ACM ②CM ③3 組の辺

1 三角形
① 二等辺三角形 ——(2)

●2つの角が等しい三角形

教科書 p.152〜153

□ **例題1** △ABCにおいて，∠B＝∠Cならば，AB＝ACであることを証明しなさい。 ▶▶1 2

考え方 ∠Aの二等分線を引いて△ABCを2つの三角形に分け，2つの三角形が合同であることを示す。

証明 ∠Aの二等分線を引き，辺BCとの交点をDとする。

△ABDと△ACDにおいて，

仮定から，　∠B＝∠C　㋐

∠BAD＝∠［①　　］　㋑

三角形の内角の和は180°であるから，

㋐，㋑より，∠ADB＝∠［②　　］　㋒

また，　ADは共通　㋓

㋑，㋒，㋓より，1組の辺とその両端の角がそれぞれ等しいから，

△ABD≡△ACD

したがって，　AB＝AC

プラスワン　二等辺三角形になるための条件

2つの角が等しい三角形は，二等辺三角形である。

●正三角形の性質

教科書 p.153〜154

□ **例題2** △ABCにおいて，AB＝BC＝CAならば，∠A＝∠B＝∠Cであることを証明しなさい。 ▶▶3

考え方 正三角形は二等辺三角形の特別な場合とみることができる。
二等辺三角形の性質を利用して証明する。

証明 △ABCをAB＝ACの二等辺三角形と考えると，

∠B＝∠［①　　］　㋐

△ABCをBA＝BCの二等辺三角形と考えると，

∠A＝∠［②　　］　㋑

㋐，㋑から，∠A＝∠B＝∠C

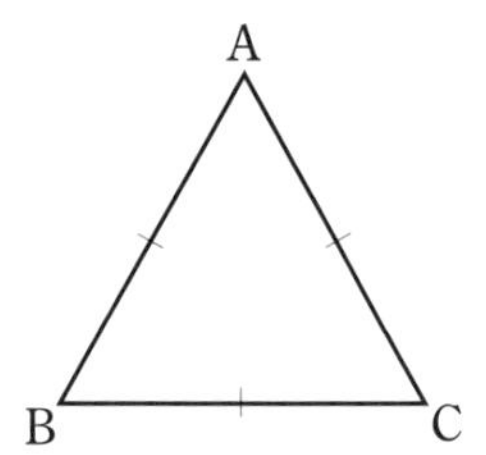

1 【2つの角が等しい三角形】AB＝AC である二等辺三角形

□ ABC の 2 つの底角の二等分線の交点を P とするとき，

△PBC は二等辺三角形であることを証明しなさい。

教科書 p.153 問 5

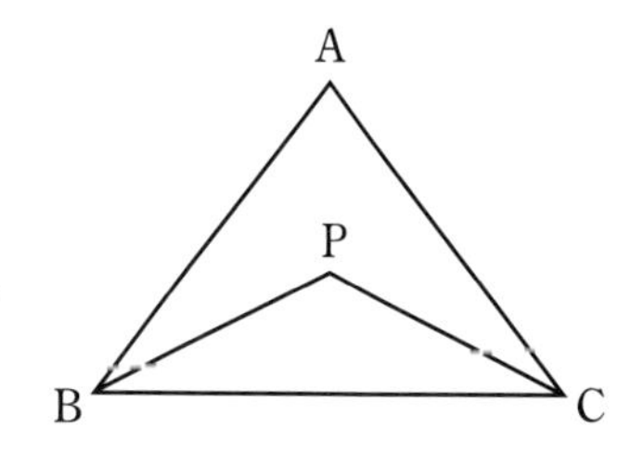

絶対理解 **2** 【2つの角が等しい三角形】右の図のように，長方形の紙を

□ 対角線を折り目にして折ったとき，重なる部分は二等辺三角形になることを証明しなさい。

教科書 p.153 問 6

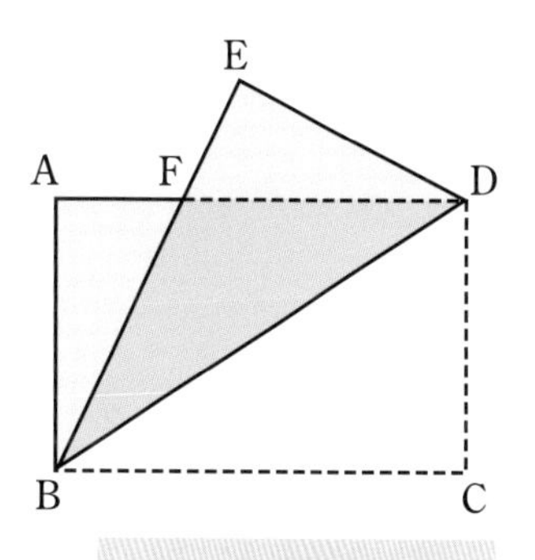

●キーポイント

折り返した角は等しいこと，平行線の錯角は等しいことを利用する。

3 【正三角形の性質】△ABC において，∠A＝∠B＝∠C ならば，

□ AB＝BC＝CA であることを証明しなさい。

教科書 p.154 問 8

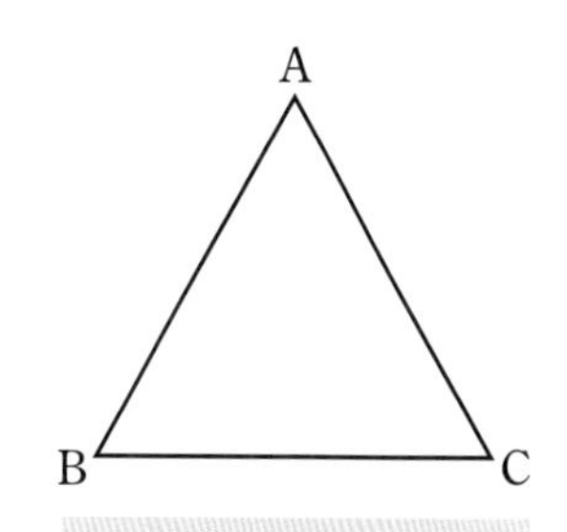

●キーポイント

二等辺三角形になるための条件を使って，3 つの辺が等しいことを示す。

例題の答え **1** ①CAD ②ADC **2** ①C ②C

解答▶▶ p.30

1　三角形
②　直角三角形の合同

●直角三角形の合同条件

教科書 p.155〜156

□ **例題 1** 次の図で，合同な三角形はどれとどれですか。記号≡を使って表しなさい。
また，そのときの合同条件を答えなさい。 ▸▸1

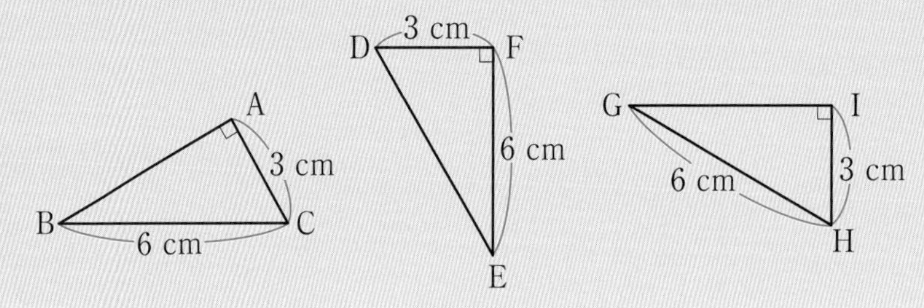

考え方　直角三角形で，等しい辺や角はどれかを考える。

答え　△ABC≡△[①　　　　]

合同条件…直角三角形の斜辺（しゃへん）と[②　　　　　　]が

それぞれ等しい。

プラスワン　直角三角形の合同条件

1. 斜辺と1つの鋭角（えいかく）が それぞれ等しい。
2. 斜辺と他の1辺が それぞれ等しい。

●直角三角形の合同の証明

教科書 p.157

□ **例題 2** ∠XOY の二等分線 OZ 上の点 P から，2辺 OX，OY に垂線を引き，OX，OY との交点をそれぞれ A，B とします。このとき，∠APO＝∠BPO であることを証明しなさい。 ▸▸2 3

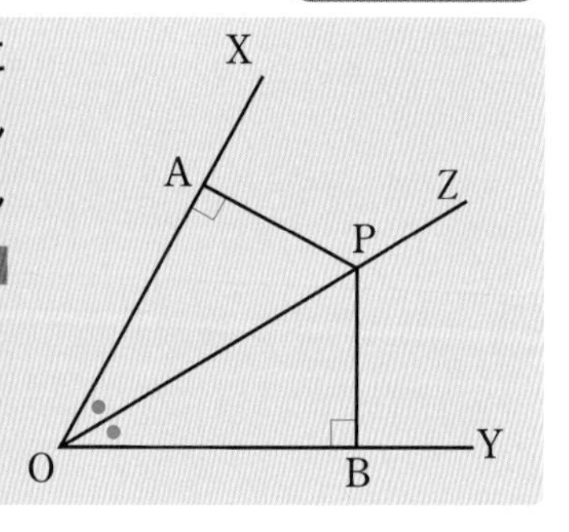

考え方　△AOP と △BOP の合同を示すために，どの合同条件が使えるかを考える。

証明　△AOP と △BOP において，

仮定から，　∠PAO＝∠[①　　　　]＝90°　　㋐

∠AOP＝∠BOP　　㋑

また，　[②　　　　]は共通　　㋒

㋐，㋑，㋒より，直角三角形の斜辺と[③　　　　　　]がそれぞれ等しいから，

△AOP≡△BOP

したがって，∠APO＝∠BPO

1 **【直角三角形の合同条件】** 次の図で，合同な三角形はどれとどれですか。記号≡を使って表しなさい。
また，そのときの合同条件を答えなさい。 教科書 p.156 問 2

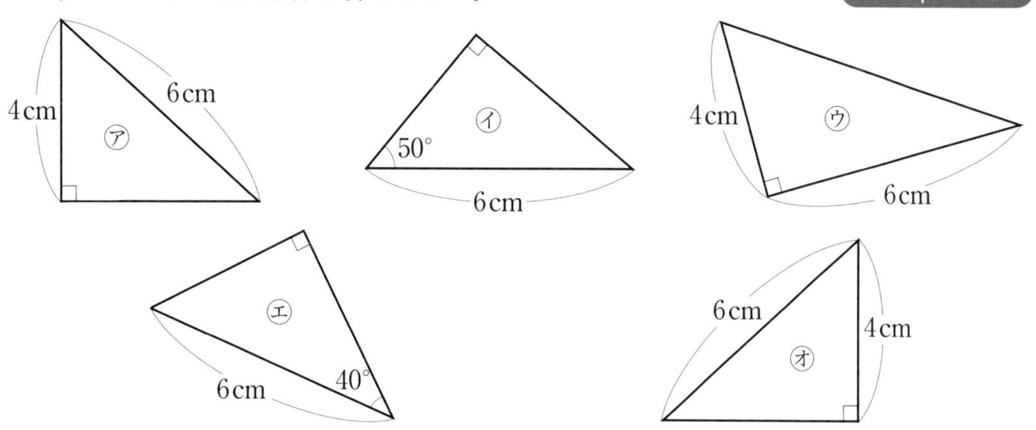

絶対理解 **2** **【直角三角形の合同の証明】** ∠B＝90° の直角三角形 ABC の斜辺 AC 上に，AB＝AD となる点 D をとり，D を通る AC の垂線と辺 BC との交点を E とします。このとき，AE は ∠A の二等分線となることを証明しなさい。 教科書 p.157 問 4

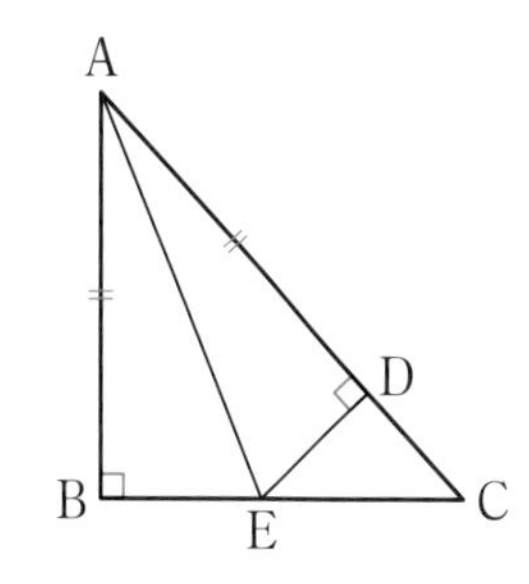

3 **【直角三角形の合同の証明】** 右の図のように △ABC の辺 BC の中点を M とし，M から辺 AB，AC に引いた垂線を MD，ME とするとき，MD＝ME ならば，∠B＝∠C であることを証明しなさい。 教科書 p.157 例 1，問 4

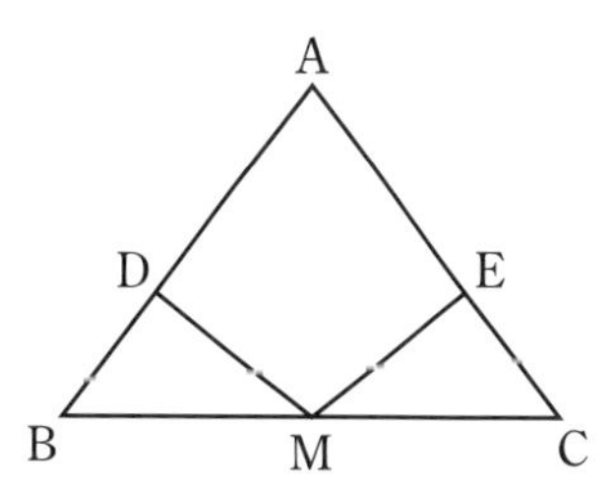

5章 教科書 155～157ページ

例題の答え **1** ①IGH ②他の 1 辺 **2** ①PBO ②OP ③1 つの鋭角

解答▶▶ p.31

1　三角形　①，②

1 次の□にあてはまることばを答えなさい。

□(1)　二等辺三角形の2つの□角は等しい。

□(2)　二等辺三角形の頂角の□線は，底辺を垂直に2等分する。

□(3)　2つの角が等しい三角形は，□三角形である。

よく出る **2** 右の図のように，AB＝ACである二等辺三角形ABCの底辺BC上に，BD＝CEとなるような2点D，Eをとります。AとD，AとEを結ぶとき，AD＝AEとなることを証明しなさい。

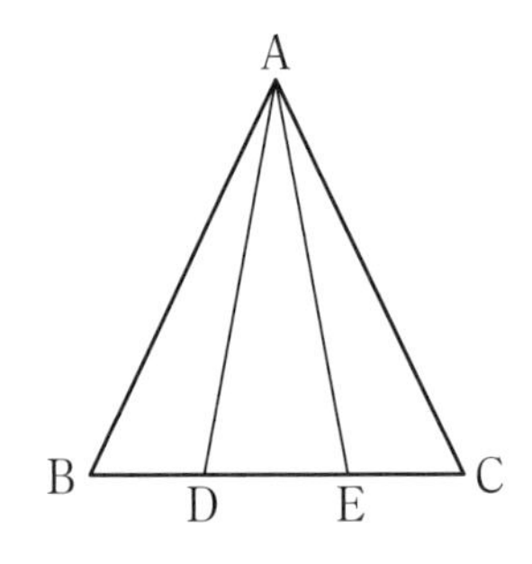

3 右の図のように，AB＝ACである二等辺三角形ABCで，∠Aの二等分線を引き，辺BCとの交点をDとします。AD上に点Eをとり，△EBCをつくるとき，△EBCは二等辺三角形になることを証明しなさい。

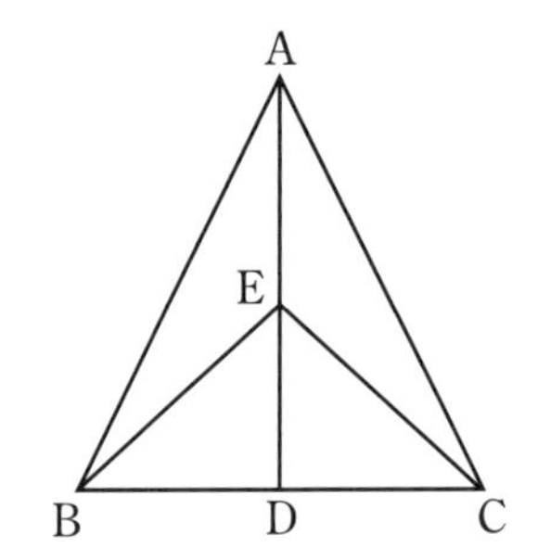

4 右の図のように，正三角形ABCの辺AB，BC，CA上に，AD＝BE＝CFとなるような点D，E，Fをとります。このとき，△DEFは正三角形となることを証明しなさい。

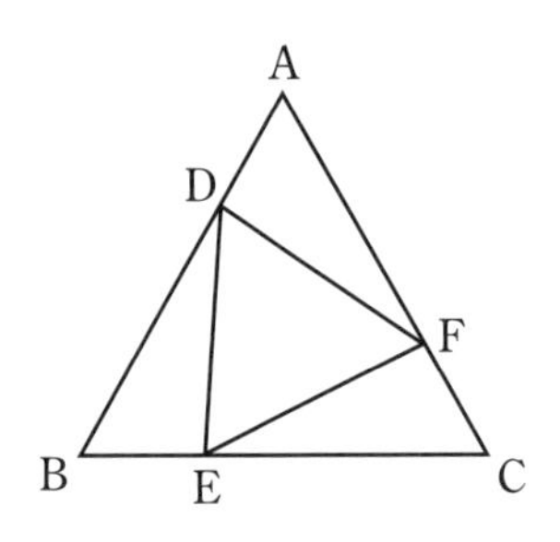

ヒント　**3** 三角形の合同を利用して，2つの辺が等しくなることを導く。
4 DE＝EF＝FDを導く。

定期テスト
予報

●証明問題では，合同な三角形を見つけるのがポイント。
辺や角が等しいことを証明する問題では，三角形の合同を利用することが多いよ。合同な三角形を正しく選ぼう。特に「垂線」が出てきたら，直角三角形の合同が使えないか考えよう。

よく出る 5 □ AB＝AC である二等辺三角形 ABC の頂点 B，C からそれぞれ辺 AC，AB に垂線を引き，AC，AB との交点を順に D，E とします。線分 BD と CE の交点を P とするとき，△PBC は二等辺三角形であることを証明しなさい。

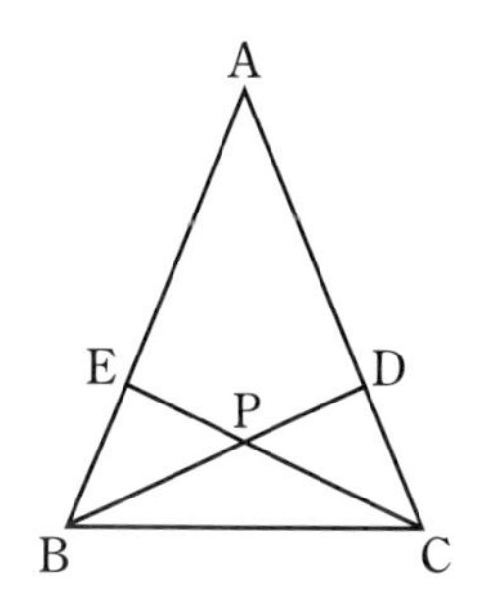

6 □ 右の図のように，正方形 ABCD の辺 AD 上に点 E をとり，BE へ頂点 A，C から，それぞれ垂線 AF，CG を引くとき，△ABF≡△BCG であることを証明しなさい。

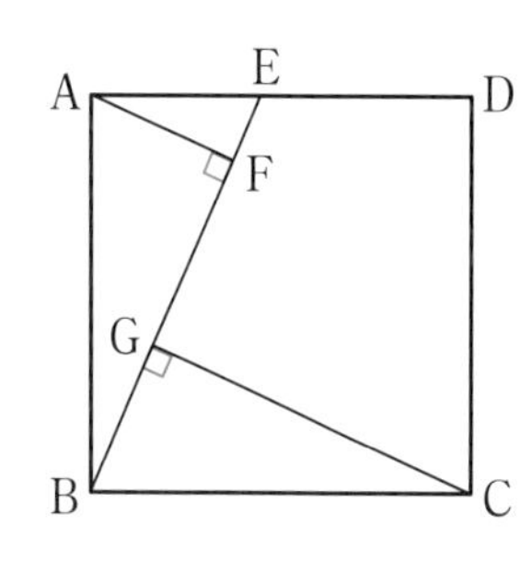

よく出る 7 □ 右の図で，△ABC と △EBD はどちらも正三角形です。それぞれの頂点 A と E，C と D を結びます。このとき，AE＝CD であることを証明しなさい。

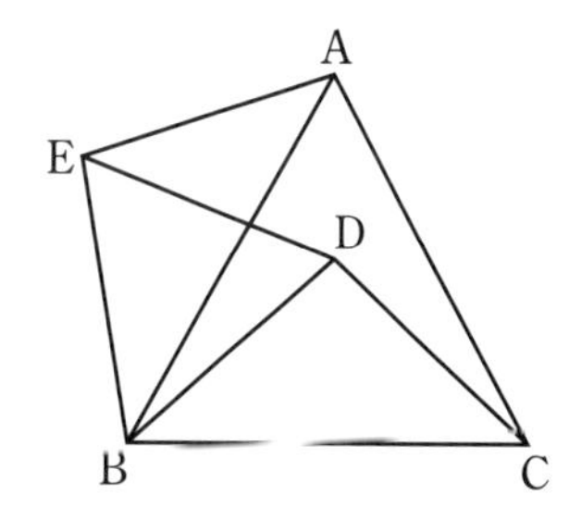

ヒント
5 PB＝PC か，∠PBC＝∠PCB のどちらかを証明する。
7 AE と CD が対応する辺となるような合同な三角形を見つける。

解答▶▶ p.31

2　四角形
①　平行四辺形の性質

●平行四辺形の性質

教科書 p.159～162

□ 

例題 1 右の図の ▱ABCD で，対角線の交点を O とするとき，次の(1)～(3)の辺や線分の長さを求めなさい。
また，(4)の角と等しい角を答えなさい。 ▶▶1

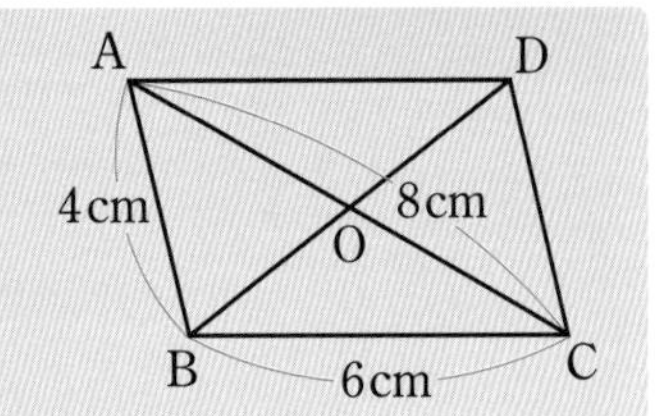

(1)　辺 AD　　　(2)　辺 CD

(3)　線分 OA　　(4)　∠ABC

考え方　平行四辺形の性質を使って求める。

答え (1)　AD＝BC だから，AD＝① ［　　　］ cm

(2)　AB＝DC だから，CD＝② ［　　　］ cm

(3)　OA＝OC だから，OA＝③ ［　　　］ cm

(4)　∠ABC＝∠④ ［　　　］

プラスワン　平行四辺形の性質

1　2 組の対辺はそれぞれ平行である。（定義）

2　2 組の対辺はそれぞれ等しい。

3　2 組の対角はそれぞれ等しい。

4　2 つの対角線はそれぞれの中点で交わる。

四角形の向かい合う辺を対辺（たいへん），向かい合う角を対角（たいかく）といいます。

□ **例題 2** ▱ABCD の 2 つの対角線の交点 O を通る直線を引き，AB，CD との交点をそれぞれ E，F とします。
このとき BE＝DF であることを証明しなさい。 ▶▶2 3

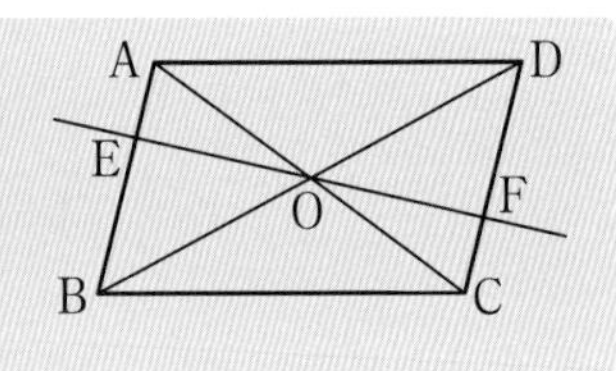

考え方　BE と DF をそれぞれ辺としてふくむ 2 つの三角形に着目する。

証明　△BEO と △DFO において，

平行四辺形の対角線はそれぞれの中点で交わるから，

BO＝① ［　　　］　　㋐

対頂角は等しいから，

∠BOE＝∠DOF　　㋑

平行線の錯角（さっかく）は等しいから，AB // DC より，（平行四辺形の定義）

∠EBO＝∠② ［　　　］　　㋒

㋐，㋑，㋒より，1 組の辺とその両端の角がそれぞれ等しいから，

△BEO≡△DFO

したがって，BE＝DF

絶対理解 **1** 【平行四辺形の性質】次の ▱ABCD で，x，y の値を求めなさい。 教科書 p.161 問 5

□(1)

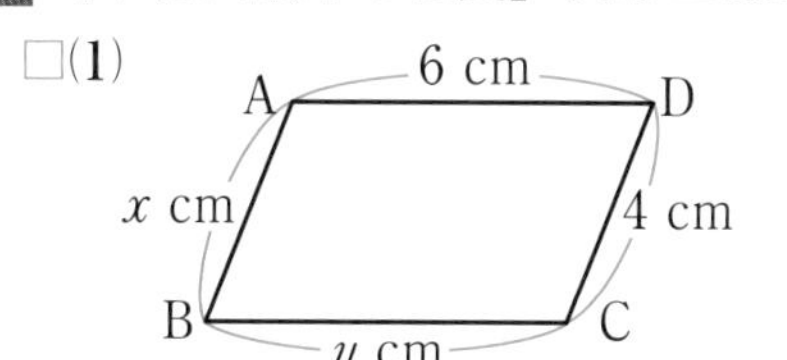

□(2)

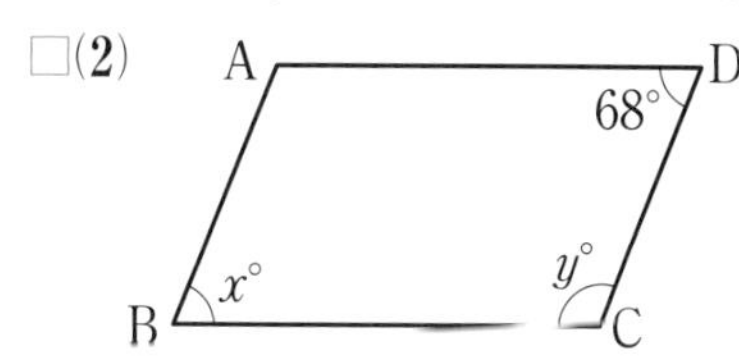

●キーポイント
平行四辺形の性質から等しい辺や等しい角の組を考える。

□(3)

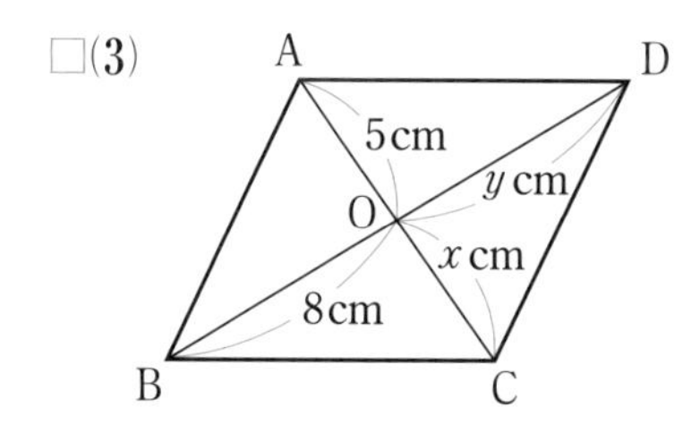

2 【平行四辺形の性質】▱ABCD の辺 BC，AD 上に，それぞれ点 E，F を BE＝DF となるようにとります。このとき，AE＝CF であることを証明しなさい。

□

教科書 p.162 例 2

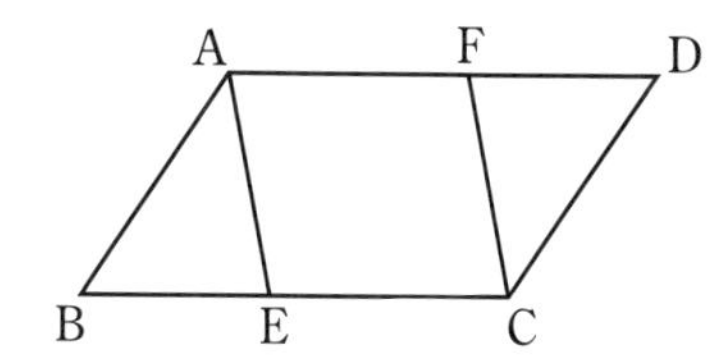

3 【平行四辺形の性質】▱ABCD の対角線 BD へ頂点 A，C からそれぞれ垂線をひき，BD との交点を E，F とします。このとき，BE＝DF であることを証明しなさい。 教科書 p.162 例 2

□

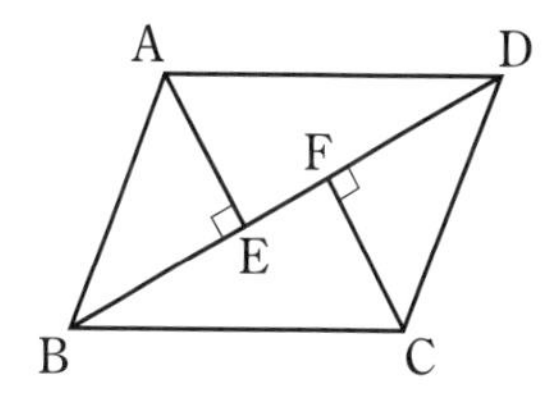

例題の答え **1** ①6 ②4 ③4 ④CDA **2** ①DO ②FDO

5章 教科書159～162ページ

解答▶▶ p.32

2 四角形
② 平行四辺形になるための条件

●平行四辺形になるための条件 教科書 p.163〜166

□ 例題1 四角形 ABCD が平行四辺形になるのは，次のどの場合ですか。ただし，点 O は，対角線 AC，BD の交点とします。 ▶▶1

㋐ AB＝2 cm，BC＝3 cm，CD＝2 cm，DA＝3 cm

㋑ ∠A＝120°，∠B＝60°，∠C＝60°，∠D＝120°

㋒ AD∥BC，AD＝4 cm，BC＝4 cm

㋓ OA＝5 cm，OB＝3 cm，OC＝3 cm，OD＝5 cm

考え方 四角形は，次のどれか1つが成り立てば，平行四辺形である。

1 2組の対辺がそれぞれ平行である。（定義）

2 2組の対辺がそれぞれ等しい。

3 2組の対角がそれぞれ等しい。

4 2つの対角線がそれぞれの中点で交わる。

5 1組の対辺が平行で等しい。

上の1〜5の条件のどれかがあてはまるかどうかを考えます。

答え ㋐ 2組の ① ＿＿＿ がそれぞれ等しい。⇨ 平行四辺形である。

㋑ 平行四辺形でない。

㋒ 1組の対辺が ② ＿＿＿ で等しい。 ⇨ 平行四辺形である。

㋓ 平行四辺形でない。

答 ㋐，㋒

□ 例題2 ▱ABCD の対辺 BC，AD の中点をそれぞれ M，N とするとき，四角形 NBMD は平行四辺形であることを証明しなさい。 ▶▶2 3

考え方 平行四辺形になるための条件のどれがあてはまるかを考える。

証明 四角形 NBMD において，

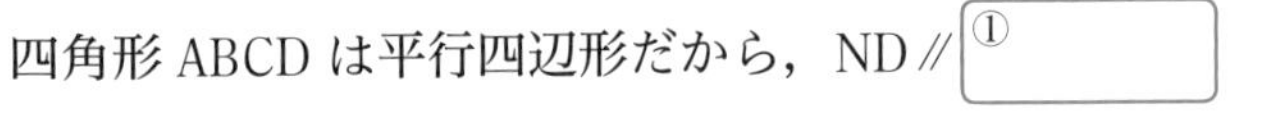

四角形 ABCD は平行四辺形だから，ND∥ ① ＿＿＿ ……㋐ （AD∥BC）

平行四辺形の対辺は等しいから， AD＝BC

仮定から， $ND=\frac{1}{2}AD$，$BM=\frac{1}{2}BC$ （$\frac{1}{2}AD=\frac{1}{2}BC$）

したがって，ND＝ ② ＿＿＿ ……㋑

㋐，㋑より，1組の ③ ＿＿＿ が平行で等しいから，

四角形 NBMD は平行四辺形である。

1 **【平行四辺形になるための条件】** 四角形 ABCD が平行四辺形になるのは，次のどの場合ですか。

□ また，その理由も答えなさい。

教科書 p.165

㋐ $\angle A=50^\circ$，　$\angle B=130^\circ$，　$\angle C=50^\circ$

㋑ AD∥BC，　AB＝5 cm，　CD＝5 cm

㋒ AD∥BC，　AD＝3 cm，　BC＝3 cm

㋓ AB＝4 cm，BC＝4 cm，　CD＝3 cm，　DA＝3 cm

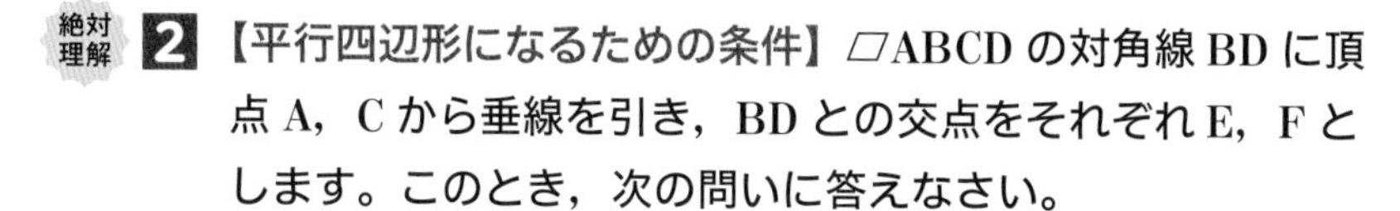

絶対理解 **2** **【平行四辺形になるための条件】 ▱ABCD の対角線 BD に頂点 A，C から垂線を引き，BD との交点をそれぞれ E，F とします。このとき，次の問いに答えなさい。**

教科書 p.166 例 2

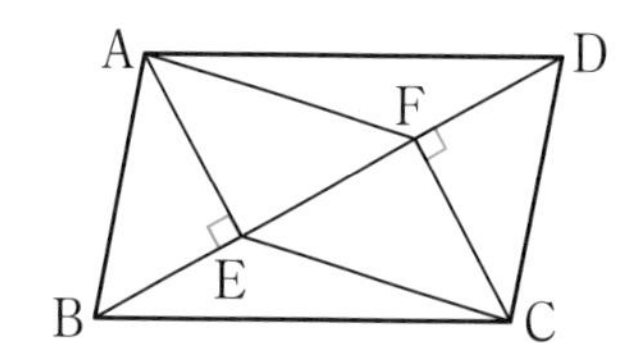

□(1)　△ABE≡△CDF であることを証明しなさい。

●キーポイント

(2)　(1)から，AE＝CF がわかるので，AE∥CF であることを示す。

□(2)　四角形 AECF は平行四辺形であることを証明しなさい。

3 **【平行四辺形になるための条件】** ▱ABCD の対角線 BD 上

□ に，BE＝DF となるように 2 点 E，F をとるとき，四角形 AECF は平行四辺形であることを証明しなさい。

教科書 p.166 例 2

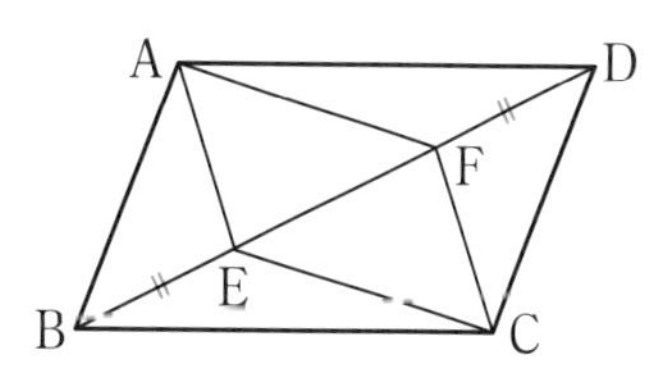

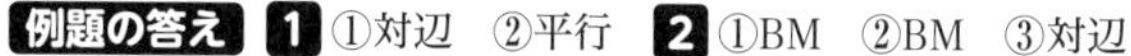

例題の答え　**1** ①対辺　②平行　**2** ①BM　②BM　③対辺

5章 三角形・四角形

2 四角形
③ 特別な平行四辺形

●特別な平行四辺形

教科書 p.167〜168

□ **例題 1** 長方形 ABCD で，AC＝DB であることを証明しなさい。 ▶▶1

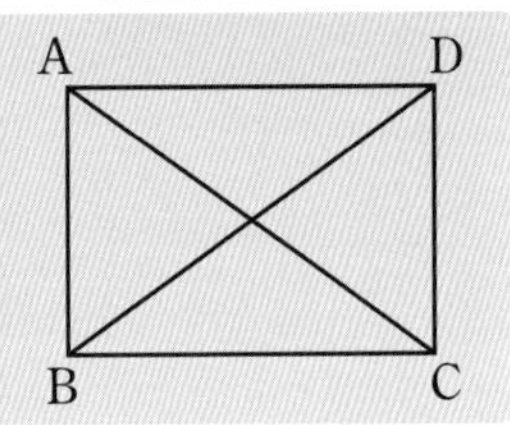

考え方 長方形は，平行四辺形の特別な場合で，平行四辺形の性質をすべてもっている。
平行四辺形の性質を使って，△ABC と △DCB の合同を導く。

証明 △ABC と △DCB において，

仮定から，∠ABC＝∠①［　　　］ ㋐

長方形の対辺は等しいから，

AB＝DC ㋑

また，②［　　　］は共通 ㋒

㋐，㋑，㋒より，③［　　　　　］がそれぞれ等しいから，

△ABC≡△DCB

したがって，AC＝DB

プラスワン 長方形，ひし形，正方形の対角線の性質

長方形…長さが等しい。
ひし形…垂直に交わる。
正方形…長さが等しく，垂直に交わる。

□ **例題 2** ▱ABCD で，AB＝BC のとき，この四角形はひし形であることを説明しなさい。 ▶▶2

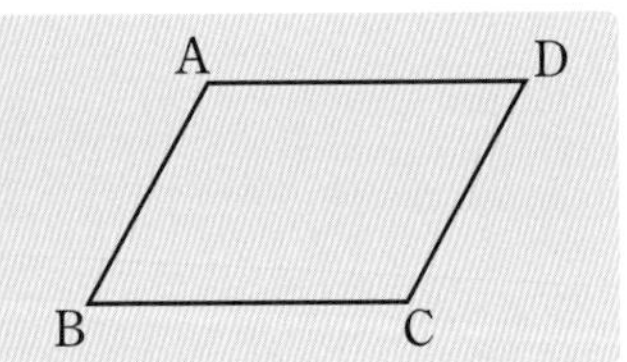

考え方 平行四辺形の性質と，加えた条件から，ひし形の定義「4つの辺が等しい四角形」が成り立つことを説明する。

説明 平行四辺形の対辺は等しいから，AB＝DC，AD＝①［　　　］である。

これに AB＝BC，つまり，となり合う辺が等しいという条件を加えると，

②［　　　］の辺がすべて等しくなる。

したがって，▱ABCD はひし形である。

プラスワン 平行四辺形が長方形，ひし形，正方形になるための条件

平行四辺形に次の条件を加えると，それぞれ長方形，ひし形，正方形になる。
1つの角が直角→長方形
となり合う辺が等しい→ひし形
1つの角が直角で，となり合う辺が等しい→正方形

絶対理解 **1** 【特別な平行四辺形】∠A＝90°の直角三角形ABCで，斜辺BCの中点をMとするとき，AM＝BM＝CMであることを証明しなさい。 教科書 p.168 例1

□

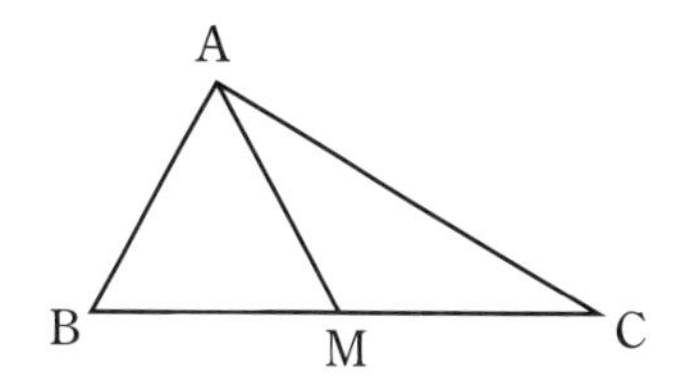

よく出る **2** 【特別な平行四辺形】ひし形ABCDで，AC⊥BDであることを証明しなさい。ただし，ACとBDの交点をOとします。 教科書 p.168 問2

□

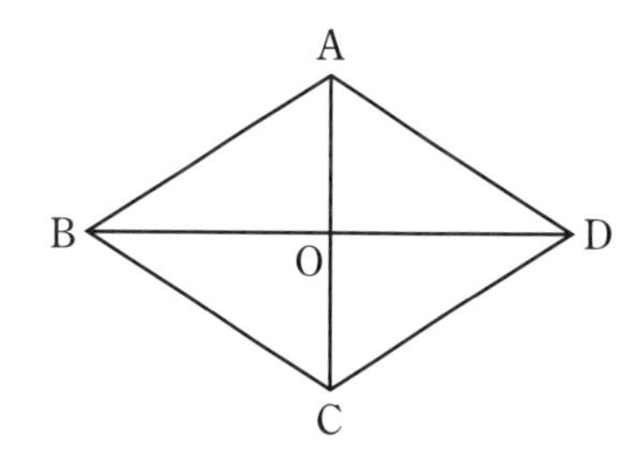

3 【特別な平行四辺形】▱ABCDで，∠A＝90°のとき，この四角形は長方形になることを，次のように説明しました。□をうめて，説明を完成させなさい。 教科書 p.169Q

□

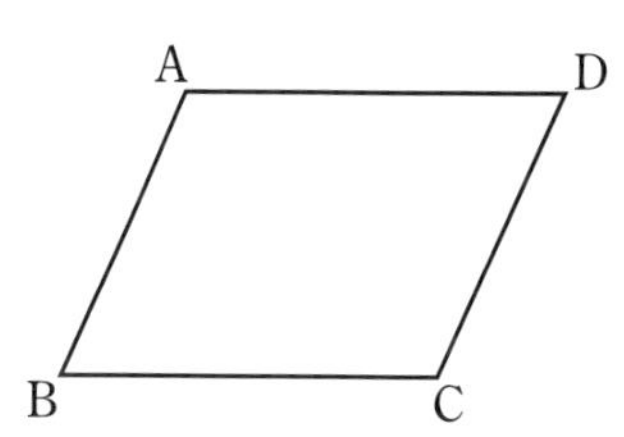

説明　平行四辺形の対角は等しいから，

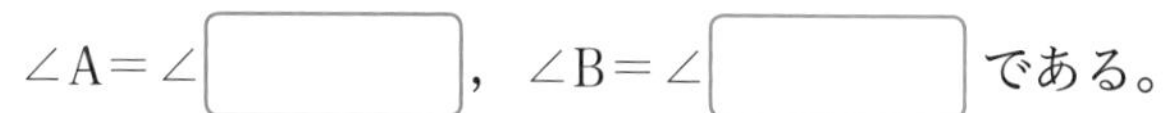

∠A＝∠［　　　］，∠B＝∠［　　　］である。

これに∠A＝90°という条件を加えると，

∠A＝∠B＝∠C＝∠D＝90°となり，

［　　　　　］がすべて等しくなる。

したがって，▱ABCDは長方形になる。

4 【特別な平行四辺形】次の問いに答えなさい。 教科書 p.169Q

□(1) 長方形ABCDにどんな条件を加えると正方形になりますか。その条件を答えなさい。

□(2) ひし形ABCDにどんな条件を加えると正方形になりますか。その条件を答えなさい。

(1)

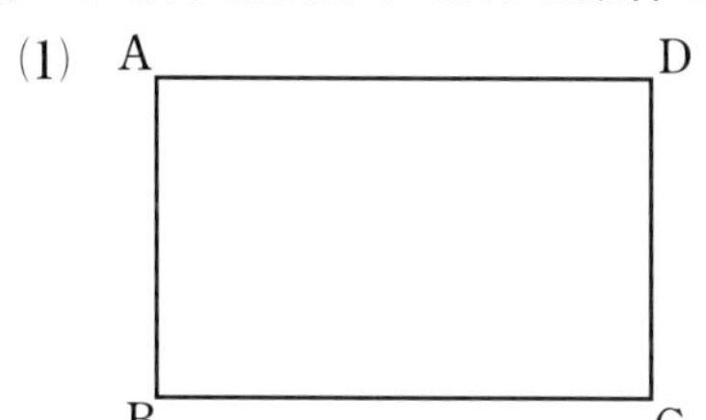

(2)

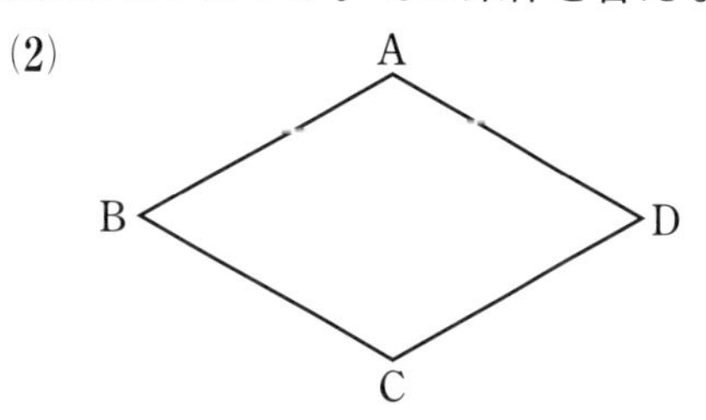

例題の答え **1** ①DCB　②BC　③2組の辺とその間の角　**2** ①BC　②4つ

解答▶▶ p.34

2　四角形　①～③

1 次の図の▱ABCDで，x，yの値を求めなさい。

□(1)

□(2)

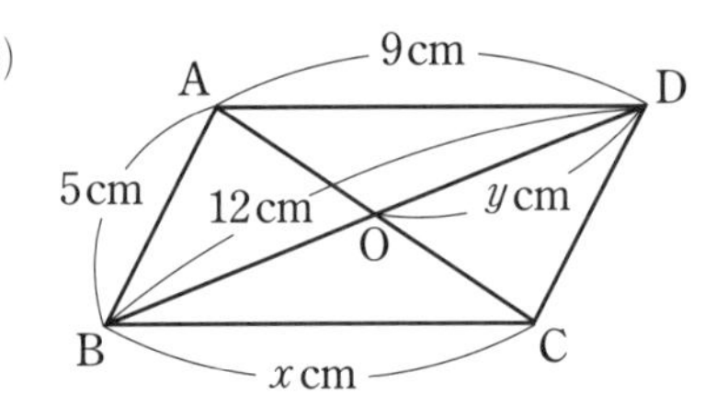

2 ▱ABCDで，2つの対角線はそれぞれの中点で交わること
□ を証明しなさい。

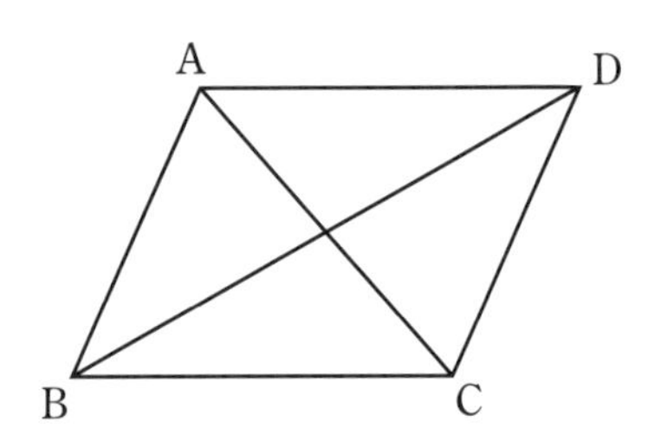

3 ▱ABCDの辺BC，ADの中点をそれぞれM，Nとします。
□ このとき，∠AMB＝∠CNDであることを証明しなさい。

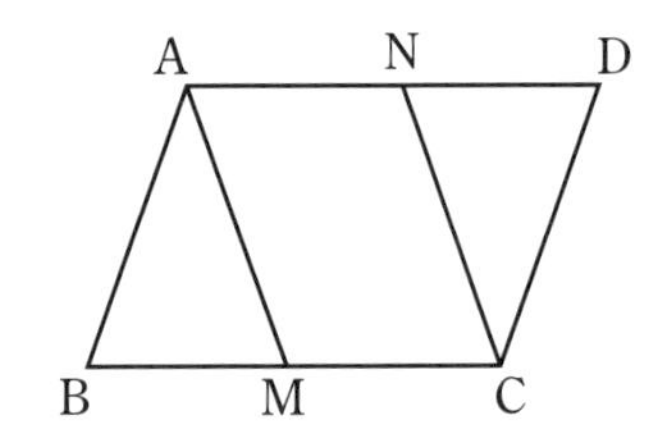

ヒント　**2** 2つの対角線の交点をOとし，△AODと△COBの合同を示す。
3 平行四辺形の対辺は等しいという性質を利用する。

定期テスト **予報**

●平行四辺形になるための条件をしっかり覚えておこう。
平行四辺形になるための条件は，平行四辺形の定義と性質のほかに「1組の対辺が平行で等しい。」があるよ。また，長方形，ひし形，正方形になるための条件も覚えておこう。

よく出る **4** **右の図のように，▱ABCD で，対角線 AC 上に AE＝CF となる点 E，F をとります。このとき，次の問いに答えなさい。**

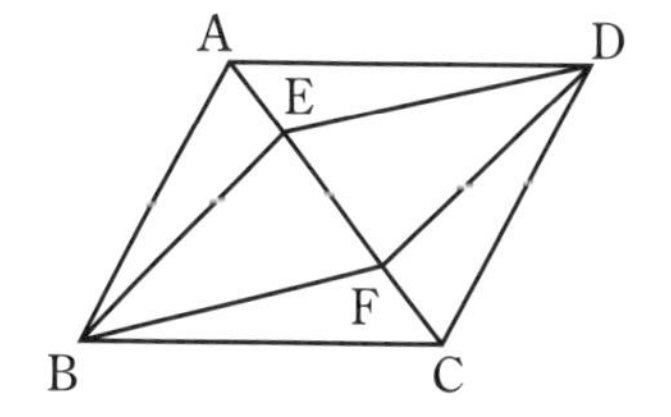

□(1)　△ABE≡△CDF であることを証明しなさい。

□(2)　四角形 EBFD は平行四辺形であることを証明しなさい。

5 **▱ABCD に，次の条件を加えると，それぞれどんな四角形になるかを答えなさい。**

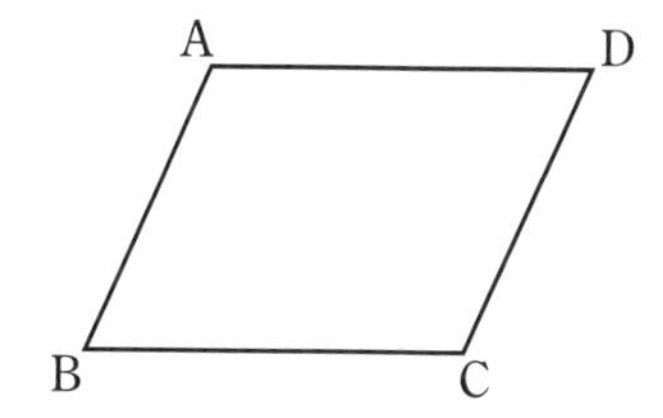

□(1)　AC ⊥ BD　　　□(2)　AC＝BD

□(3)　AC ⊥ BD，AC＝BD

よく出る **6** △ABC の ∠A の二等分線が辺 BC と交わる点を D とし，D を通り，辺 AC，AB に平行な直線を引いて，AB，AC との交点をそれぞれ E，F とします。このとき，四角形 AEDF はひし形になることを証明しなさい。

□

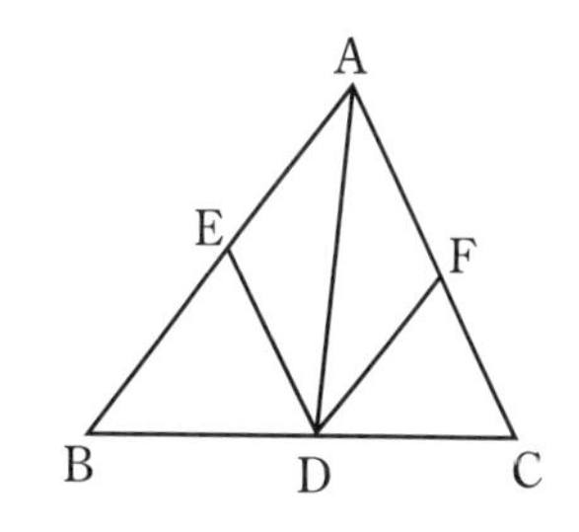

ヒント **5** 条件を加えることで，となり合う辺の長さや角の大きさがどのように変化するか考える。
6 平行線の性質から，角の大きさについて考える。

解答▶▶ p.34

5章　三角形・四角形

時間30分　／100点　合格70点

❶ 右の図のような AB＝AC の二等辺三角形 ABC で，∠ABC の二等分線と辺 AC との交点を D とします。BC＝BD のとき，∠A の大きさを求めなさい。知

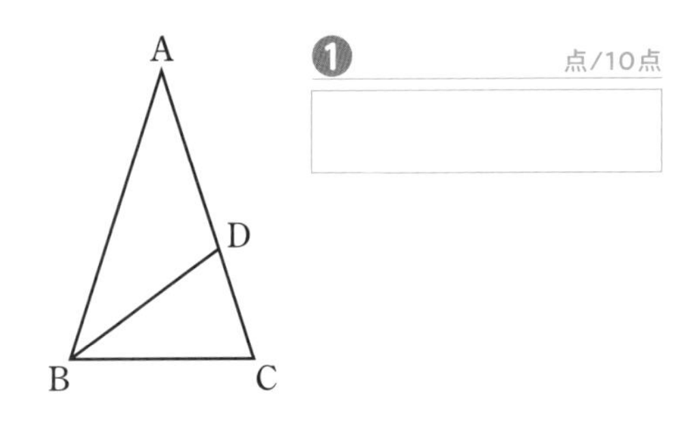

❷ 次の図のように，AB＝AC である二等辺三角形 ABC の辺 AC 上に点 D をとり，AD＝AE となる二等辺三角形 ADE をつくります。このとき，∠BAC＝∠CAE ならば，BD＝CE であることを証明しなさい。考

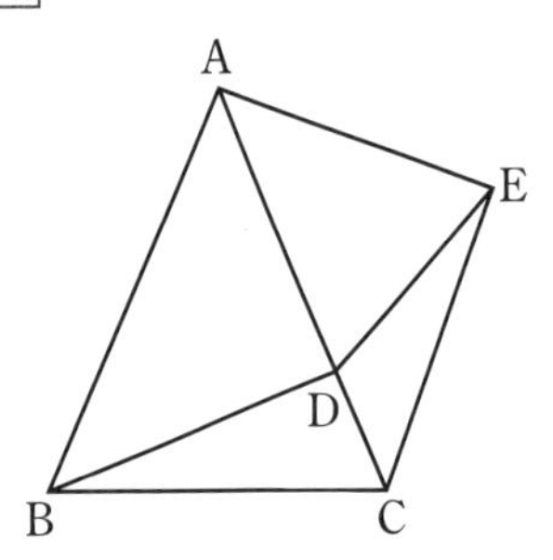

❸ 次の図のように，△ABC の辺 AB，AC をそれぞれ 1 辺とする正三角形 ABD，ACE を，△ABC の外部につくります。このとき，△BAE≡△DAC であることを証明しなさい。考

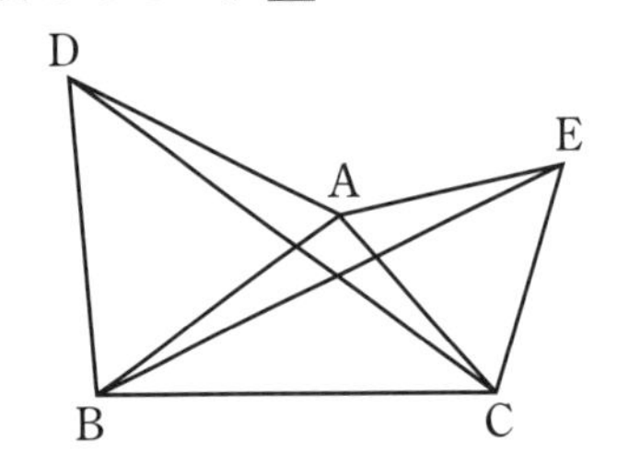

　成績評価の観点　知…数量や図形などについての知識・技能　考…数学的な思考・判断・表現

4 右の図のような ∠B＝68° の ▱ABCD があります。∠C の二等分線と辺 AD との交点を E とします。AB＝5 cm, BC＝8 cm であるとき，次の問いに答えなさい。知

(1) AE の長さを求めなさい。

(2) ∠AEC の大きさを求めなさい。

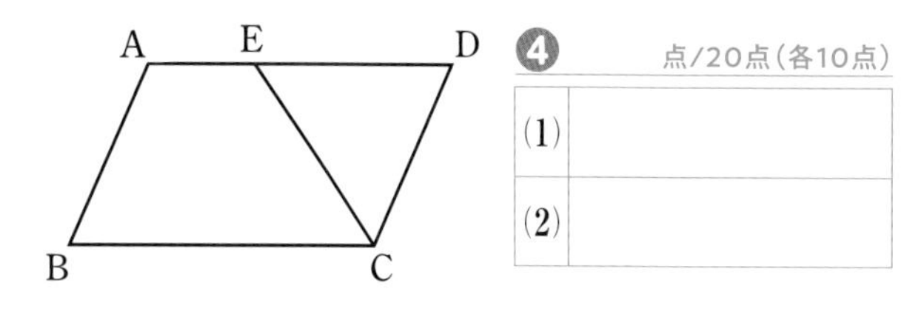

4 点/20点（各10点）

(1)	
(2)	

5 ▱ABCD で，対角線 AC と BD の交点を O として，次の図のように O を通る直線を引き，辺 AD, BC との交点をそれぞれ E, F とします。このとき，四角形 EBFD は平行四辺形であることを証明しなさい。考

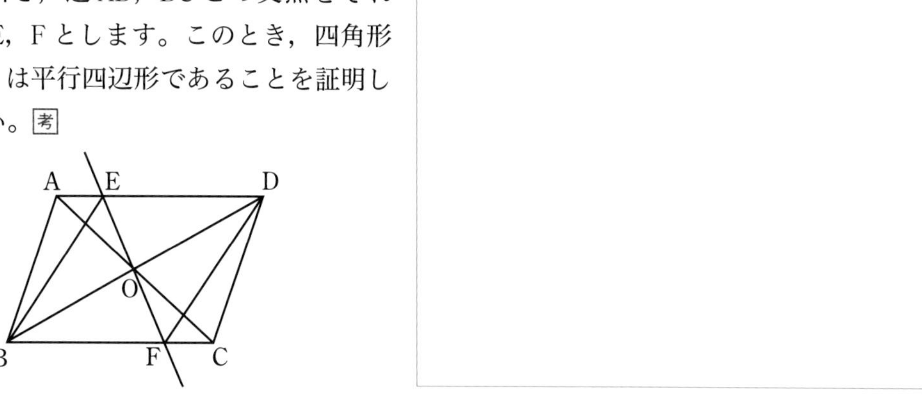

5 点/20点

点UP **6** 次の図のように，▱ABCD のそれぞれの角の二等分線 AE, BF, CG, DH を引き，それらの交点を P, Q, R, S とします。このとき，四角形 PQRS は長方形になることを証明しなさい。考

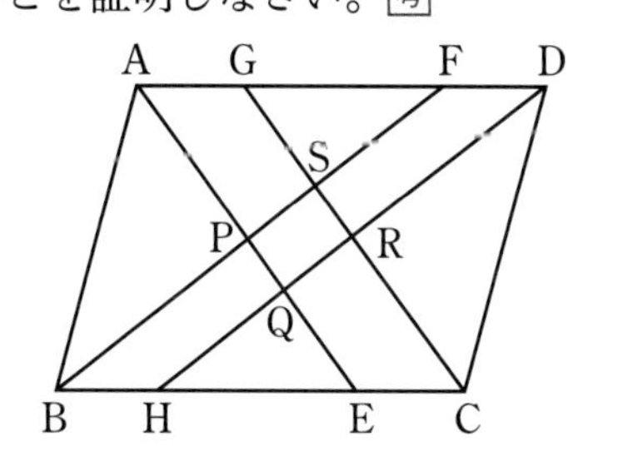

6 点/20点

知 /30点	考 /70点

解答▶▶ p.36

教科書のまとめ〈5章　三角形・四角形〉

●定義，定理

・用語の意味をはっきり述べたものを，その用語の**定義**という。

・正しいことが証明されたことがらのうち，証明の根拠として，特によく利用されるものを**定理**という。

●二等辺三角形の辺・角

二等辺三角形で，長さの等しい2つの辺がつくる角を**頂角**，頂角に対する辺を**底辺**，底辺の両端の角を**底角**という。

●二等辺三角形の定義

2つの辺が等しい三角形を**二等辺三角形**という。

●二等辺三角形の性質

[1] 二等辺三角形の2つの底角は等しい。

[2] 二等辺三角形の頂角の二等分線は，底辺を垂直に2等分する。

●二等辺三角形になるための条件

2つの角が等しい三角形は，二等辺三角形である。

●正三角形の定義

3つの辺が等しい三角形を**正三角形**という。

●直角三角形の合同条件

2つの直角三角形は，次のどちらか1つが成り立てば合同である。

[1] 斜辺と1つの鋭角がそれぞれ等しい。

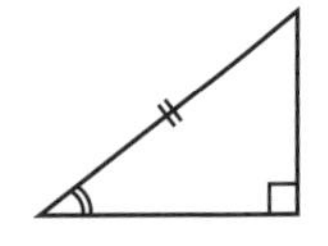
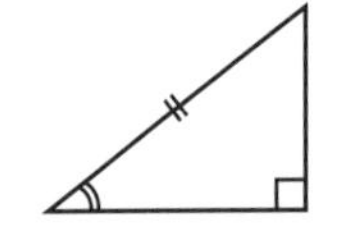

[2] 斜辺と他の1辺がそれぞれ等しい。

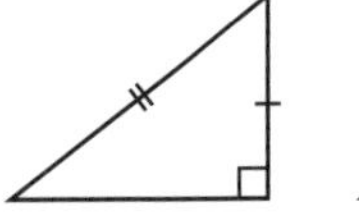
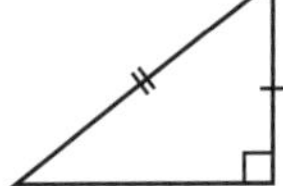

●平行四辺形の定義

2組の対辺がそれぞれ平行な四角形を**平行四辺形**という。

●平行四辺形の性質

[1] 2組の対辺はそれぞれ等しい。

[2] 2組の対角はそれぞれ等しい。

[3] 2つの対角線はそれぞれの中点で交わる。

●平行四辺形になるための条件

[1] 2組の対辺がそれぞれ平行である。(定義)

[2] 2組の対辺がそれぞれ等しい。

[3] 2組の対角がそれぞれ等しい。

[4] 2つの対角線がそれぞれの中点で交わる。

[5] 1組の対辺が平行で等しい。

●長方形，ひし形，正方形の定義

[1] 4つの角が等しい四角形を**長方形**という。

[2] 4つの辺が等しい四角形を**ひし形**という。

[3] 4つの角が等しく，4つの辺が等しい四角形を**正方形**という。

●長方形，ひし形，正方形の性質

[1] 長方形やひし形は，平行四辺形の特別な場合であり，どちらも平行四辺形の性質をすべてもっている。

[2] 正方形は，長方形の特別な場合であり，ひし形の特別な場合でもあり，長方形とひし形の両方の性質をもっている。

●長方形，ひし形，正方形の対角線の性質

[1] 長方形の対角線の長さは等しい。

[2] ひし形の対角線は垂直に交わる。

[3] 正方形の対角線は，垂直に交わり，長さが等しい。

6章　確率
7章　データの分布

次の学習に入る前に取り組もう。

□**場合の数**　◀小学6年

図や表を使って，場合を順序よく整理して，落ちや重なりのないように調べます。

□**最小値，最大値，範囲**　◀中学1年

データの値の中で，もっとも小さい値を最小値，

もっとも大きい値を最大値といいます。

(範囲)＝(最大値)－(最小値)

□**中央値**　◀小学6年

データの値を大きさの順に並べたとき，その中央の値を中央値といいます。

データの個数が偶数の場合は，中央に並ぶ2つの値の平均をとって中央値とします。

1 ぶどう，もも，りんご，みかんが1つずつあります。　◀小学6年〈場合の数〉

この中から2つを選ぶとき，その選び方は何通りありますか。

ヒント

図や表に整理して，すべての場合を書き出してみると……

2 ある生徒の1日の読書の時間を10日間調べたところ，次のような結果になりました。下の問いに答えなさい。　◀中学1年〈データの活用〉

1日の読書の時間(分)
30，30，20，45，30，90，60，30，60，40

(1)　最小値を求めなさい。

(2)　最大値を求めなさい。

(3)　範囲を求めなさい。

(4)　中央値を求めなさい。

ヒント

(4)データの個数が偶数だから……

解答▶▶ p.37

ぴたトレ 1 要点チェック

6章　確率

1　確率
①　確率の求め方 ——(1)

●同様に確からしい

教科書 p.180～181

□ 1から6までの数字を1つずつ書いた6枚のカードをよくきって，その中から1枚を引くとき，同様に確からしいといえるのは，次の㋐，㋑のことがらのうち，どちらですか。 ▸▸1

㋐　1のカードであることと3の倍数のカードであること。

㋑　奇数(きすう)のカードであることと偶数(ぐうすう)のカードであること。

考え方　㋐　3の倍数のカードは，3と6の2枚である。

㋑　奇数のカードは，1，3，5の3枚，偶数のカードは，2，4，6の3枚である。

答え [　　　]

プラスワン　同様に確からしい

正しくつくられているさいころでは，1から6までのどの目が出ることも同じ程度に期待される。このようなとき，さいころの1から6のどの目が出ることも同様に確からしいという。

●確率の求め方

教科書 p.181～183

□ 玉が8個入っている袋(ふくろ)の中から玉を1個取り出すとき，次の確率をそれぞれ求めなさい。 ▸▸2

(1)　袋の中の玉が赤玉2個，青玉3個，白玉3個のとき，赤玉か青玉が出る確率

(2)　袋の中の玉が白玉8個のとき，白玉が出る確率

(3)　袋の中の玉が白玉8個のとき，赤玉が出る確率

考え方　起こり得る場合が全部で n 通りあり，そのどれが起こることも同様に確からしいとする。そのうち，ことがらAの起こる場合が a 通りあるとき，ことがらAの起こる確率 p は，$p=\frac{a}{n}$ となる。

答え　起こり得るすべての場合は8通りあり，そのどれが起こることも同様に確からしい。

(1)　赤玉か青玉が出る場合は ① [　　] 通りだから，求める確率は，$\frac{①\,[\quad]}{8}$

赤玉と青玉は全部で5個

(2)　白玉が出る場合は ② [　　] 通りだから，求める確率は，$\frac{②\,[\quad]}{8}=1$

(3)　赤玉が出る場合は ③ [　　] 通りだから，求める確率は，$\frac{③\,[\quad]}{8}=0$

あることがらの起こる確率 p は，$0 \leqq p \leqq 1$ の範囲(はんい)にあります。

絶対理解 **1** **【同様に確からしい】** 次のことがらについて，同様に確からしいといえるものをすべて選びなさい。

教科書 p.181 問 2

□

㋐ 明日，雨が降ることと晴れること。

㋑ 1 枚の 100 円硬貨(こうか)を投げたとき，表が出ることと裏が出ること。

㋒ 赤，白，青の同じ大きさの 3 個の玉が入っている袋から 1 個の玉を取り出すとき，赤玉が出ることと白玉が出ること。

よく出る **2** **【確率の求め方】** 次の確率を求めなさい。

教科書 p.182 例 2

□(1) ジョーカーを除く 52 枚のトランプをよくきって，その中から 1 枚を引くとき，カードのマークが♠である確率

●キーポイント

(1) ♠のマークのカードは 13 枚ある。

□(2) 赤玉が 3 個，白玉が 4 個入っている袋の中から，玉を 1 個取り出すとき，それが白玉である確率

□(3) 1 から 8 までの数字を 1 つずつ書いた 8 個の玉を袋に入れ，よく混ぜて，その中から玉を 1 個取り出すとき，それが偶数を書いた玉である確率

□(4) 1 から 5 までの数字を 1 つずつ書いた 5 枚のカードをよくきって，その中から 1 枚を引くとき，それが 5 以下のカードである確率

例題の答え **1** ㋑ **2** ①5 ②8 ③0

1 確率
① 確率の求め方 ——(2)／② いろいろな確率

● A の起こらない確率

教科書 P183～184

□ **例題 1** さいころを投げるとき，次の確率を求めなさい。 ▶▶1

(1) 3 の目が出る確率

(2) 3 の目が出ない確率

考え方 (1) 3 の目が出る場合は，⚂の 1 通りである。

(2) (A の起こらない確率)＝1－(A の起こる確率)

答え (1) 起こり得る場合が全部で ① 通りあり，どの目が出ることも同様に確からしい。

このうち，3 の目が出る場合は 1 通りである。

したがって，求める確率は $\dfrac{②}{①}$

(2) (3 の目が出ない確率)＝1－(3 の目が出る確率)

であるから，3 の目が出ない確率は，

$$1-\frac{1}{6}=③$$

● いろいろな確率

教科書 p.185～190

□ **例題 2** 2 枚の硬貨(こうか) A，B を同時に投げるとき，1 枚が表でもう 1 枚が裏になる確率を求めなさい。 ▶▶2～4

考え方 表や樹形図(じゅけいず)をかいて，表や裏の出方を調べる。

答え すべての表や裏の出方は，次の表や図のように ① 通りの場合があり，どの出方も同様に確からしい。

㋐

A＼B	○	×
○	(○，○)	(○，×)
×	(×，○)	(×，×)

表を○，裏を×とする。

㋑

A	B	出方
○	○	(○，○)
	×	(○，×)
×	○	(×，○)
	×	(×，×)

このうち，1 枚が表でもう 1 枚が裏になる場合は，

(○，×)，(×，○)の ② 通りある。

したがって，求める確率は，$\dfrac{②}{①}=\dfrac{1}{2}$

1 【A の起こらない確率】次の確率を求めなさい。　教科書 p.184 問 7,8

□(1)　1 つのさいころを投げるとき，3 の倍数の目が出る確率と 3 の倍数の目が出ない確率

□(2)　1 から 40 までの整数を 1 つずつ書いた 40 枚のカードの中から 1 枚を取り出すとき，カードの数が素数である確率と素数でない確率

絶対理解 **2** 【いろいろな確率】3 枚の硬貨を同時に投げるとき，次の問いに答えなさい。
教科書 p.186 問 2

□(1)　3 枚とも表になる確率を求めなさい。

□(2)　1 枚が表で，2 枚が裏になる確率を求めなさい。

●キーポイント
樹形図をかいて，起こり得るすべての場合が何通りあるかを考える。

よく出る **3** 【いろいろな確率】大小 2 つのさいころを同時に投げるとき，次の問いに答えなさい。
教科書 p.186 例 1

□(1)　出る目の和が 5 になる確率を求めなさい。

□(2)　出る目の和が 4 以下になる確率を求めなさい。

4 【いろいろな確率】当たりが 2 本，はずれが 4 本入っているくじを，A が先に 1 本引き，
□　次に B が 1 本引きます。引いたくじはもとにもどさないものとするとき，A，B それぞれが当たる確率を求めなさい。
教科書 p.188~189

●キーポイント
当たりくじ 2 本とはずれくじ 4 本をそれぞれ区別して，起こり得るすべての場合を考える。

例題の答え　**1** ①6　②1　③$\frac{5}{6}$　**2** ①4　②2

1　確率　①，②

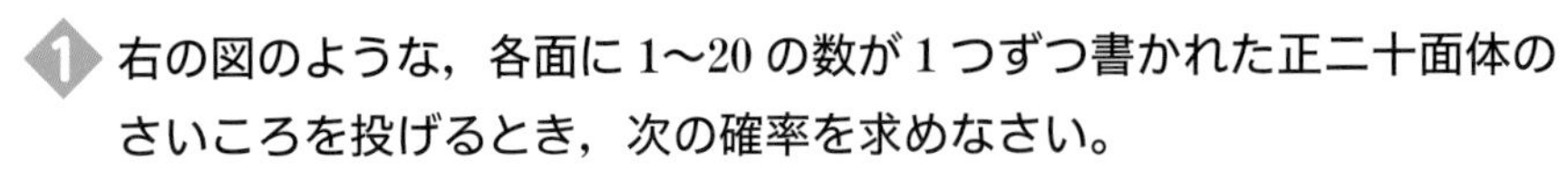

1 右の図のような，各面に 1～20 の数が 1 つずつ書かれた正二十面体のさいころを投げるとき，次の確率を求めなさい。

□(1)　5 の目が出る確率

□(2)　偶数の目が出る確率

□(3)　3 の倍数の目が出る確率

2 3 枚のメダルを同時に投げるとき，表が 2 枚以上出る確率を求めなさい。

□

3 2 つのさいころ A，B を同時に投げるとき，次の確率を求めなさい。

□(1)　同じ目が出ない確率

□(2)　目の和が 9 以上になる確率

□(3)　目の差が 3 になる確率

ヒント　**2** 表が2枚出るときと，表が3枚出るときの場合の数を調べる。
3 (3)目の差が3になるのは，(A の数)−(B の数)＝3，(B の数)−(A の数)＝3 の場合がある。

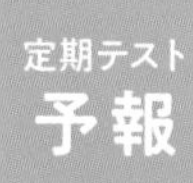

●場合の数を，もれや重複のないように求めよう。
確率の問題では，場合の数を正しく求めることが大切だよ。樹形図や表を使って順序よく数えるようにしよう。特に，順番が関係あるものとないものの区別がしっかりできるようにしよう。

4 紙につつんだ赤，黄，白の 3 本の花があります。A，B の 2 人が，順に花を 1 本ずつ取り，残りを C が取るものとします。このとき，次の確率を求めなさい。

□(1) A が黄，B が白，C が赤となる確率

□(2) C が白となる確率

よく出る **5** 袋の中に赤玉が 2 個，白玉が 2 個入っています。この袋の中から同時に 2 個の玉を取り出すとき，次の確率を求めなさい。

□(1) 2 個とも赤玉である確率

□(2) 赤玉と白玉が 1 個ずつである確率

6 2 人の男子 A，B と 3 人の女子 C，D，E の中から 2 人の当番をくじで選ぶとき，次の確率を求めなさい。

□(1) 男子と女子が 1 人ずつ当番になる確率

□(2) 男子 2 人または女子 2 人が当番になる確率

5 赤玉を①，②，白玉を③，④と区別して，2 個の玉の取り出し方を考える。
6 2 人の選ばれ方は「男子 2 人」，「男子 1 人，女子 1 人」，「女子 2 人」のどれかになる。

解答▶▶ p.38

ぴたトレ
3
確認テスト

6章　確率

❶ 右の図のようなボタンを投げる実験を行ったところ，投げる回数が増えるにつれて，表が出た相対度数が 0.68 に近づくようになりました。このボタンを投げるとき，表が出る確率と裏が出る確率は，それぞれいくらと考えられますか。考

表　　裏

❶　点/12点（各6点）

表
裏

❷ 1 から 30 までの数が 1 つずつ書かれた 30 枚のカードがあります。この中から 1 枚を取り出すとき，次の確率を求めなさい。知

(1)　カードの数が 3 の倍数である確率

(2)　カードの数が 3 の倍数でない確率

❷　点/12点（各6点）

(1)	
(2)	

❸ 5 本のうち 2 本だけ当たりが入ったくじを，A，B の 2 人が順に続けて引くとき，次の確率を求めなさい。ただし，引いたくじはもとにもどさないものとします。知

(1)　2 人とも当たる確率

(2)　1 人だけ当たる確率

❸　点/12点（各6点）

(1)	
(2)	

❹ A，B の 2 人がじゃんけんをします。次の問いに答えなさい。知

(1)　2 人のじゃんけんの出し方は，全部で何通りありますか。

(2)　A が勝つ確率を求めなさい。

❹　点/12点（各6点）

(1)	
(2)	

成績評価の観点　知…数量や図形などについての知識・技能　考…数学的な思考・判断・表現

❺ 大小 2 つのさいころを同時に投げるとき，次の確率を求めなさい。 知

⑴　目の和が 6 の倍数になる確率

点UP ⑵　目の数がちがう確率

❺ 点/12点（各6点）

⑴	
⑵	

❻ 3 人の男子 A，B，C と，2 人の女子 D，E の 5 人から委員を 2 人選びます。次の確率を求めなさい。 知

⑴　男女 1 人ずつを選ぶ確率

⑵　2 人とも女子を選ぶ確率

❻ 点/12点（各6点）

⑴	
⑵	

❼ 3 つの袋 A，B，C があって，どの袋にも白玉 1 個，黒玉 1 個の 2 個の玉が入っています。A，B，C の袋からそれぞれ 1 個ずつ，合わせて 3 個の玉を取り出すとき，次の問いに答えなさい。 知

⑴　3 個とも白玉の出る確率を求めなさい。

⑵　少なくとも白玉が 1 個出る確率を求めなさい。

❼ 点/14点（各7点）

❽ 右の図のような正方形ABCDがあります。1 つの石を頂点 A に置き，1 つのさいころを 2 回投げます。出た目の和と同じ数だけ，頂点 A に置いた石を頂点 B，C，D，A，…の順に矢印の向きに先へ進めます。次の問いに答えなさい。 知

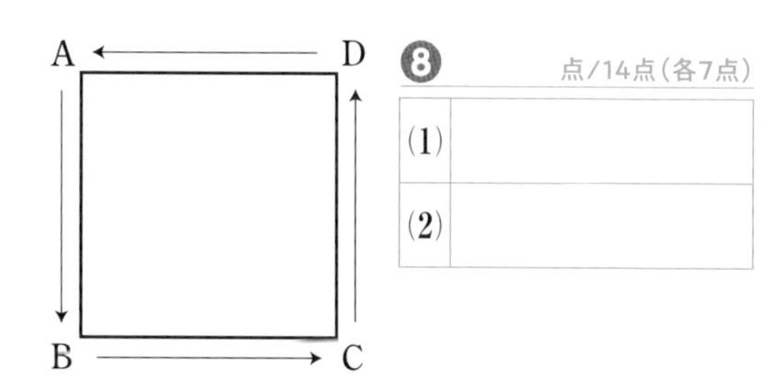

⑴　この石が 1 周して，ちょうど頂点 A に止まる確率を求めなさい。

⑵　この石がちょうど頂点 B に止まる確率を求めなさい。

知　　/88点	考　　/12点

7章 データの分布

1 データの分布
① 箱ひげ図／② データの傾向の読み取り方／③ データの活用

●箱ひげ図，四分位数と四分位範囲

教科書 p.200〜208

□ **例題 1** 右のデータは，あるクラスの男子 10 人の握力(あくりょく)を調べたものです。次の問いに答えなさい。 ▸▸1〜3

(単位：kg)

30	22	26	34	32
36	35	33	28	29

(1) 四分位数(しぶんいすう)を求めなさい。

(2) 四分位範囲(しぶんいはんい)を求めなさい。

(3) 右のデータの箱(はこ)ひげ図(ず)は，次の図の㋐，㋑のどちらですか。

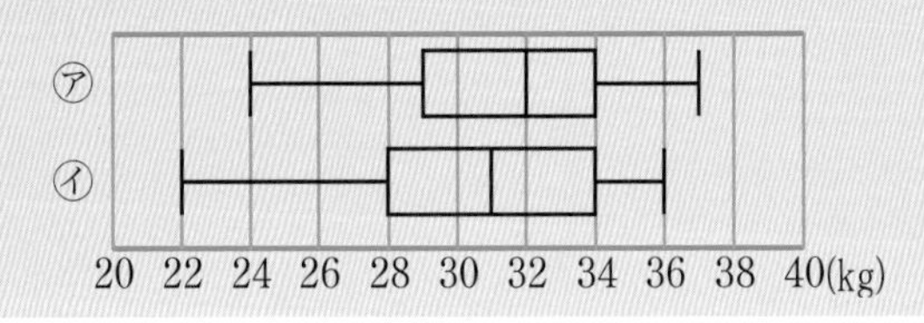

考え方 (1) データを小さい順に並べて，データ全体を 4 等分する位置を考える。

(2) (四分位範囲)＝(第 3 四分位数)−(第 1 四分位数) である。

(3) ひげの端(はし)から端までの長さは範囲，箱の幅(はば)は四分位範囲を表している。

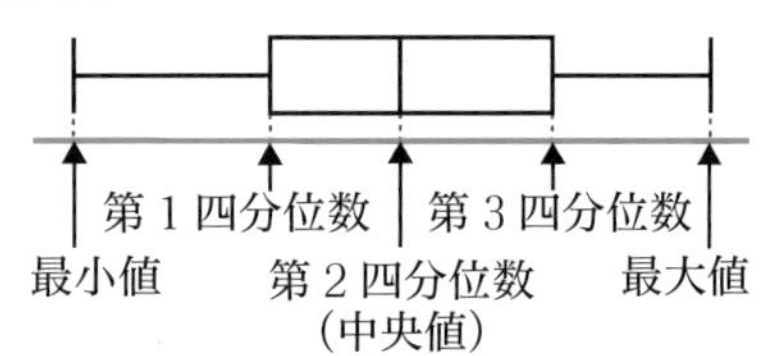

答え (1) データを小さい順に並べると，

22	26	28	29	30	32	33	34	35	36

第 2 四分位数，すなわち，中央値は，$\frac{30+32}{2}$＝① ［　　］ (kg)

第 1 四分位数は，② ［　　］ kg ←22，26，28，29，30 の中央値

第 3 四分位数は，③ ［　　］ kg ←32，33，34，35，36 の中央値

(2) ③ ［　　］−② ［　　］＝④ ［　　］ (kg)

(3) ⑤ ［　　］

プラスワン 四分位数の求め方

1 小さい順に並べたデータを半分に分ける。

2 1で分けた前半のデータの中央値を第 1 四分位数，後半のデータの中央値を第 3 四分位数とする。

●データが偶数個

第 2 四分位数（中央値）

○○●○○○|○○●○○

第 1 四分位数　第 3 四分位数

●データが奇数(きすう)個

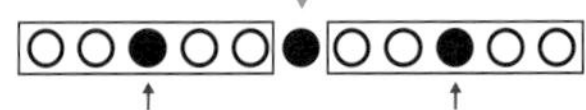

データの個数が偶数(ぐうすう)個のときは，データの中央の 2 つの値の平均値を中央値とします。

絶対理解 **1** **【四分位数と四分位範囲】** 次のデータは，ある学級の A 班と B 班の握力測定の記録を，小さい順に並べたものです。下の問いに答えなさい。

教科書 p.201 例 1

A 班 （単位：kg）

22 27 31 32 36
37 41 45 48

B 班 （単位：kg）

25 28 30 35
35 40 44 46

□(1) A 班の握力測定のデータについて，四分位数を求めなさい。

□(2) B 班の握力測定のデータについて，四分位数を求めなさい。

□(3) A 班，B 班の握力測定のデータについて，四分位範囲をそれぞれ求めなさい。

よく出る **2** **【箱ひげ図】** 上の **1** の A 班，B 班の握力測定のデータについて，次の図にそれぞれ箱ひげ
□ 図で表しなさい。

教科書 p.201 問 1

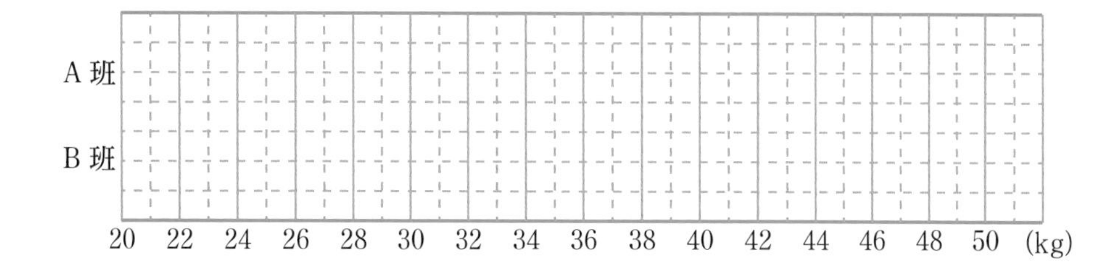

3 **【箱ひげ図】** 右の図は，あるクラスの国語，
□ 数学，英語の小テストの得点について，箱ひげ図に表したものです。4 点未満の生徒がいないのは，どの教科のテストですか。

教科書 p.202Q

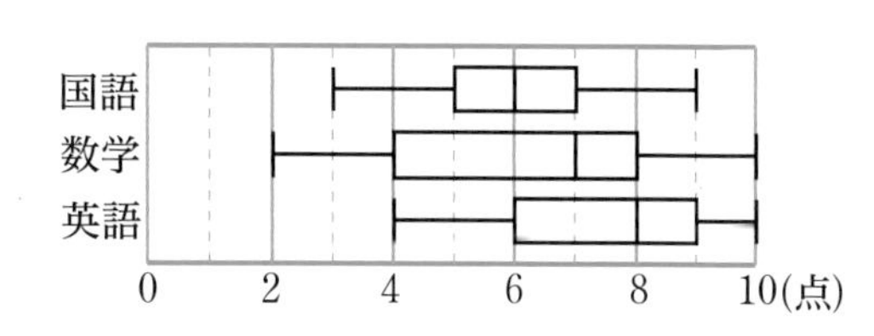

例題の答え **1** ①31 ②28 ③34 ④6 ⑤㋑

1 データの分布 ①~③

よく出る ❶ 次のデータは，生徒 16 人の 1 か月の読書時間を調べたものです。これについて，下の問いに答えなさい。

(単位：時間)

12	8	6	11	4	14	3	5
15	2	4	9	3	4	7	9

□(1) 四分位数を求めなさい。

□(2) 四分位範囲を求めなさい。

□(3) 次の図に，箱ひげ図で表しなさい。

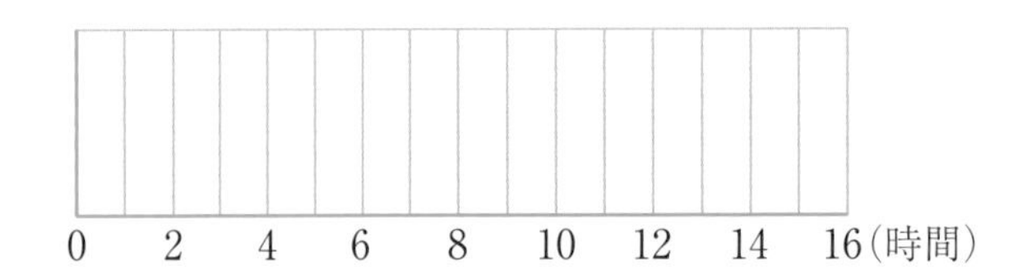

❷ 次の箱ひげ図は，バスケットボールの試合を 15 回行ったときの A さんと B さんの得点を表したものです。これについて，下の問いに答えなさい。

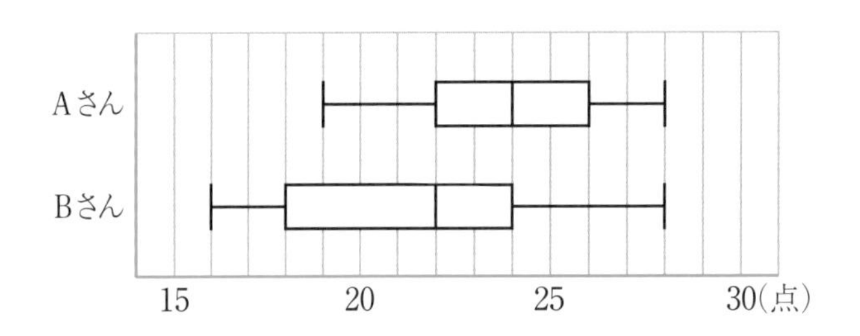

(1) A さんと B さんのそれぞれについて，次の値を求めなさい。

□① 中央値　　□② 四分位範囲　　□③ 範囲

□(2) 次の試合では，どちらの選手を選べばよいですか。

ヒント ❶ (1)データを小さい順に並べ，中央値→第１四分位数→第３四分位数の順に求める。
❷ (2)中央値付近の約半分のデータが箱の中に収まっていることから考える。

解答▶▶ p.42

7章　データの分布

時間30分	/100点	合格70点

❶ 次の表は，Aさんと B さんの計算テストの結果です。テストの結果について，下の問いに答えなさい。知

Aさん(点)	5	6	3	8	4	5	6	7	6	7
Bさん(点)	7	5	5	10	8	2	9	5	6	

(1)　それぞれの結果について，四分位範囲を求めなさい。

(2)　それぞれのデータについて箱ひげ図で表し，どちらの方が広く分布しているか答えなさい。

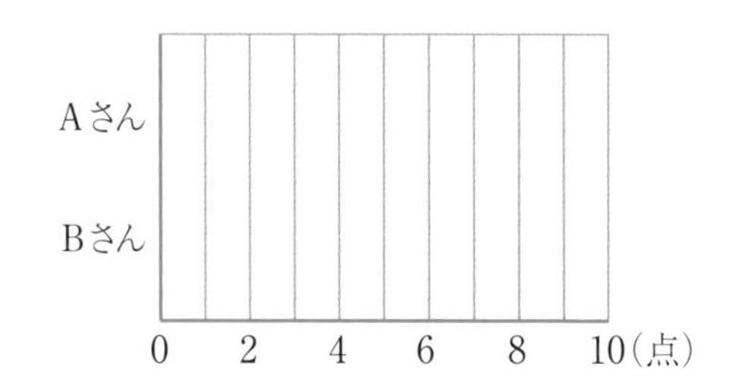

❶　点/40点(各10点)

(1)	Aさん	
	Bさん	
(2)	箱ひげ図 左の図にかきなさい。	

❷ 次のヒストグラムについて，対応する箱ひげ図を，下の㋐～㋒から選び，記号で答えなさい。考

(1)

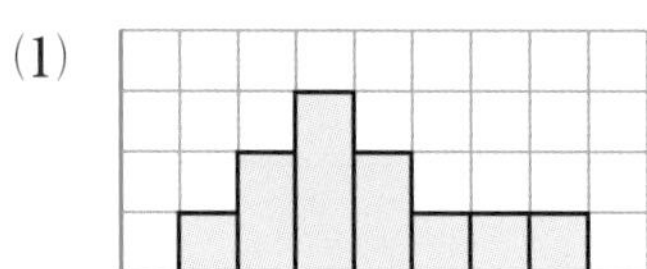

㋐

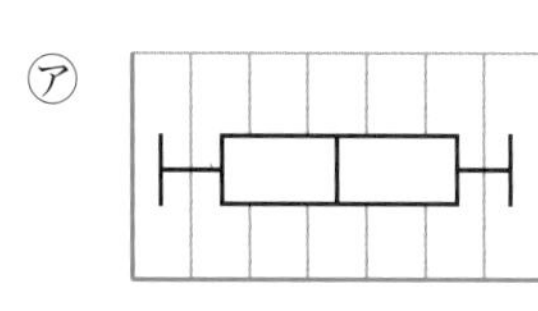

(2)

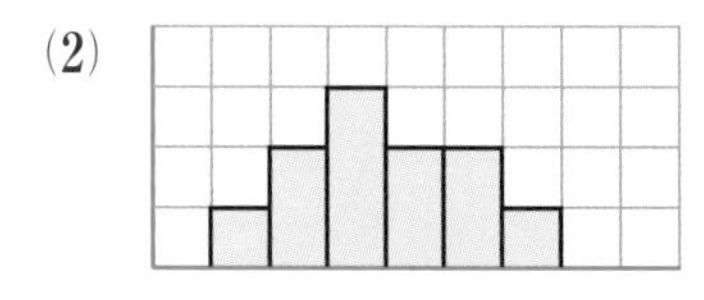

㋑

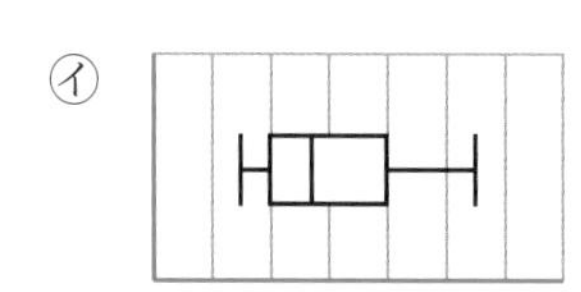

(3)

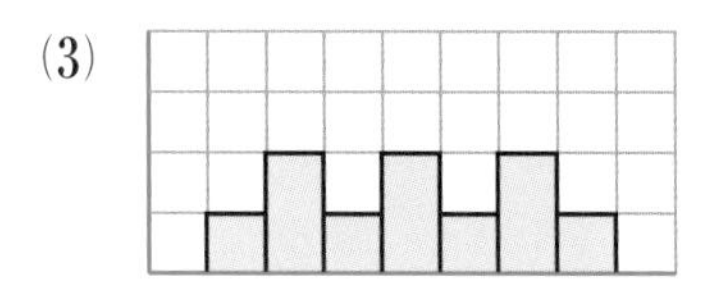

㋒

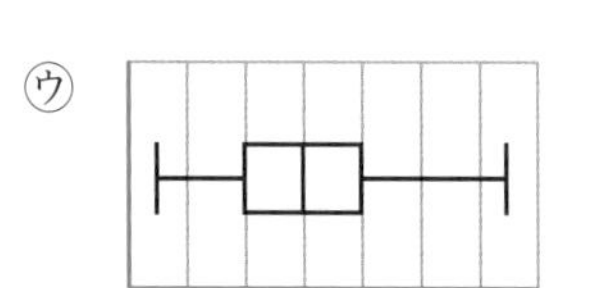

❷　点/60点(各20点)

(1)	
(2)	
(3)	

知　/40点	考　/60点

7章　教科書198～212ページ

解答▶▶ p.43

教科書のまとめ 〈6章　確率〉〈7章　データの分布〉

●同様に確からしい

起こり得るすべての場合について，どの場合が起こることも同じ程度に期待することができるとき，そのどれが起こることも**同様に確からしい**という。

●確率の求め方

起こり得る場合が全部で n 通りあり，そのどれが起こることも同様に確からしいとする。そのうち，あることがらの起こる場合が a 通りあるとき，そのことがらの起こる確率 p は，$p=\frac{a}{n}$

(例)　箱の中に，白玉が2個，赤玉が3個入っている。
この箱の中から玉を1個取り出すとき，それが白玉である確率は，$\frac{2}{5}$

●確率の範囲

あることがらの起こる確率を p とすると，p の範囲は，$0 \leqq p \leqq 1$

●あることがらの起こらない確率

あることがらAについて，次の関係が成り立つ。
(Aの起こらない確率)＝1－(Aの起こる確率)

●四分位数

・あるデータを小さい順に並べたとき，そのデータを4等分したときの区切りの値を**四分位数**という。
・四分位数は3つあり，小さい方から順に，第1四分位数，第2四分位数，第3四分位数という。
・第2四分位数は中央値のことである。

●第1四分位数と第3四分位数の求め方

1　小さい順に並べたデータを半分に分ける。ただし，データの個数が奇数のときは，半分には分けられないので，中央値を除いてデータを2つに分ける。
2　1で分けた前半のデータの中央値を第1四分位数，後半のデータの中央値を第3四分位数とする。

●四分位範囲

・(四分位範囲)
＝(第3四分位数)－(第1四分位数)
・四分位範囲を使うと，データの値が中央値の近くに集中しているか，遠くに離れて散らばっているかを調べることができる。
・データの中に極端にかけ離れた値があるとき，範囲はその影響を大きく受けるが，四分位範囲はその影響をほとんど受けない。

●箱ひげ図

・最小値，最大値，四分位数を使ってかいた図を**箱ひげ図**という。

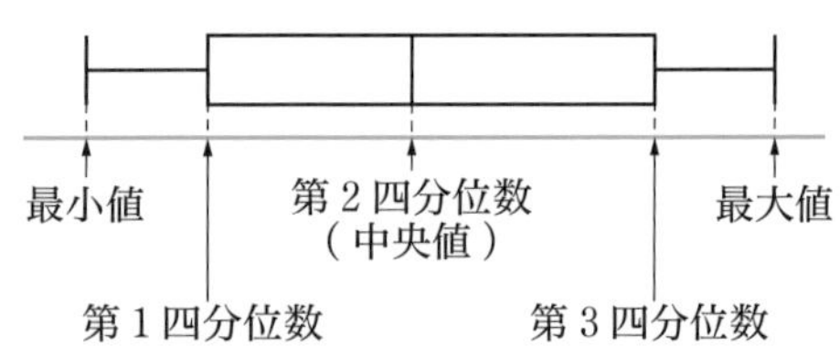

・箱ひげ図のかき方
1　第1四分位数を左端，第3四分位数を右端とする長方形(箱)をかく。
2　箱の中に第2四分位数(中央値)を示す縦線をかく。
3　最小値，最大値を示す縦線をかき，箱の左端から最小値まで，箱の右端から最大値までそれぞれ線分(ひげ)をかく。
・ひげの端から端までの長さは範囲を表し，箱の幅は四分位範囲を表す。

テスト前に役立つ!

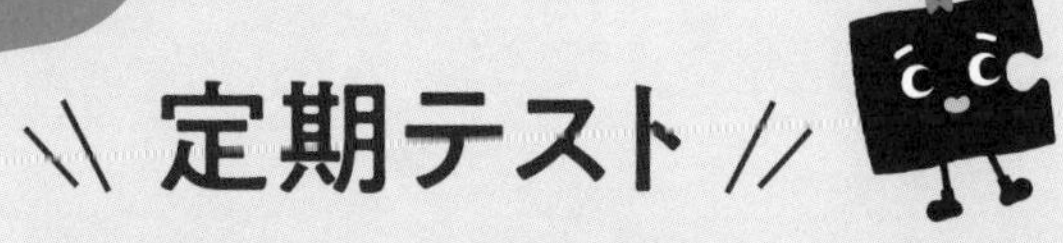

\\ 定期テスト //

予想問題

チェック!

- テスト本番を意識し，時間を計って解きましょう。

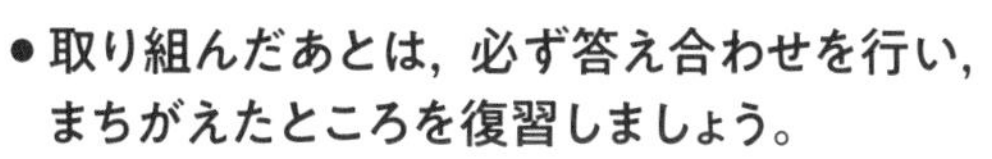

- 取り組んだあとは，必ず答え合わせを行い，まちがえたところを復習しましょう。
- 観点別評価を活用して，自分の苦手なところを確認しましょう。

テスト前に解いて，わからない問題やまちがえた問題は，もう一度確認しておこう!

定期テスト
予想問題
1

1章　式の計算

時間30分　／100点　合格70点

❶ 次の多項式の項をすべて答えなさい。また，次数を答えなさい。知

教科書 p.14〜15

(1) $3x-1$　(2) $xy-2y$

❶ 点/8点（各2点）

(1)	項	
	次数	
(2)	項	
	次数	

❷ 次の計算をしなさい。知

教科書 p.16〜18

(1) $5a+2b-3a+7b$　(2) $6x-4y-2y-8x$

(3) $(3m-n)+(4m+3n)$　(4) $(5x^2+8x)-(-x^2+7x)$

(5) $(2a+b-c)+(a-3b+2c)$　(6) $3x-5y+9-(-2x-4y+5)$

❷ 点/18点（各3点）

(1)	
(2)	
(3)	
(4)	
(5)	
(6)	

❸ 次の計算をしなさい。知

教科書 p.19〜20

(1) $-7(2x-5y)$　(2) $4(3a-b+8c)$

(3) $3(2a-4b)+4(-a+2b)$　(4) $-2(x-2y)-5(2x+3y)$

(5) $(18x-24y)\div 6$　(6) $(9a-6b)\div\left(-\frac{3}{4}\right)$

(7) $\frac{2}{5}(2a-b)-\frac{2}{3}(a+3b)$　(8) $\frac{2x-y}{5}-\frac{x-3y}{4}$

❸ 点/32点（各4点）

(1)	
(2)	
(3)	
(4)	
(5)	
(6)	
(7)	
(8)	

成績評価の観点　知…数量や図形などについての知識・技能　考…数学的な思考・判断・表現

4 次の計算をしなさい。知

教科書 p.21〜22

(1) $(-2x)\times(-3y)^2$　　(2) $28ab^2\div(-4ab)$

(3) $6xy^2\times\left(-\dfrac{1}{3}xy\right)\div x^2y$　　(4) $18ab^2\div3a^2b\times\left(-\dfrac{2}{3}a^2b\right)$

4　点/16点(各4点)

(1)	
(2)	
(3)	
(4)	

5 $x=-\dfrac{1}{2}$，$y=3$ のとき，次の式の値を求めなさい。知

教科書 p.25

(1) $5(2x-3y)-4(3x-2y)$　　(2) $(-2x)^2\div4xy\times(-6xy^2)$

5　点/8点(各4点)

(1)	
(2)	

6 連続する 3 つの偶数の和は 6 の倍数であることを，文字式を使って説明しなさい。考

6　点/5点

7 次の図で，㋐の円錐の体積は，㋑の円錐の体積の何倍になるかを，文字式を使って説明しなさい。考

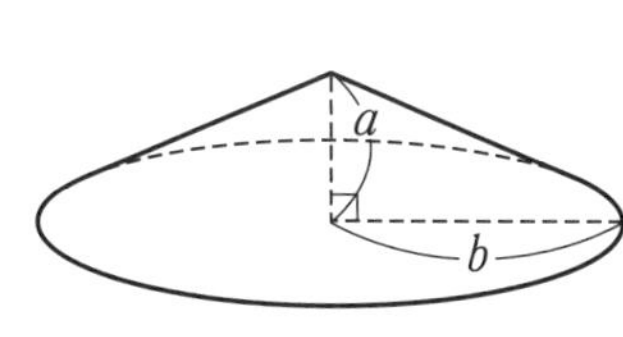

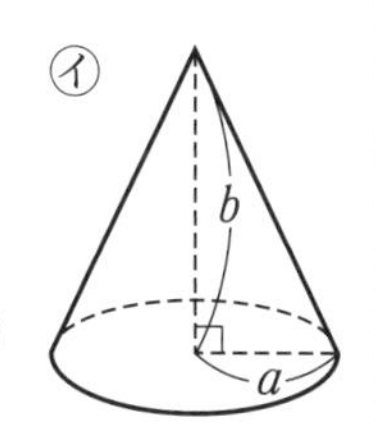

7　点/5点

8 次の等式を〔　〕内の文字について解きなさい。知

教科書 p.32〜33

(1) $ax-3y+4=0$　〔y〕　　(2) $3(x+y)=z$　〔x〕

8　点/8点(各4点)

(1)	
(2)	

知　/90点	考　/10点

解答▶▶ p.44

定期テスト
予想問題
2

2章　連立方程式

1 次の㋐～㋒の中で，連立方程式 $\begin{cases} 2x+y=18 \\ x-3y=2 \end{cases}$ の解はどれですか。知

教科書 p.42～44

㋐ $\begin{cases} x=5 \\ y=1 \end{cases}$　㋑ $\begin{cases} x=6 \\ y=6 \end{cases}$　㋒ $\begin{cases} x=8 \\ y=2 \end{cases}$

2 次の連立方程式を解きなさい。知

教科書 p.45～49

(1) $\begin{cases} x+3y=6 \\ 3x-2y=7 \end{cases}$　(2) $\begin{cases} 3x-5y=21 \\ -2x+4y=-16 \end{cases}$

(3) $\begin{cases} 7x-y=-16 \\ 2x+3y=-21 \end{cases}$　(4) $\begin{cases} 4x+9y=7 \\ x+6y=-2 \end{cases}$

(5) $\begin{cases} 3x-y+9=0 \\ 5x-2y+11=0 \end{cases}$　(6) $\begin{cases} 5x+3y-7=0 \\ 6x-2y-14=0 \end{cases}$

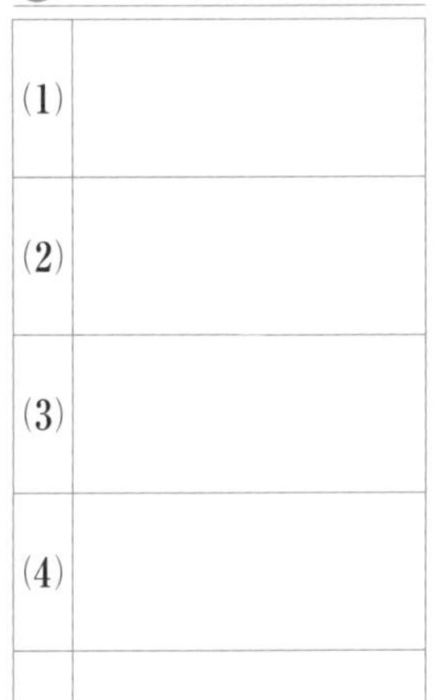

3 次の連立方程式を解きなさい。知

教科書 p.50～51

(1) $\begin{cases} x=3y+5 \\ x+y=-7 \end{cases}$　(2) $\begin{cases} x-2y=12 \\ y=x-8 \end{cases}$

(3) $\begin{cases} x=2y-10 \\ 2x+5y=-2 \end{cases}$　(4) $\begin{cases} 4x-3y=-15 \\ 3y=-2x-3 \end{cases}$

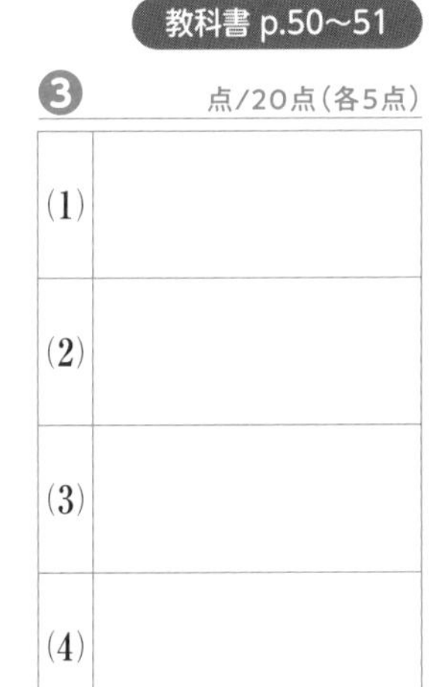

　成績評価の観点　知…数量や図形などについての知識・技能　考…数学的な思考・判断・表現

4 次の連立方程式を解きなさい。知

教科書 p.51〜53

(1) $\begin{cases} 2x-3(x-2y)=4 \\ 4x-2(x+5y)=-6 \end{cases}$

(2) $\begin{cases} \dfrac{x}{2}+y=4 \\ \dfrac{2}{5}x+\dfrac{y}{4}=-\dfrac{1}{10} \end{cases}$

(3) $\begin{cases} 0.4x-0.3y=3.8 \\ 0.6x+1.5y=1.8 \end{cases}$

(4) $\begin{cases} 0.08x+0.12y=2 \\ \dfrac{1}{4}x-\dfrac{1}{3}y=2 \end{cases}$

(5) $7x+2y=x-2y=8$

(6) $5x+2y=3x+2=-y+1$

4 点/30点（各5点）

(1)	
(2)	
(3)	
(4)	
(5)	
(6)	

5 連立方程式 $\begin{cases} 2ax+by=9 \\ bx+3ay=-7 \end{cases}$ の解が $\begin{cases} x=4 \\ y=-3 \end{cases}$ であるとき，a，b の値を求めなさい。知

教科書 p.45〜53

5 点/5点（完答）

a の値

b の値

6 ショートケーキとドーナツがあります。ショートケーキ2個とドーナツ2個では740円，ショートケーキ1個とドーナツ3個では610円でした。ショートケーキ1個とドーナツ1個の値段を，それぞれ求めなさい。考

教科書 p.57〜62

6 点/6点（完答）

ショートケーキ1個

ドーナツ1個

7 A地点からB地点を経てC地点まで，80 kmの道のりを自動車で行きました。AからBまでは高速道路を時速80 kmで走り，BからCまでは一般（いっぱん）の道路を時速40 kmで走ると，1時間30分かかりました。AからBまでと，BからCまでの道のりを，それぞれ求めなさい。考

教科書 p.57〜62

7 点/6点（完答）

AからBまで

BからCまで

8 ある学校の昨年度の生徒数は，男女合わせて420人でした。本年度は昨年度に比べて，男子が5％増え，女子が6％増えたため，全体では23人増えました。本年度の男子と女子の生徒数を，それぞれ求めなさい。考

教科書 p.57〜62

8 点/6点（完答）

本年度の男子

本年度の女子

知 /82点	考 /18点

解答▶▶ p.45

3章　1次関数

時間30分　／100点　合格70点

1 次の x と y の関係のうち，y が x の1次関数であるものはどれですか。すべて選び，記号で答えなさい。知

教科書 p.72〜73

㋐ 重さ120 g の容器に，1個2 g の角砂糖 x 個を入れたときの容器全体の重さ y g

㋑ 5 km ある道のりを x km 進んだときの残りの道のり y km

㋒ 面積が36 cm² で底辺の長さが x cm の三角形の高さ y cm

㋓ 1枚50円のはがきを x 枚買ったときの代金 y 円

1 点/4点

2 1次関数 $y=-\frac{4}{3}x+3$ について，次の問いに答えなさい。知

教科書 p.74〜75

(1) 変化の割合を答えなさい。

(2) x の増加量が9のときの y の増加量を求めなさい。

(3) x の変域が $-3 \leqq x \leqq 6$ のときの y の変域を求めなさい。

2 点/12点（各4点）

(1)	
(2)	
(3)	

3 次の1次関数のグラフを，下の図にかき入れなさい。知

教科書 p.82

(1) $y=2x-4$

(2) $y=-\frac{1}{3}x+5$

(3) $y=-\frac{3}{4}x-2$

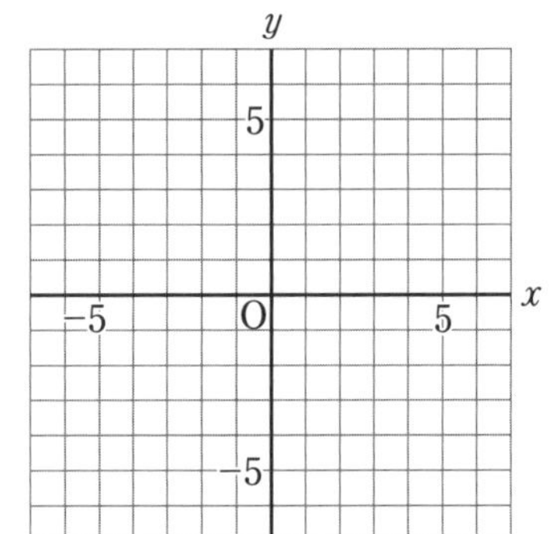

3 点/12点（各4点）

左の図にかきなさい。

4 次の直線の式を求めなさい。知

教科書 p.83〜86

(1) 点 (2, 0) を通り，傾きが3の直線

(2) 点 (4, 1) を通り，切片が5の直線

(3) 2点 (6, −2), (−3, 4) を通る直線

(4) 点 (5, −1) を通り，直線 $y=\frac{2}{5}x+4$ に平行な直線

4 点/20点（各5点）

(1)	
(2)	
(3)	
(4)	

成績評価の観点　知…数量や図形などについての知識・技能　考…数学的な思考・判断・表現

5 次の２元１次方程式のグラフを，右の図の㋐～㋓から選びなさい。知

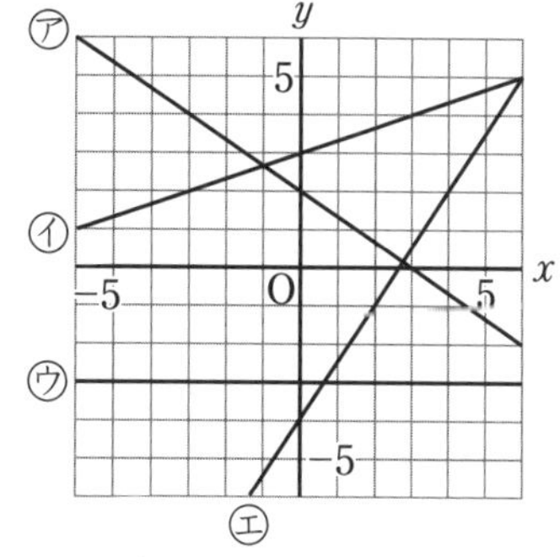

教科書 p.87～91

(1) $x-3y+9=0$

(2) $2x+3y-6=0$

(3) $4y+12=0$

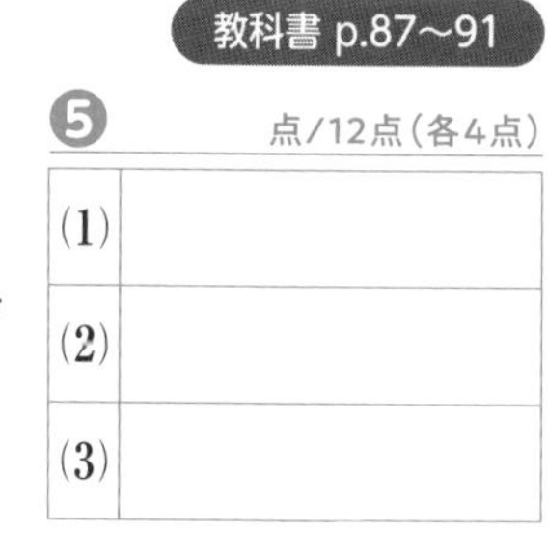

6 右の図について答えなさい。知

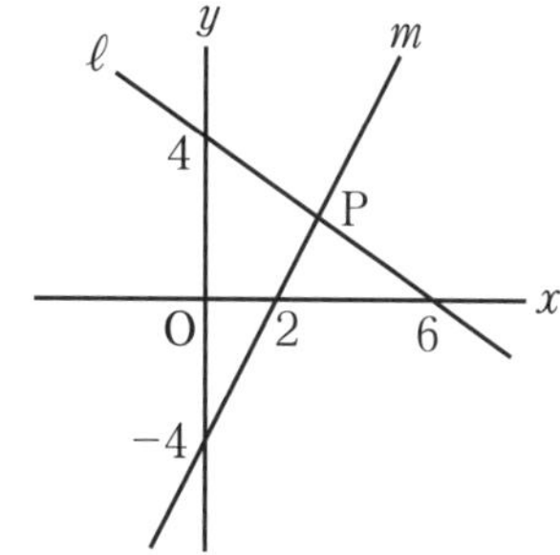

教科書 p.92～93

(1) 直線 ℓ，m の式を求めなさい。

(2) 直線 ℓ，m の交点 P の座標を求めなさい。

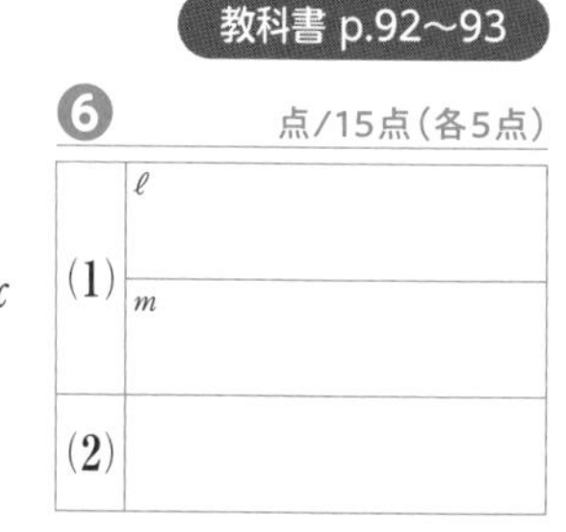

7 右下の図のような，AB＝4 cm，AD＝8 cm の長方形 ABCD があります。点 P は頂点 D を出発して，秒速 1 cm で長方形の辺上を C を通り，B まで動くものとします。点 P が頂点 D を出発してから x 秒後の台形 ABPD の面積を y cm^2 として，次の問いに答えなさい。考

教科書 p.98

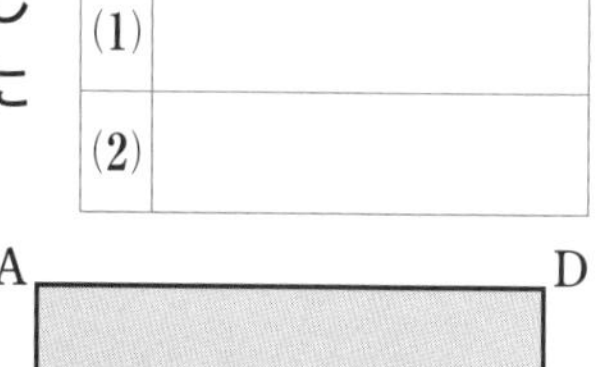

(1) 点 P が辺 CD 上にあるとき，y を x の式で表しなさい。

(2) 台形 ABPD の面積が 28 cm^2 になるのは，点 P が頂点 D を出発してから何秒後ですか。ただし，点 P は辺 BC 上にあるものとします。

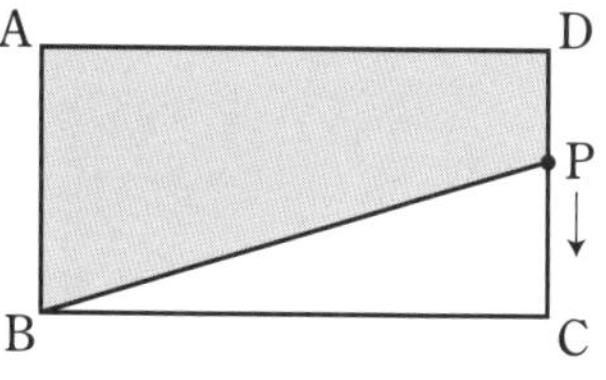

8 陸さんは，家と駅の間を自転車で往復しました。右の図は，家を出発してから x 分後の家からの距離を y m として，x と y の関係をグラフに表したものです。次の問いに答えなさい。考

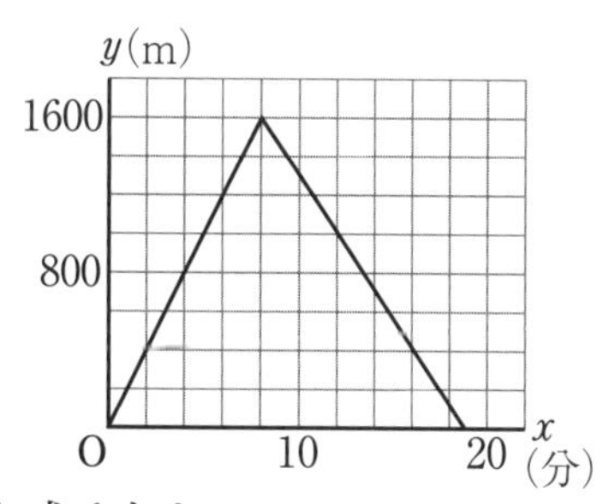

教科書 p.99

(1) 行きと帰りの速さを，それぞれ求めなさい。

(2) 陸さんが家に帰ったのは，家を出発してから何分後ですか。

知 /75点	考 /25点

定期テスト予想問題 教科書70～106ページ

解答▶▶ p.47

4章　図形の性質の調べ方

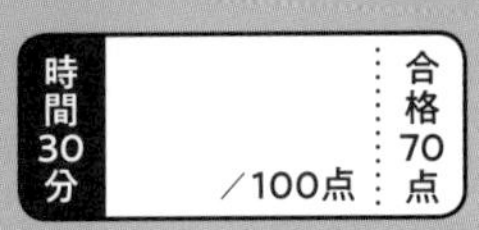

1 次の図で，$\ell /\!/ m$ のとき，$\angle x$ の大きさを求めなさい。知

教科書 p.110〜114

(1)

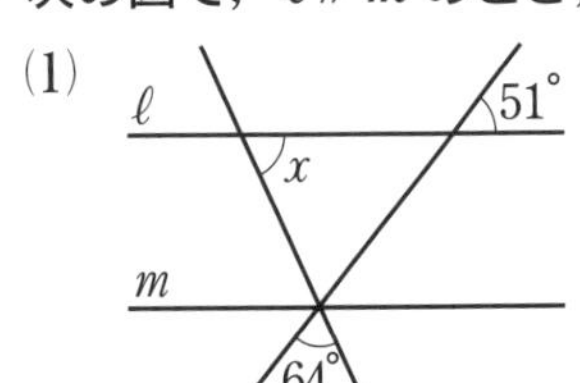

(2)

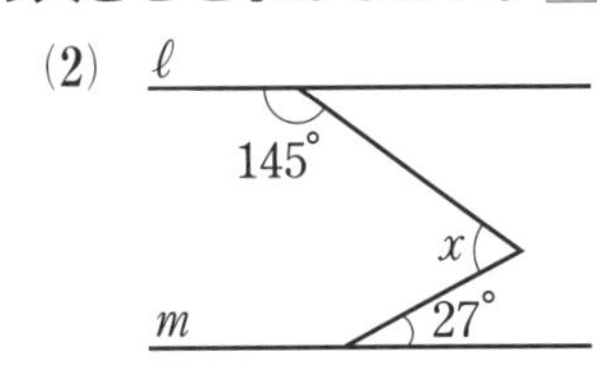

1 点/20点（各10点）

(1)	
(2)	

2 次の図で，$\angle x$ の大きさを求めなさい。知

教科書 p.115〜122

(1)

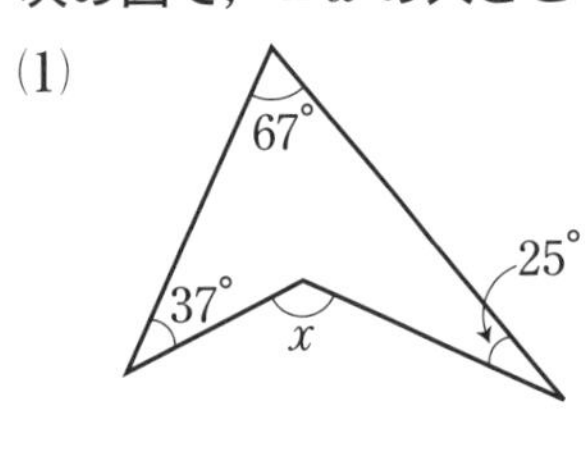

(2)

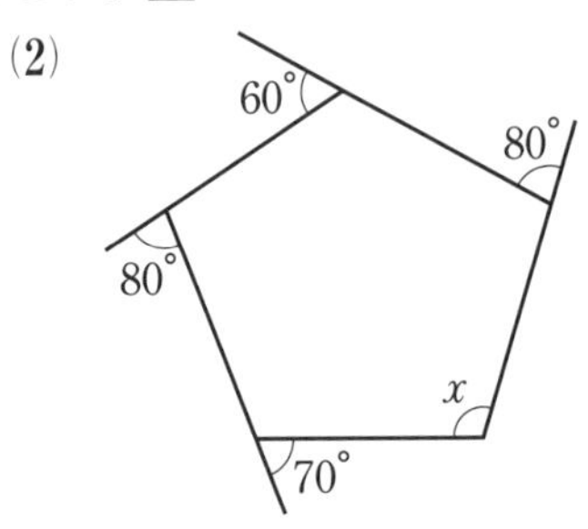

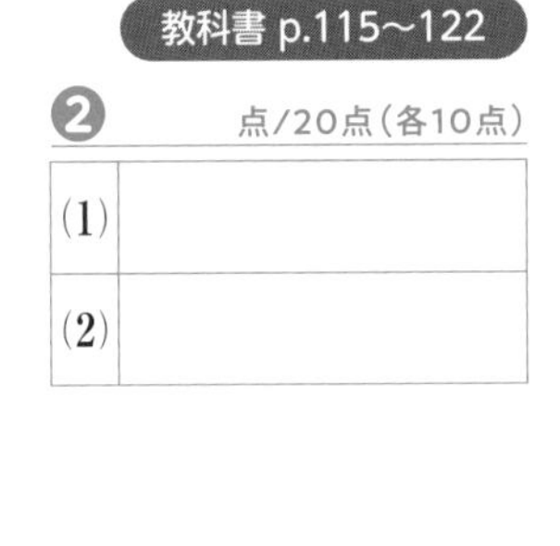

2 点/20点（各10点）

(1)	
(2)	

3 次の図で，正六角形 ABCDEF の頂点 A，D は，それぞれ平行な 2 直線 ℓ，m 上にあります。このとき，$\angle x$ の大きさを求めなさい。知

教科書 p.110〜122

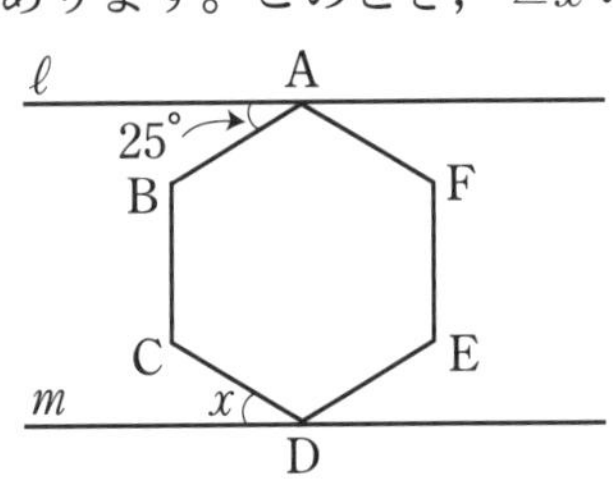

3 点/10点

4 次の図の合同な三角形について，合同条件を答えなさい。ただし，同じ印をつけた辺や角は等しいとします。知

教科書 p.127〜129

(1)　△ABC≡△DCB

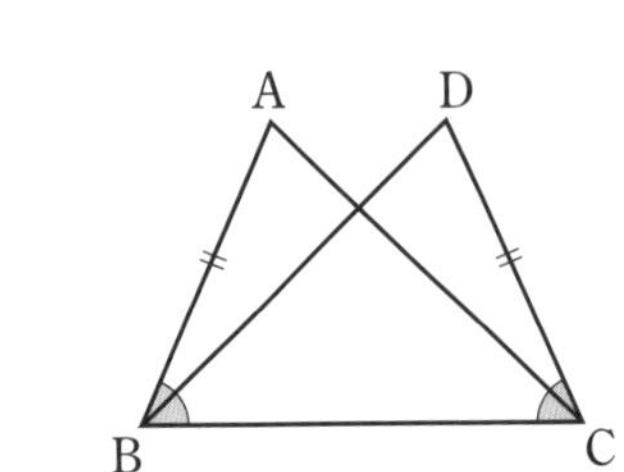

(2)　△ABC≡△DEF
AB // DE，AC // DF

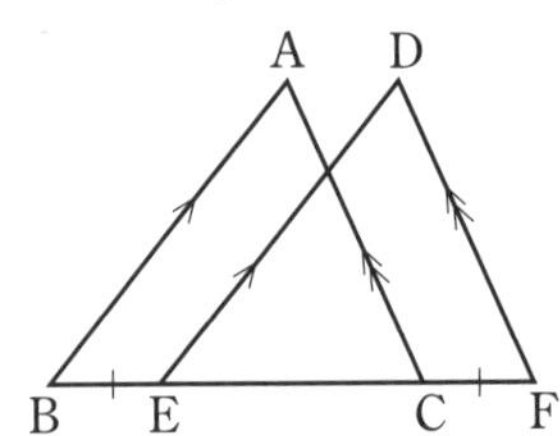

4 点/20点（各10点）

(1)	
(2)	

成績評価の観点　知…数量や図形などについての知識・技能　考…数学的な思考・判断・表現

5 次の図は，直線 ℓ 上にない点 P を通り，直線 ℓ に平行な直線 PQ を，次の❶～❹の手順で作図したものです。この作図が正しいことを証明しなさい。［考］

教科書 p.130～137

5　点/10点

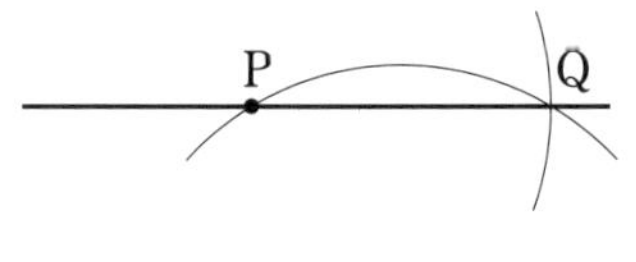

❶ 点 P を中心とする円をかき，直線 ℓ との交点をそれぞれ A，B とする。
❷ 点 B を中心として，線分 BP を半径とする円をかく。
❸ 点 P を中心として，線分 AB を半径とする円をかき，❷でかいた円との交点を Q とする。
❹ 直線 PQ を引く。

6 正五角形 ABCDE で，頂点 A から C，D へ対角線 AC，AD を引きます。このとき，AC＝AD であることを証明しなさい。［考］

教科書 p.130～137

6　点/10点

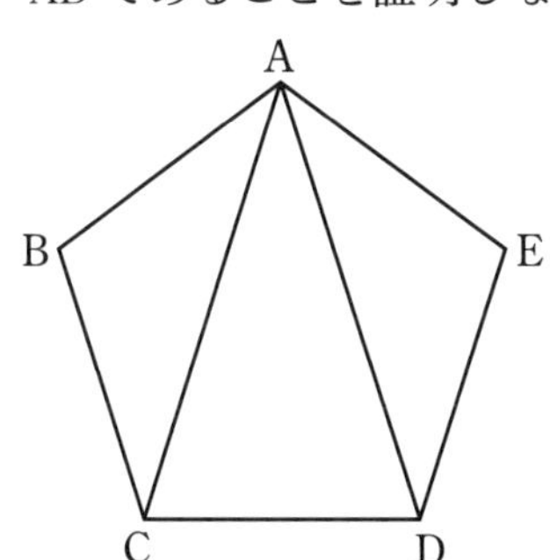

7 次の図のように，長方形 ABCD の対角線 BD の中点を M とし，M を通る直線が辺 AD，BC と交わる点をそれぞれ E，F とします。このとき，BF＝DE であることを証明しなさい。［考］

教科書 p.130～137

7　点/10点

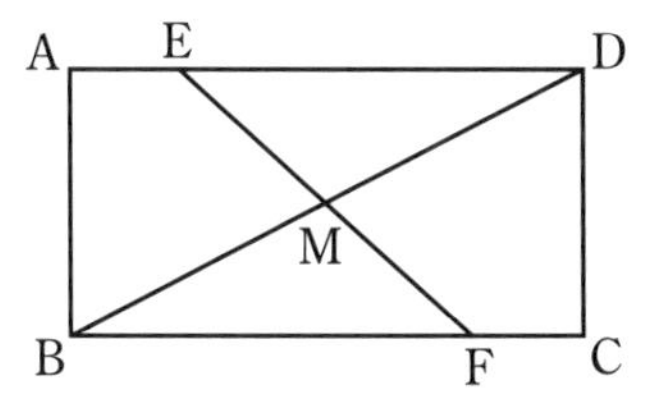

知　/70点	考　/30点

解答▶▶ p.48

定期テスト
予想問題
5

5章　三角形・四角形

1 **次の図で，$\angle x$ の大きさを求めなさい。** 知

教科書 p.150,161

(1)　AD＝BD＝CD

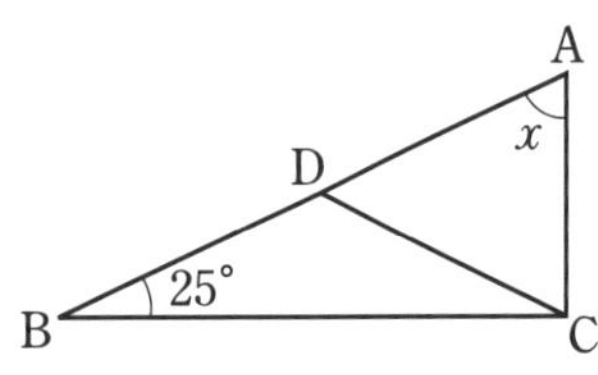

(2)　四角形 ABCD は平行四辺形

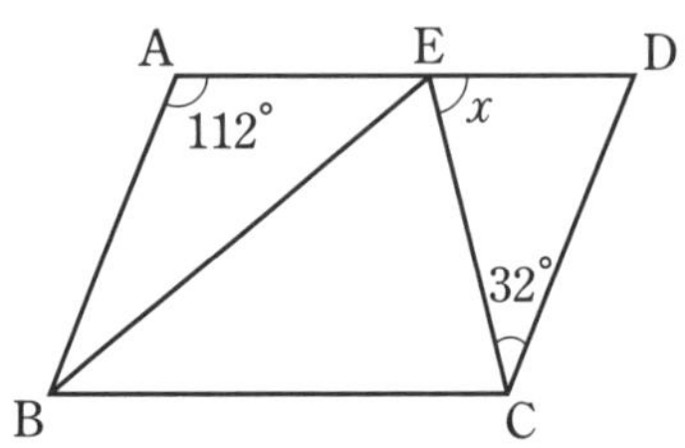

1	点/20点（各10点）
(1)	
(2)	

2 AB＝AC である二等辺三角形 ABC で，辺 AB，AC 上に
　AD：DB＝1：2
　AE：EC＝1：2
となるように点 D，E をそれぞれとります。BE と CD との交点を P とするとき，△PBC は二等辺三角形であることを証明しなさい。考

教科書 p.148〜153

2 点/10点

3 **正三角形 ABC の辺 AB，BC 上に AP＝BQ となるようにそれぞれ点 P，Q をとります。A と Q，C と P を結んだ 2 つの線分の交点を S とするとき，下の問いに答えなさい。** 考

教科書 p.148〜154

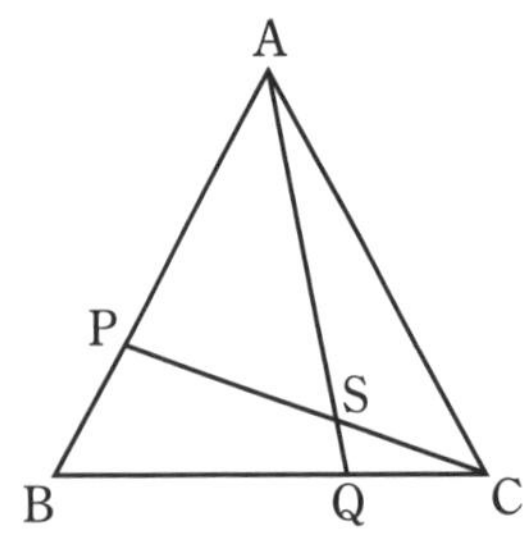

(1)　AQ＝CP であることを証明しなさい。

(2)　∠ASP の大きさを求めなさい。

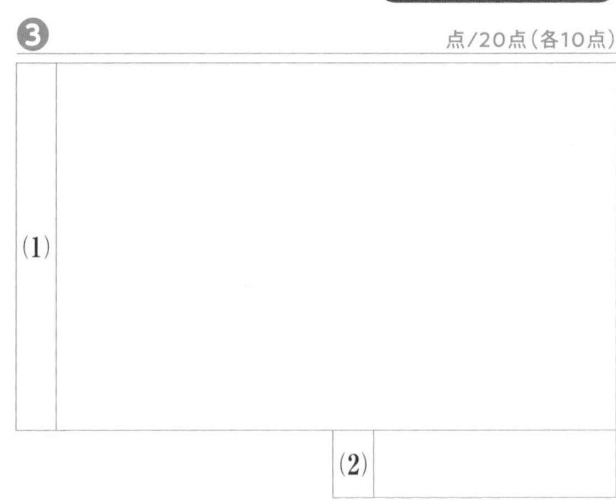

3	点/20点（各10点）
(1)	
(2)	

成績評価の観点　知…数量や図形などについての知識・技能　考…数学的な思考・判断・表現

4 ∠A＝90° の直角二等辺三角形 ABC があります。次の図のように，頂点 A を通る直線 ℓ に，頂点 B，C からそれぞれ垂線 BD，CE を引きます。このとき，BD＝CE＋DE であることを証明しなさい。考

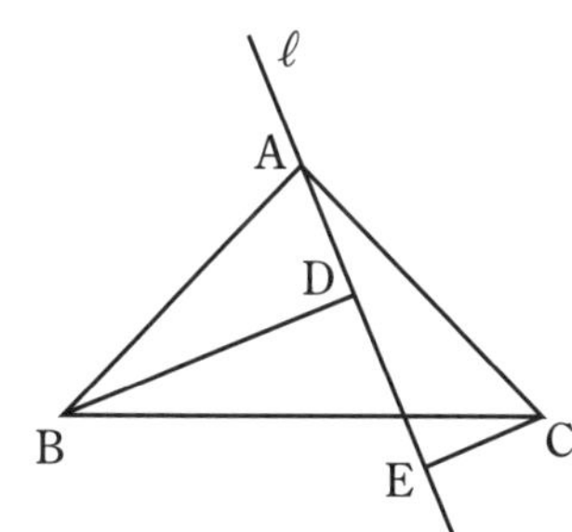

教科書 p.155〜157

4 点/20点

5 次の図のように，▱ABCD の対角線 BD 上に，BE＝DF となるように，点 E，F をとるとき，AE＝CF であることを証明しなさい。考

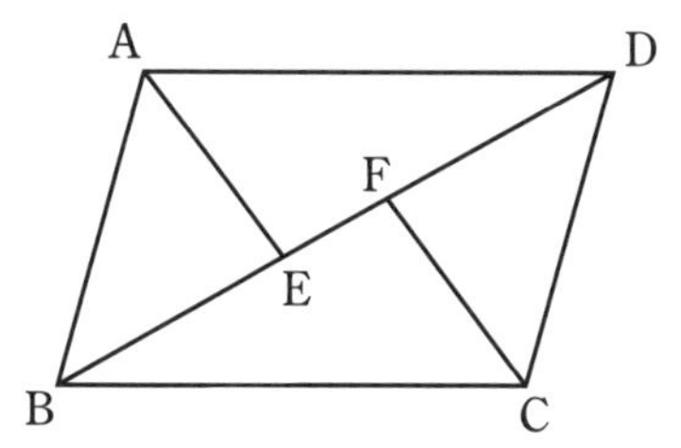

教科書 p.159〜162

5 点/10点

6 △ABC の辺 AB，AC，BC をそれぞれ 1 辺とする正三角形を，次の図のようにかき，その頂点をそれぞれ D，E，F とします。このとき，四角形 AEFD は平行四辺形であることを証明しなさい。考

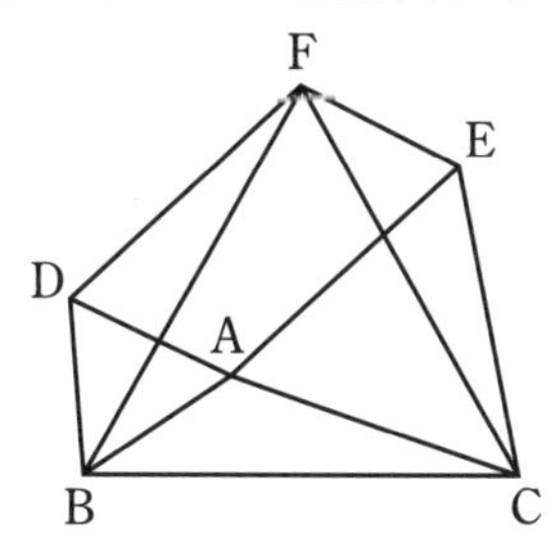

教科書 p.163〜166

6 点/20点

定期テスト予想問題
教科書146〜176ページ

知 /20点	考 /80点

定期テスト
予想問題
6

6章　確率

❶ 次のことがらは正しいですか。［考］

教科書 p.180〜181

(1)　ジョーカーを除く52枚のトランプの中から1枚を引くとき，どのカードを引くことも同様に確からしい。

(2)　1つのさいころを6回投げるとき，1の目は必ず1回出る。

(3)　赤玉が2個，白玉が2個入っている袋の中から1個の玉を取り出すとき，赤玉が出る確率と白玉が出る確率は等しい。

❶　点/15点（各5点）

(1)	
(2)	
(3)	

❷ 1つのさいころを投げるとき，次の確率を求めなさい。［知］

教科書 p.180〜184

(1)　偶数の目が出る確率

(2)　素数の目が出る確率

(3)　6の約数の目が出る確率

❷　点/15点（各5点）

(1)	
(2)	
(3)	

❸ 大小2つのさいころを投げるとき，次の確率を求めなさい。［知］

教科書 p.185〜187

(1)　2つとも1の目が出る確率

(2)　出る目の和が6になる確率

(3)　出る目の差が3になる確率

(4)　出る目の積が4になる確率

❸　点/20点（各5点）

(1)	
(2)	
(3)	
(4)	

成績評価の観点　［知］…数量や図形などについての知識・技能　［考］…数学的な思考・判断・表現

❹ A，B，C，Dの4人がリレーで走る順番をくじで決めることにしました。このとき，次の確率を求めなさい。知

(1) Aさんが第1走者になる確率

(2) Bさんのすぐ次にCさんが走る確率

教科書 p.185～190

❹ 点/10点（各5点）

(1)	
(2)	

❺ 袋に赤玉が1個，白玉が2個，青玉が3個入っています。この中から同時に2個の玉を取り出すとき，次の確率を求めなさい。知

(1) 2個とも白玉を取り出す確率

(2) 赤玉と白玉を1個ずつ取り出す確率

(3) 少なくとも1個は青玉を取り出す確率

教科書 p.185～190

❺ 点/18点（各6点）

(1)	
(2)	
(3)	

❻ 4本のうち，2本の当たりが入っているくじがあります。このくじを，まずAさんが1本引き，続いてBさんが1本引くとき，次の確率を求めなさい。知

(1) Aさん，Bさんがともに当たる確率

(2) Aさんが当たり，Bさんがはずれる確率

教科書 p.185～190

❻ 点/10点（各5点）

(1)	
(2)	

❼ 4人の男子A，B，C，Dと2人の女子E，Fの中から，くじ引きで2人の当番を決めることにしました。このとき，次の問いに答えなさい。知

(1) 当番の組のつくり方は全部で何通りありますか。

(2) 男子1人，女子1人が選ばれる確率を求めなさい。

教科書 p.185～190

❼ 点/12点（各6点）

(1)	
(2)	

知 /85点	考 /15点

解答▶▶ p.50

定期テスト
予想問題
7

7章　データの分布

1 男子 17 人の 50 m 走の記録を調べたところ，次のようになりました。このデータについて，下の問い に答えなさい。知

(単位：秒)

7.8	8.0	7.3	8.0	7.9	7.8	7.2	8.4	8.0
8.3	7.3	7.8	7.8	7.1	7.5	7.9	8.1	

(1) 最小値，最大値を求めなさい。

(2) 四分位数を求めなさい。

(3) 四部位範囲を求めなさい。

(4) 次の図に，箱ひげ図で表しなさい。

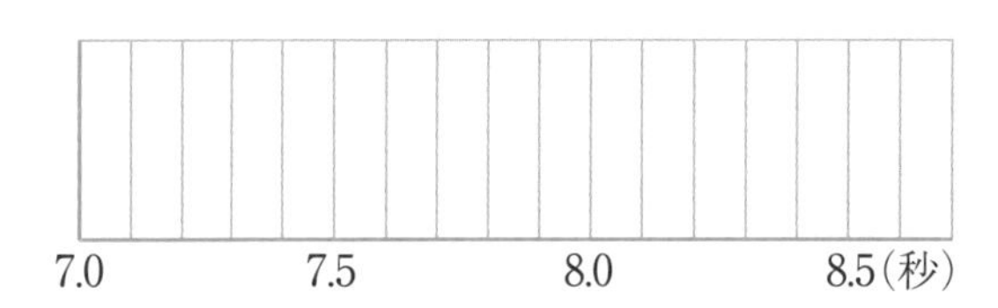

教科書 p.200~201

1 点/35点(各5点)

(1)	最小値	
	最大値	
(2)	第 1 四分位数	
	第 2 四分位数	
	第 3 四分位数	
(3)		
(4)	左の図にかきなさい。	

2 次の図は，あるデータの箱ひげ図です。これについて，下の問いに答えなさい。知

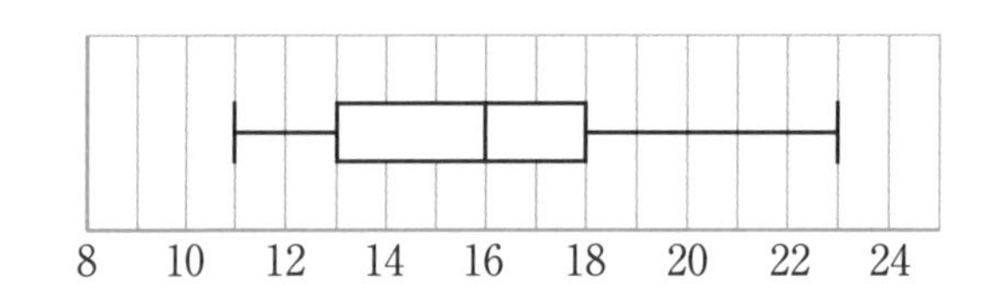

(1) 範囲を求めなさい。

(2) 四分位範囲を求めなさい。

教科書 p.200~205

2 点/12点(各6点)

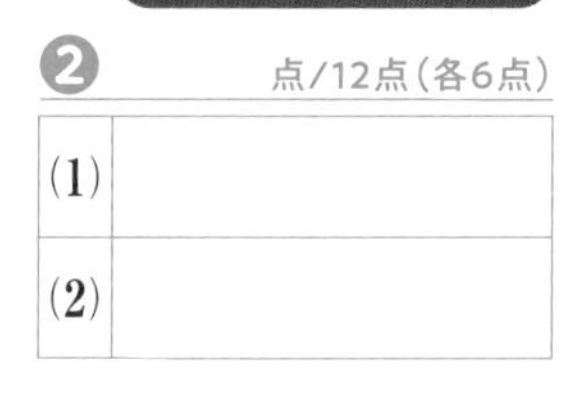

(1)	
(2)	

成績評価の観点　知…数量や図形などについての知識・技能　考…数学的な思考・判断・表現

3 Aさん，Bさんがそれぞれ11回ずつ行った小テストの結果について箱ひげ図に表すと，次のようになりました。これについて，下の問いに答えなさい。知

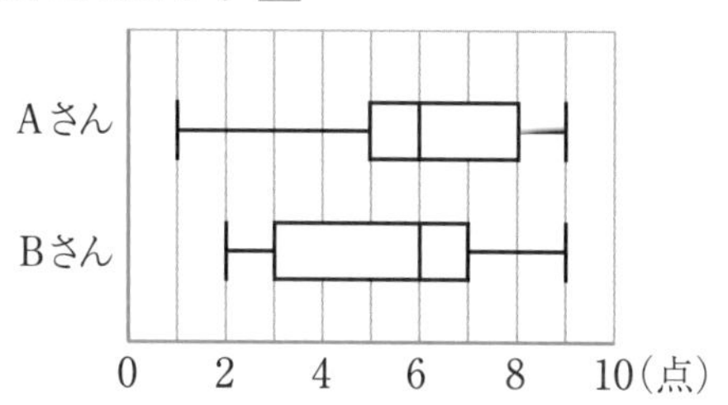

(1) Aさん，Bさんのデータの中央値を求めなさい。

(2) Aさん，Bさんのデータの四分位範囲を求めなさい。

(3) Aさん，Bさんのデータの範囲を求めなさい。

(4) Aさんのデータについて，得点が5点以下であった回数は半分以上あったといえますか。
また，その理由を説明しなさい。

教科書 p.200~205

3 点/35点(各5点)

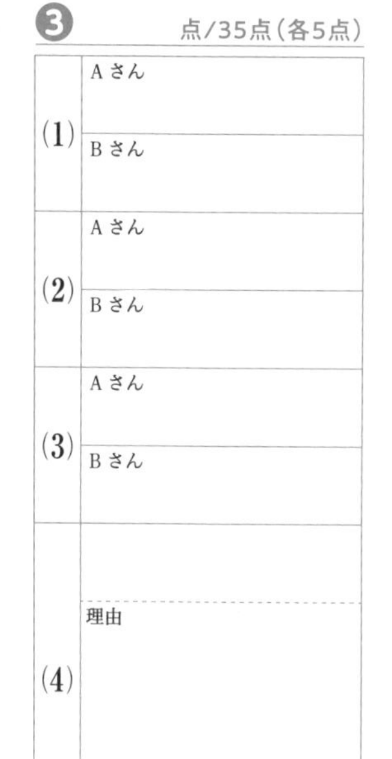

(1)	Aさん
	Bさん
(2)	Aさん
	Bさん
(3)	Aさん
	Bさん
(4)	
	理由

((4)完答)

4 次のヒストグラムについて，対応する箱ひげ図を，下の㋐～㋒から選び，記号で答えなさい。考

(1)

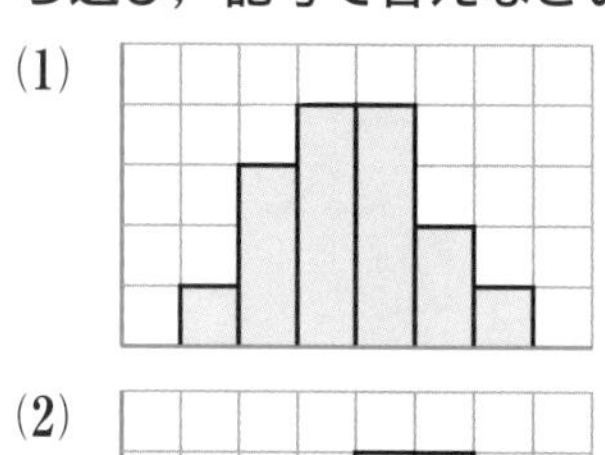

(2)

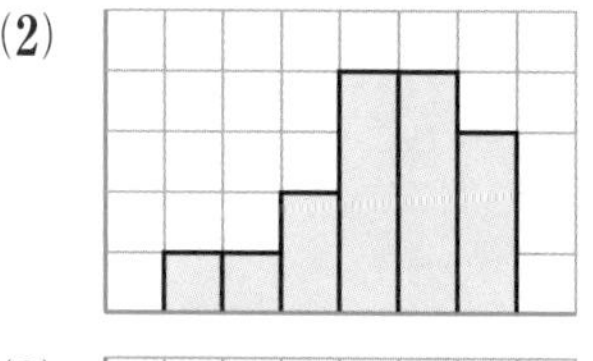

(3)

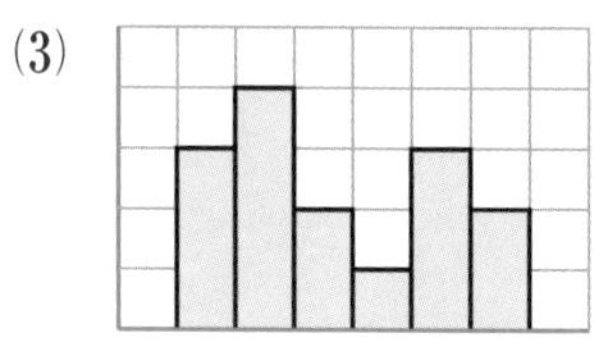

㋐

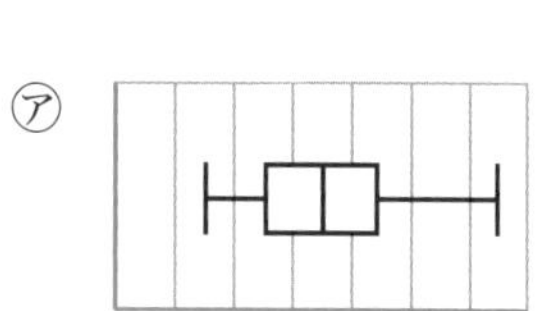

㋑

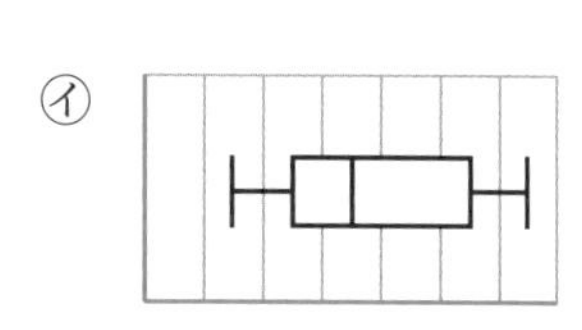

㋒

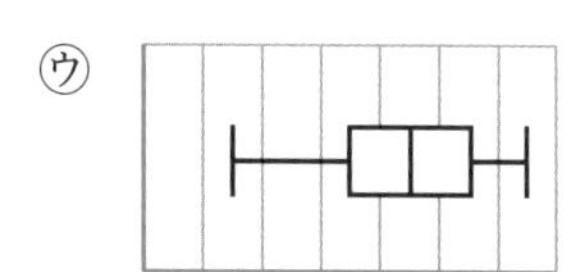

教科書 p.202~208

4 点/18点(各6点)

(1)	
(2)	
(3)	

知 /82点	考 /18点

教科書ぴったりトレーニング
〈学校図書版・中学数学２年〉
この解答集は取り外してお使いください。

1章　式の計算

p.6〜7　ぴたトレ0

1 (1)$(1000-100x)$円　(2)$(5a+3b)$円

(3)$\dfrac{x}{120}$分

解き方　(3)(時間)$=\dfrac{(\text{道のり})}{(\text{速さ})}$より，

$x\div 120=\dfrac{x}{120}$(分)

2 (1)$3a+3$　(2)$-\dfrac{5}{12}x$　(3)$3a+8$

(4)$-5x-4$　(5)$7x-8$　(6)$-2x+6$

解き方　(6)$(-3x-2)-(-x-8)$

$=-3x-2+x+8$

$=-3x+x-2+8$

$=-2x+6$

3 (1)$48a$　(2)$-6x$　(3)$8x+14$

(4)$-9y+60$　(5)$3a-2$　(6)$20x-5$

(7)$6x+10$　(8)$-4x+12$

解き方　(6)$(-16x+4)\div\left(-\dfrac{4}{5}\right)$

$=(-16x+4)\times\left(-\dfrac{5}{4}\right)$

$=-16x\times\left(-\dfrac{5}{4}\right)+4\times\left(-\dfrac{5}{4}\right)$

$=20x-5$

(8)$-10\times\dfrac{2x-6}{5}$

$=-2\times(2x-6)$

$=-2\times 2x-2\times(-6)$

$=-4x+12$

4 (1)$7x+2$　(2)$3y-27$　(3)$7x-13$　(4)$-4y-4$

解き方　(2)$5(3y-6)-3(4y-1)$

$=15y-30-12y+3$

$=15y-12y-30+3$

$=3y-27$

(4)$-\dfrac{1}{3}(6y+3)-\dfrac{1}{4}(8y+12)$

$=-2y-1-2y-3$

$=-2y-2y-1-3$

$=-4y-4$

5 (1)14　(2)2　(3)-20　(4)-19

解き方　負の数はかっこをつけて代入する。

(3)$-5x^2=-5\times(-2)^2=-5\times 4=-20$

(4)$5x-3y=5\times(-2)-3\times 3=-10-9=-19$

p.9　ぴたトレ1

1 単項式…㋐，㋓

多項式…㋑，㋒

解き方　単項式とは，数や文字をかけ合わせた形の式をいう。

多項式とは，単項式の和の形で表された式をいう。

1つの文字や1つの数も単項式と考える。

2 (1)$2x$，-3　(2)$-3a$，$4b$，$-2c$

(3)x^2，$-5x$，7　(4)$-\dfrac{1}{3}ab$，6

解き方　＋でつないだ式に直して考える。

(2)$-3a+4b-2c=-3a+4b+(-2c)$

(3)$x^2-5x+7=x^2+(-5x)+7$

3 (1)1　(2)3　(3)2

解き方　×を使った式に表して考える。

(1)$\dfrac{x}{2}=\dfrac{1}{2}\times x$

文字が1個だから，次数は1

(2)$3abc=3\times a\times b\times c$

文字が3個だから，次数は3

(3)$-4y^2=-4\times y\times y$

文字が2個だから，次数は2

4 (1)1　(2)2　(3)1　(4)2

解き方　多項式の次数とは，各項の次数のうちでもっとも大きい項の次数をいう。

(1)$-x$，yの次数はいずれも1

(2)　a^2の次数は2

(3)$\dfrac{3}{4}x$の次数は1

(4)$\dfrac{x^2}{2}$，$-\dfrac{2xy}{3}$の次数はいずれも2

5 (1)2次式　(2)3次式

(3)2次式　(4)1次式

解き方　(1)$8x^2$の次数は2だから，2次式。

(2)a^2b，$-ab^2$の次数は順に3，3だから，3次式。

(3)$-6y$, y^2 の次数は順に1, 2だから, 2次式。

(4)$-6x$, $2y$ の次数は順に1, 1だから, 1次式。

p.11 ぴたトレ1

1 (1)$\boldsymbol{3a-b}$ (2)$\boldsymbol{-2x-y}$ (3)$\boldsymbol{2x^2-9x}$ (4)$\boldsymbol{2a^2-a}$

解き方

(1)$4a-3b-a+2b$
$=4a-a-3b+2b$
$=(4-1)a+(-3+2)b$
$=3a-b$

(2)$3x+3y-5x-4y$
$=3x-5x+3y-4y$
$=(3-5)x+(3-4)y$
$=-2x-y$

(3)$x^2-7x-2x+x^2$
$=x^2+x^2-7x-2x$
$=(1+1)x^2+(-7-2)x$
$=2x^2-9x$

(4)$-3a^2+2a+5a^2-3a$
$=-3a^2+5a^2+2a-3a$
$=(-3+5)a^2+(2-3)a$
$=2a^2-a$

2 (1)和…$\boldsymbol{7a+b}$　差…$\boldsymbol{3a-5b}$
(2)和…$\boldsymbol{5x^2+9x-2}$　差…$\boldsymbol{9x^2-x+2}$

解き方

(1)和　$(5a-2b)+(2a+3b)$
$=5a-2b+2a+3b$
$=7a+b$

差　$(5a-2b)-(2a+3b)$
$=5a-2b-2a-3b$
$=3a-5b$

(2)和　$(7x^2+4x)+(-2x^2+5x-2)$
$=7x^2+4x-2x^2+5x-2$
$=5x^2+9x-2$

差　$(7x^2+4x)-(-2x^2+5x-2)$
$=7x^2+4x+2x^2-5x+2$
$=9x^2-x+2$

3 (1)$\boldsymbol{7x-3y}$ (2)$\boldsymbol{7x^2-5x+2}$ (3)$\boldsymbol{6a+2b}$
(4)$\boldsymbol{4x^2-x-5}$

解き方

(1)$(2x+3y)+(5x-6y)$
$=2x+3y+5x-6y$
$=7x-3y$

(2)$(4x^2+x-3)+(-6x+3x^2+5)$
$=4x^2+x-3-6x+3x^2+5$
$=7x^2-5x+2$

4 (1)$\boldsymbol{x-2y}$ (2)$\boldsymbol{3x^2-10x+8}$ (3)$\boldsymbol{-8a^2+2b}$
(4)$\boldsymbol{4x^2-2x}$

解き方

(1)$(3x-5y)-(2x-3y)$
$=3x-5y-2x+3y$
$=x-2y$

(2)$(2x^2-3x+5)-(-3+7x-x^2)$
$=2x^2-3x+5+3-7x+x^2$
$=3x^2-10x+8$

(3)
$$\begin{array}{rr} & -5a^2+4b \\ -) & 3a^2+2b \\ \hline \end{array} \Rightarrow \begin{array}{rr} & -5a^2+4b \\ +) & -3a^2-2b \\ \hline & -8a^2+2b \end{array}$$

(4)
$$\begin{array}{rr} & 3x^2-x+4 \\ -) & -x^2+x+4 \\ \hline \end{array} \Rightarrow \begin{array}{rr} & 3x^2-x+4 \\ +) & x^2-x-4 \\ \hline & 4x^2-2x \end{array}$$

p.13 ぴたトレ1

1 (1)$\boldsymbol{28a-4b}$ (2)$\boldsymbol{-6x+18y}$ (3)$\boldsymbol{4x-6y}$
(4)$\boldsymbol{-2x+4y}$

解き方

(1)$4(7a-b)$
$=4\times7a-4\times b$
$=28a-4b$

(2)$(2x-6y)\times(-3)$
$=2x\times(-3)-6y\times(-3)$
$=-6x+18y$

(3)$8\left(\frac{1}{2}x-\frac{3}{4}y\right)$
$=8\times\frac{1}{2}x-8\times\frac{3}{4}y$
$=4x-6y$

(4)$(8x-16y)\times\left(-\frac{1}{4}\right)$
$=8x\times\left(-\frac{1}{4}\right)-16y\times\left(-\frac{1}{4}\right)$
$=-2x+4y$

2 (1)$\boldsymbol{-4a+2b}$ (2)$\boldsymbol{a-4b}$ (3)$\boldsymbol{-2x+y+3}$
(4)$\boldsymbol{-3x+5y-1}$

解き方

(1)$(-12a+6b)\div3$
$=(-12a+6b)\times\frac{1}{3}$
$=-12a\times\frac{1}{3}+6b\times\frac{1}{3}$
$=-4a+2b$

(2)$(-6a+24b)\div(-6)$
$=(-6a+24b)\times\left(-\frac{1}{6}\right)$
$=-6a\times\left(-\frac{1}{6}\right)+24b\times\left(-\frac{1}{6}\right)$
$=a-4b$

(3) $(-18x+9y+27)\div 9$

$=(-18x+9y+27)\times\frac{1}{9}$

$=-18x\times\frac{1}{9}+9y\times\frac{1}{9}+27\times\frac{1}{9}$

$=-2x+y+3$

(4) $(6x-10y+2)\div(-2)$

$=(6x-10y+2)\times\left(-\frac{1}{2}\right)$

$=6x\times\left(-\frac{1}{2}\right)-10y\times\left(-\frac{1}{2}\right)+2\times\left(-\frac{1}{2}\right)$

$=-3x+5y-1$

3 (1) $\boldsymbol{5x-7y}$ (2) $\boldsymbol{-a-8b}$ (3) $\boldsymbol{-9x+14y-4}$

解き方

(1) $2(x+4y)+3(x-5y)$

$=2x+8y+3x-15y$

$=2x+3x+8y-15y$

$=5x-7y$

(2) $3(3a-b)-5(2a+b)$

$=9a-3b-10a-5b$

$=9a-10a-3b-5b$

$=-a-8b$

(3) $3(x+4y-2)-2(6x-y-1)$

$=3x+12y-6-12x+2y+2$

$=3x-12x+12y+2y-6+2$

$=-9x+14y-4$

4 (1) $\boldsymbol{\frac{14x-15y}{12}}$ (2) $\boldsymbol{\frac{4x+5y}{6}}$ (3) $\boldsymbol{-\frac{1}{4}x-\frac{7}{8}y}$

(4) $\boldsymbol{\frac{2a+8b}{3}}$

解き方

(1) $\frac{4x-3y}{6}+\frac{2x-3y}{4}$

$=\frac{2(4x-3y)+3(2x-3y)}{12}$

$=\frac{8x-6y+6x-9y}{12}$

$=\frac{14x-15y}{12}$

(2) $\frac{3x+y}{2}-\frac{5x-2y}{6}$

$=\frac{3(3x+y)-(5x-2y)}{6}$

$=\frac{9x+3y-5x+2y}{6}$

$=\frac{4x+5y}{6}$

(3) $\frac{1}{8}(2x-3y)-\frac{1}{2}(x+y)$

$=\frac{1}{4}x-\frac{3}{8}y-\frac{1}{2}x-\frac{1}{2}y$

$=\frac{1}{4}x-\frac{2}{4}x-\frac{3}{8}y-\frac{4}{8}y$

$=-\frac{1}{4}x-\frac{7}{8}y$

(4) $a+2b-\frac{a-2b}{3}$

$=\frac{3(a+2b)-(a-2b)}{3}$

$=\frac{3a+6b-a+2b}{3}$

$=\frac{2a+8b}{3}$

p.15 ぴたトレ1

1 (1) $\boldsymbol{12xy}$ (2) $\boldsymbol{-16ab^2}$ (3) $\boldsymbol{6a^2}$ (4) $\boldsymbol{-4x^3}$

(5) $\boldsymbol{-9xy}$ (6) $\boldsymbol{-\frac{2}{3}a^2b}$

解き方

(1) $4x\times 3y$

$=(4\times x)\times(3\times y)$

$=4\times 3\times x\times y=12xy$

(2) $(-8b^2)\times 2a$

$=(-8\times b\times b)\times(2\times a)$

$=-8\times 2\times a\times b\times b=-16ab^2$

(3) $(-2a)\times(-3a)$

$=(-2\times a)\times(-3\times a)$

$=(-2)\times(-3)\times a\times a=6a^2$

(4) $(-x)^2\times(-4x)$

$=(-x)\times(-x)\times(-4\times x)$

$=-4\times(-x)\times(-x)\times x=-4x^3$

(5) $\frac{3}{4}x\times(-12y)$

$=\frac{3}{4}\times x\times(-12\times y)$

$=\frac{3}{4}\times(-12)\times x\times y=-9xy$

(6) $\left(-\frac{1}{3}a\right)^2\times(-6b)$

$=\left(-\frac{1}{3}\times a\right)\times\left(-\frac{1}{3}\times a\right)\times(-6\times b)$

$=\left(-\frac{1}{3}\right)\times\left(-\frac{1}{3}\right)\times(-6)\times a\times a\times b$

$=-\frac{2}{3}a^2b$

2 (1) $\boldsymbol{5b}$ (2) $\boldsymbol{-2y^2}$ (3) $\boldsymbol{-3x^2}$ (4) $\boldsymbol{3x^2y}$ (5) $\boldsymbol{-12y}$

(6) $\boldsymbol{12a^2}$

解き方

(単項式)÷(単項式)の計算は，分数の形にして約分するか，わる単項式の逆数をかける計算に直す。

(1) $(-15ab)\div(-3a)$

$=\frac{-15ab}{-3a}=5b$

(2) $(-6y^3)\div 3y$

$=-\frac{6y^3}{3y}=-2y^2$

(3) $9x^3y^2 \div (-3xy^2)$

$= -\dfrac{9x^3y^2}{3xy^2} = -3x^2$

(4) $(-6x^2y^3) \div (-2y^2)$

$= \dfrac{-6x^2y^3}{-2y^2} = 3x^2y$

(5) $8xy \div \left(-\dfrac{2}{3}x\right)$

$= 8xy \div \left(-\dfrac{2x}{3}\right)$

$= 8xy \times \left(-\dfrac{3}{2x}\right)$

$= -\dfrac{8xy \times 3}{2x} = -12y$

(6) $\dfrac{6}{5}a^2b \div \dfrac{1}{10}b$

$= \dfrac{6a^2b}{5} \div \dfrac{b}{10}$

$= \dfrac{6a^2b}{5} \times \dfrac{10}{b}$

$= \dfrac{6a^2b \times 10}{5 \times b} = 12a^2$

3 (1) $\boldsymbol{15a}$ (2) $\boldsymbol{2}$ (3) $\boldsymbol{-xy}$ (4) $\boldsymbol{-3b^3}$

解き方

乗法と除法の混じった計算では，わる式の逆数を使って，除法を乗法に直して計算する。

(1) $5a^2b \div ab \times 3$

$= 5a^2b \times \dfrac{1}{ab} \times 3$

$= \dfrac{5a^2b \times 3}{ab} = 15a$

(2) $(-4x^2) \div (-2x) \div x$

$= (-4x^2) \times \left(-\dfrac{1}{2x}\right) \times \dfrac{1}{x}$

$= \dfrac{4x^2 \times 1 \times 1}{2x \times x} = 2$

(3) $3x^2y \times (-3y) \div 9xy$

$= 3x^2y \times (-3y) \times \dfrac{1}{9xy}$

$= -\dfrac{3x^2y \times 3y}{9xy} = -xy$

(4) $4ab^2 \times 6b^2 \div (-8ab)$

$= 4ab^2 \times 6b^2 \times \left(-\dfrac{1}{8ab}\right)$

$= -\dfrac{4ab^2 \times 6b^2}{8ab} = -3b^3$

p.16〜17 ぴたトレ2

1 (1) $\boldsymbol{-2ab-b}$ (2) $\boldsymbol{-6x^2-2x-5}$ (3) $\boldsymbol{5x-32}$
(4) $\boldsymbol{-2a-b+7}$ (5) $\boldsymbol{-12a^2+9ab-4}$
(6) $\boldsymbol{9x^2-4y-9}$

解き方

(1) $-ab-2b+(b-ab)$

$= -ab-2b+b-ab$

$= -2ab-b$

(2) $x^2-4x+3+2x-7x^2-8$

$= x^2-7x^2-4x+2x+3-8$

$= -6x^2-2x-5$

(3) $4x-3y-12-(-x-3y+20)$

$= 4x-3y-12+x+3y-20$

$= 5x-32$

(4) $(3b-5a-2)+(3a-4b+9)$

$= 3b-5a-2+3a-4b+9$

$= -2a-b+7$

(5) $(ab-5a^2-1)-(7a^2-8ab+3)$

$= ab-5a^2-1-7a^2+8ab-3$

$= -12a^2+9ab-4$

(6) $(6x^2-2y-5)-(4+2y-3x^2)$

$= 6x^2-2y-5-4-2y+3x^2$

$= 9x^2-4y-9$

2 (1) 和…$\boldsymbol{a-10b+2c}$，差…$\boldsymbol{-3a+4b-2c}$
(2) 和…$\boldsymbol{3x^2-2x-8}$，差…$\boldsymbol{21x^2-14x+2}$

解き方

ひく式のかっこをはずすときは，かっこの中の各項の符号が変わる。

(1) 和 $(-a-3b)+(2a-7b+2c)$

$= -a-3b+2a-7b+2c$

$= a-10b+2c$

差 $(-a-3b)-(2a-7b+2c)$

$= -a-3b-2a+7b-2c$

$= -3a+4b-2c$

(2) 和 $(12x^2-8x-3)+(6x-5-9x^2)$

$= 12x^2-8x-3+6x-5-9x^2$

$= 3x^2-2x-8$

差 $(12x^2-8x-3)-(6x-5-9x^2)$

$= 12x^2-8x-3-6x+5+9x^2$

$= 21x^2-14x+2$

3 (1) $\boldsymbol{9x-y}$ (2) $\boldsymbol{7x-9y}$

解き方

(1) $A+B+C$

$= (3x-2y)+(x+4y)+(5x-3y)$

$= 3x-2y+x+4y+5x-3y$

$= 9x-y$

(2) $A-(B-C)$

$= A-B+C$

$= (3x-2y)-(x+4y)+(5x-3y)$

$= 3x-2y-x-4y+5x-3y$

$= 7x-9y$

4 (1) $-x+y+6$ (2) $-x+3$

解き方

(1)加える式をAとすると，

$3x+2y-5+A=2x+3y+1$

$A=2x+3y+1-(3x+2y-5)$

$=-x+y+6$

(2)ひく式をBとすると，

$4x-2y+13-B=5x-2y+10$

$B=4x-2y+13-(5x-2y+10)$

$=-x+3$

5 (1) $24x-13y$ (2) $26a+9b$ (3) $-x^2-4x$

(4) $\frac{1}{6}x-1$ (5) $\frac{5}{4}a-\frac{1}{2}b$ (6) $\frac{8a+2b}{15}$

解き方

(1) $4(x-2y)+5(4x-y)$

$=4x-8y+20x-5y$

$=24x-13y$

(2) $3(6a+5b)-2(3b-4a)$

$=18a+15b-6b+8a$

$=26a+9b$

(3) $-3(3x^2-2x)+2(4x^2-5x)$

$=-9x^2+6x+8x^2-10x$

$=-x^2-4x$

(4) $\left(\frac{1}{2}x-3\right)-\left(\frac{1}{3}x-2\right)$

$=\frac{1}{2}x-3-\frac{1}{3}x+2$

$=\frac{3}{6}x-\frac{2}{6}x-3+2$

$=\frac{1}{6}x-1$

(5) $\frac{1}{2}(2a+b)+\frac{1}{4}(a-4b)$

$=a+\frac{1}{2}b+\frac{1}{4}a-b$

$=\frac{4}{4}a+\frac{1}{4}a+\frac{1}{2}b-\frac{2}{2}b$

$=\frac{5}{4}a-\frac{1}{2}b$

(6) $\frac{a+b}{3}+\frac{a-b}{5}$

$=\frac{5(a+b)+3(a-b)}{15}$

$=\frac{5a+5b+3a-3b}{15}$

$=\frac{8a+2b}{15}$

6 (1) $-6xy$ (2) $\frac{1}{4}ab$ (3) $\frac{2}{25}a$ (4) $-\frac{2}{3}x$ (5) $3b$

(6) $-4x$ (7) $3x$ (8) $-\frac{3}{2}a$

解き方

(1) $(-8x)\times\frac{3}{4}y$

$=(-8)\times\frac{3}{4}\times x\times y=-6xy$

(2) $\left(-\frac{2}{3}a\right)\times\left(-\frac{3}{8}b\right)$

$=\left(-\frac{2}{3}\right)\times\left(-\frac{3}{8}\right)\times a\times b=\frac{1}{4}ab$

(3) $\frac{4}{5}a^2\div10a$

$=\frac{4a^2}{5}\times\frac{1}{10a}$

$=\frac{4a^2}{5\times10a}=\frac{2}{25}a$

(4) $\frac{4}{9}xy\div\left(-\frac{2}{3}y\right)$

$=\frac{4xy}{9}\div\left(-\frac{2y}{3}\right)$

$=\frac{4xy}{9}\times\left(-\frac{3}{2y}\right)$

$=-\frac{4xy\times3}{9\times2y}=-\frac{2}{3}x$

(5) $a\times6ab\div2a^2$

$=a\times6ab\times\frac{1}{2a^2}$

$=\frac{a\times6ab}{2a^2}=3b$

(6) $24x^2y\div3y\div(-2x)$

$=24x^2y\times\frac{1}{3y}\times\left(-\frac{1}{2x}\right)$

$=-\frac{24x^2y}{3y\times2x}=-4x$

(7) $(-2x)^2\times9y\div12xy$

$=4x^2\times9y\times\frac{1}{12xy}$

$=\frac{4x^2\times9y}{12xy}=3x$

(8) $(ab)^2\div\left(-\frac{1}{3}b\right)^2\div(-6a)$

$=a^2b^2\div\frac{b^2}{9}\div(-6a)$

$=a^2b^2\times\frac{9}{b^2}\times\left(-\frac{1}{6a}\right)$

$=-\frac{a^2b^2\times9}{b^2\times6a}=-\frac{3}{2}a$

理解のコツ

・ひく式のかっこをはずすとき，かっこの中の各項の符号が変わることに注意しよう。

・乗法と除法の混じった計算では，乗法だけの式に直して計算しよう。計算の結果の符号は先に決めておくと，計算しやすくなる。

p.19 ぴたトレ1

1 (1)14 (2)12

解き方
式を簡単にしてから数を代入する。
(1) $3(x-3y)-(4x-5y)$
$=3x-9y-4x+5y$
$=-x-4y$
$=-(-2)-4\times(-3)$
$=2+12=14$
(2) $-4xy^2\div(-2y)$
$=\dfrac{-4xy^2}{-2y}=2xy$
$=2\times(-2)\times(-3)=12$

2 2桁の自然数の十の位の数を a，一の位の数を b とすると，
もとの数は， $10a+b$
入れかえてできる数は，$10b+a$
と表される。
この2数の差は，
$(10a+b)-(10b+a)=9a-9b$
$=9(a-b)$
$a-b$ は整数だから，$9(a-b)$ は9の倍数である。
したがって，2桁の自然数と，その十の位の数と一の位の数を入れかえてできる自然数との差は，9の倍数である。

解き方
2桁の自然数は，$10a+b$
3桁の自然数は，$100a+10b+c$
と表される。
ある数 x の倍数であることを説明するには，
$x\times$(整数)の形を導く。

3 (1)ABを直径とする半円の弧の長さ…$\dfrac{\pi a}{2}$
BCを直径とする半円の弧の長さ…πa
(2)(1)より，ABとBCをそれぞれ直径とする半円の弧の長さの和は，
$\dfrac{\pi a}{2}+\pi a=\dfrac{3\pi a}{2}$ ①
$AC=a+2a=3a$ であるから，ACを直径とする半円の弧の長さは，
$\pi\times3a\times\dfrac{1}{2}=\dfrac{3\pi a}{2}$ ②
①と②より，AB，BCをそれぞれ直径とする2つの半円の弧の長さの和は，ACを直径とする半円の弧の長さに等しい。

解き方
(1)ABを直径とする半円の弧の長さは，
$\pi\times a\times\dfrac{1}{2}=\dfrac{\pi a}{2}$
BCを直径とする半円の弧の長さは，
$BC=2a$ より，
$\pi\times2a\times\dfrac{1}{2}=\pi a$
(2) a，$2a$ を直径とする半円の弧の長さをそれぞれ文字式で表して，それらの和が，$a+2a$ を直径とする半円の弧の長さを表す式になるように変形する。

4 (1) $y=3x-4$ (2) $x=3n-y$

解き方
移項するときの符号の変化に注意する。
(1) $9x-3y=12$
$9x$ を移項すると，$-3y=-9x+12$
両辺を -3 でわると，$y=3x-4$
(2) $n=\dfrac{x+y}{3}$
両辺を入れかえると，$\dfrac{x+y}{3}=n$
両辺に3をかけると，$x+y=3n$
y を移項すると，$x=3n-y$

p.20~21 ぴたトレ2

❶ (1) $\dfrac{3}{2}$ (2) 1

解き方
式を簡単にしてから代入する。
(1) $8(2x-3y)-5(3x-5y)$
$=16x-24y-15x+25y$
$=x+y$
$=2+\left(-\dfrac{1}{2}\right)=\dfrac{3}{2}$
(2) $(-2x)^2\times\dfrac{1}{2}y\div(-2x)$
$=4x^2\times\dfrac{y}{2}\times\left(-\dfrac{1}{2x}\right)$
$=-\dfrac{4x^2\times y}{2\times2x}=-xy$
$=-2\times\left(-\dfrac{1}{2}\right)=1$

❷ n を整数とすると，奇数から始まる連続する3つの整数は $2n-1$，$2n$，$2n+1$ と表される。
それらの和は，
$(2n-1)+2n+(2n+1)=6n$
n は整数だから，$6n$ は6の倍数である。
したがって，奇数から始まる連続する3つの整数の和は6の倍数になる。

解き方
6の倍数であることを説明するには，文字式を6×(整数)の形にする。

3 3桁の自然数の百の位の数をa，十の位の数をb，一の位の数をcとすると，

もとの数は，　　　　　$100a+10b+c$

入れかえてできる数は，$100c+10b+a$

と表される。

この2数の差は，

$(100a+10b+c)-(100c+10b+a)$

$=99a-99c$

$=99(a-c)$

$a-c$は整数だから，$99(a-c)$は99の倍数である。

したがって，3桁の自然数と，その百の位の数と一の位の数を入れかえてできる自然数との差は，99の倍数である。

解き方　2つの数の差を文字式で表し，99×(整数)の形にする。

4 m，nを整数とすると，偶数は$2m$，奇数は$2n+1$と表される。

偶数と奇数の差は，

$2m-(2n+1)=2m-2n-1$

$=2(m-n)-1$

$m-n$は整数だから，$2(m-n)$は偶数であり，$2(m-n)-1$は奇数である。

したがって，偶数と奇数の差は奇数である。

解き方　奇数であることを説明するには，文字式を2×(整数)+1または2×(整数)−1の形にする。

5 3桁の自然数の百の位の数をa，十の位の数をb，一の位の数をcとすると，3桁の自然数は，$100a+10b+c$と表される。

各位の数の和が9の倍数だから，nを整数とすると，$a+b+c=9n$と表される。

$100a+10b+c=99a+9b+(a+b+c)$

$=99a+9b+9n$

$=9(11a+b+n)$

$11a+b+n$は整数だから，$9(11a+b+n)$は9の倍数である。

したがって，各位の数の和が9の倍数である3桁の自然数は9の倍数になる。

解き方　3桁の自然数を文字a，b，cを使って表す。a，b，cの和が9の倍数であることを，nを整数として等式で表し，この等式を利用して，3桁の自然数を表す文字式を変形して，9×(整数)の形を導く。

6 (1)a，bをそれぞれ直径とする半円の弧の長さは，それぞれ$\frac{\pi a}{2}$，$\frac{\pi b}{2}$と表される。

それらの和は，

$\frac{\pi a}{2}+\frac{\pi b}{2}=\frac{\pi(a+b)}{2}$　①

また，$a+b$を直径とする半円の弧の長さは，

$\pi\times(a+b)\times\frac{1}{2}=\frac{\pi(a+b)}{2}$　②

①と②が等しいから，a，bをそれぞれ直径とする2つの半円の弧の長さの和は，$a+b$を直径とする半円の弧の長さと等しい。

(2)直方体Aの体積は，

$a\times b\times c=abc$

直方体Bの体積は，

$2a\times 2b\times 2c=8abc$

したがって，Bの体積はAの体積の8倍になる。

解き方　(1)a，bを直径とする半円の弧の長さをそれぞれ文字式で表して，それらの和が，$a+b$を直径とする半円の弧の長さを表す式になるように変形する。

(2)直方体Bの縦は$2a$，横は$2b$，高さは$2c$と表される。

$8abc\div abc=\frac{8abc}{abc}=8$(倍)

7 (1)$y=\frac{-2x+5}{3}$　(2)$b=\frac{\ell}{2}-a$　(3)$a=\frac{2S}{h}$

(4)$a=\frac{4c-3b}{5}$

解き方　(1)$2x$を移項すると，　$3y=-2x+5$

両辺を3でわると，　$y=\frac{-2x+5}{3}$

(2)両辺を入れかえると，$2(a+b)=\ell$

両辺を2でわると，　$a+b=\frac{\ell}{2}$

aを移項すると，　$b=\frac{\ell}{2}-a$

(3)両辺を入れかえると，$\frac{1}{2}ah=S$

両辺に2をかけると，　$ah=2S$

両辺をhでわると，　$a=\frac{2S}{h}$

(4)両辺を入れかえると，$\frac{5a+3b}{4}=c$

両辺に4をかけると，　$5a+3b=4c$

$3b$を移項すると，　$5a=4c-3b$

両辺を5でわると，　$a=\frac{4c-3b}{5}$

⑧ $h=\dfrac{V}{\pi r^2}$

解き方
$$V=\pi r^2 h$$
両辺を入れかえると，$\pi r^2 h=V$
両辺を πr^2 でわると，　$h=\dfrac{V}{\pi r^2}$

⑨ **カレンダーの✚で囲んだ５つの数のうち，中央の数を n とすると，上下左右の数は，**
$n-7$，$n+7$，$n-1$，$n+1$
と表される。
それらの和は，
$n+(n-7)+(n+7)+(n-1)+(n+1)=5n$
n は中央の数だから，$5n$ は中央の数の５倍である。
したがって，カレンダーの✚で囲んだ５つの数の和は，中央の数の５倍である。

解き方
中央の数を n として，上下左右の数を n を使った式で表し，それらの和を求める。

理解のコツ
・等式の変形は，指定された文字について，方程式を解く要領で考えていくとよい。
・偶数，奇数，倍数，３桁の整数などの基本的な整数について，文字式での表し方を覚えておこう。

p.22〜23　ぴたトレ３

❶ (1)㋑，㋕　(2)㋐，㋒，㋕

解き方
(1)単項式は数や文字をかけ合わせた形の式である。
(2)多項式では，各項の次数のうちでもっとも大きいものを，その多項式の次数という。
次数が１の式を１次式という。

❷ **(1)$3a-6b$　(2)$-4x^2-3x+5$**
(3)$9a-4b$　(4)$x+7y$
(5)$10x-3y-9$　(6)$-6a+7b+8$

解き方
基本は同類項をまとめることである。
多項式をひく計算では，ひく多項式の各項の符号を変えて加える。
(1)$2a+3b+a-9b$
$=2a+a+3b-9b=3a-6b$
(2)$x^2-9x+8-5x^2+6x-3$
$=x^2-5x^2-9x+6x+8-3$
$=-4x^2-3x+5$
(3)$(5a-7b)+(4a+3b)$
$=5a-7b+4a+3b$
$=9a-4b$
(4)$(3x+4y)-(2x-3y)$
$=3x+4y-2x+3y$
$=x+7y$
(5)
$$\begin{array}{r} 8x-7y-4 \\ +)\ 2x+4y-5 \\ \hline 10x-3y-9 \end{array}$$
(6)
$$\begin{array}{r} 3a+2b \\ -)\ 9a-5b-8 \\ \hline -6a+7b+8 \end{array}$$

❸ **(1)$-10a-5b+15$　(2)$2x-5y$　(3)$-2x-2y$**
(4)$\dfrac{4x+11y}{6}$　(5)$-125a^3$　(6)$4y$　(7)$2x^2$
(8)$-\dfrac{a}{8}$

解き方
分配法則を使ってかっこをはずし，同類項があればまとめる。
かっこの前に−がある場合は，符号の変化に注意する。
(1)$-5(2a+b-3)$
$=-5\times2a-5\times b-5\times(-3)$
$=-10a-5b+15$
(2)$(8x-20y)\div4$
$=(8x-20y)\times\dfrac{1}{4}$
$=8x\times\dfrac{1}{4}-20y\times\dfrac{1}{4}$
$=2x-5y$
(3)$3(-2x+6y)+4(x-5y)$
$=-6x+18y+4x-20y$
$=-2x-2y$
(4)$\dfrac{2x+y}{2}-\dfrac{x-4y}{3}$
$=\dfrac{3(2x+y)-2(x-4y)}{6}$
$=\dfrac{6x+3y-2x+8y}{6}$
$=\dfrac{4x+11y}{6}$
(5)$(-5a)^3=(-5a)\times(-5a)\times(-5a)$
$=-125a^3$
(6)$(-32xy)\div(-8x)$
$=\dfrac{32xy}{8x}=4y$
(7)$4xy\times(-9xy)\div(-18y^2)$
$=4xy\times(-9xy)\times\left(-\dfrac{1}{18y^2}\right)=2x^2$
(8)$\left(-\dfrac{a^2b}{6}\right)\div\dfrac{b}{3}\div4a$
$=\left(-\dfrac{a^2b}{6}\right)\times\dfrac{3}{b}\times\dfrac{1}{4a}=-\dfrac{a}{8}$

❹ (1)-12　(2)12

解き方

(1)$4x-5y-(6x-8y)$

$=4x-5y-6x+8y$

$=-2x+3y$

$=-2\times3+3\times(-2)=-12$

(2)$6x^2y\div(-3x)$

$=-\dfrac{6x^2y}{3x}=-2xy$

$=-2\times3\times(-2)=12$

❺ **差が 4 の連続する 3 つの整数のうち，中央の整数を n とすると，3 つの整数は**

$n-4$，n，$n+4$

と表される。

それらの和は，

$(n-4)+n+(n+4)=3n$

n は整数だから，$3n$ は 3 の倍数である。

したがって，差が 4 の連続する 3 つの整数の和は 3 の倍数である。

解き方

3 つの整数を文字を使った式で表し，3×(整数)の形を導く。

❻ **A と B の円の周の和は，**

$2\pi a+2\pi b$　①

P と Q の円の周の和は，

$2\pi(a-x)+2\pi(b+x)$

$=2\pi a-2\pi x+2\pi b+2\pi x$

$=2\pi a+2\pi b$　②

①と②より，P と Q の円の周の和と，A と B の円の周の和は変わらない。

解き方

半径 r cm の円の周の長さは，$2\pi r$ cm

4 つの円の周の長さを求め，A と B の和，P と Q の和を求めて比べる。

❼ (1)$y=2x-3$　(2)$b=a+c-2m$

解き方

(1)$4x$，-6 を移項すると，

$-2y=-4x+6$

両辺を -2 でわると，　$y=2x-3$

(2)両辺に 2 をかけると，　$2m=a-b+c$

$2m$，$-b$ を移項すると，$b=a+c-2m$

2章　連立方程式

p.25 ぴたトレ0

1 (1)$x=-15$　(2)$x=5$　(3)$x=14$
(4)$x=4$　(5)$x=-5$　(6)$x=2$

解き方
(4)両辺に10をかけると,
$7x-26=-4x+18$
$11x=44$　$x=4$
(6)両辺に分母の公倍数20をかけて分母をはらうと,
$\frac{x+3}{5}\times 20=\frac{3x-2}{4}\times 20$
$(x+3)\times 4=(3x-2)\times 5$
$4x+12=15x-10$
$-11x=-22$　$x=2$

2 9人

解き方
色紙の枚数を, 2通りの配り方で, それぞれ式に表す。
生徒の人数をx人とすると,
$4x+15=6x-3$　$4x-6x=-3-15$
$-2x=-18$　$x=9$
生徒の人数9人は問題にあっている。

3 **プリン…8個, シュークリーム…4個**

解き方
プリンをx個とすると, シュークリームの個数は$(12-x)$個と表される。
代金について方程式をつくると,
$120x+150(12-x)+100=1660$
$120x+1800-150x+100=1660$
$120x-150x=1660-1800-100$
$-30x=-240$　$x=8$
シュークリームは, $12-8=4$ (個)
プリン8個, シュークリーム4個は問題にあっている。

p.27 ぴたトレ1

1 (1)①

x	0	1	2	3	4
y	8	6	4	2	0

②

x	0	1	2	3	4
y	16	12	8	4	0

(2)$\begin{cases}x=4\\y=0\end{cases}$

解き方
(1)①$2x+y=8$に$x=0$, 1, 2, 3, 4をそれぞれ代入して, yの値を求める。
②$4x+y=16$に$x=0$, 1, 2, 3, 4をそれぞれ代入して, yの値を求める。

2 ㋑

解き方
それぞれのx, yの値の組を2つの式に代入して, どちらの式も成り立つものを選ぶ。

3 (1)$\begin{cases}x=8\\y=-3\end{cases}$　(2)$\begin{cases}x=1\\y=2\end{cases}$　(3)$\begin{cases}x=2\\y=-1\end{cases}$
(4)$\begin{cases}x=-1\\y=2\end{cases}$

解き方
x, yどちらかの文字を消去するために, 左辺どうし, 右辺どうしを加えたりひいたりする。
残った文字について解き, その解をあたえられた最初の2式の一方に代入して, 残りを求める。
それぞれの連立方程式において, 上の式を①, 下の式を②とする。

(1)①　$x+y=5$
②　$+)\ x-y=11$
$2x=16$　$x=8$
$x=8$を①に代入すると,
$8+y=5$　$y=-3$

(2)①　$4x+y=6$
②　$-)\ 2x+y=4$
$2x=2$　$x=1$
$x=1$を②に代入すると,
$2\times 1+y=4$　$y=2$

(3)①　$-x+5y=-7$
②　$+)\ x-4y=6$
$y=-1$
$y=-1$を①に代入すると,
$-x+5\times(-1)=-7$　$x=2$

(4)①　$5x+3y=1$
②　$-)\ 8x+3y=-2$
$-3x=3$　$x=-1$
$x=-1$を①に代入すると,
$5\times(-1)+3y=1$　$y=2$

p.29 ぴたトレ1

1 (1)$\begin{cases}x=0\\y=2\end{cases}$　(2)$\begin{cases}x=-2\\y=4\end{cases}$　(3)$\begin{cases}x=2\\y=1\end{cases}$
(4)$\begin{cases}x=1\\y=-2\end{cases}$

解き方
x, yのどちらかの係数の絶対値をそろえ, 加えたりひいたりし, 1つの文字を消去する。
それぞれの連立方程式において, 上の式を①, 下の式を②とする。

(1)①×4　$4x+8y=16$
②　$-)\ 4x+3y=6$
$5y=10$　$y=2$
$y=2$を①に代入すると, $x+2\times 2=4$　$x=0$

(2)① $2x+3y=8$

②×2 $-)\ 2x+2y=4$

$y=4$

$y=4$ を②に代入すると，

$x+4=2$ $x=-2$

(3)① $2x+y=5$

②×2 $-)\ 2x-8y=-4$

$9y=9$ $y=1$

$y=1$ を②に代入すると，

$x-4\times1=-2$ $x=2$

(4)①×4 $8x-4y=16$

② $+)\ 5x+4y=-3$

$13x=13$ $x=1$

$x=1$ を①に代入すると，

$2\times1-y=4$ $y=-2$

2 (1)$\begin{cases}x=3\\y=2\end{cases}$ (2)$\begin{cases}x=2\\y=1\end{cases}$ (3)$\begin{cases}x=5\\y=-7\end{cases}$

(4)$\begin{cases}x=1\\y=-1\end{cases}$

解き方

(1)①×2 $-4x+6y=0$

②×3 $+)\ 9x-6y=15$

$5x=15$ $x=3$

$x=3$ を②に代入すると，

$3\times3-2y=5$ $y=2$

(2)①×5 $15x+20y=50$

②×3 $-)\ 15x-9y=21$

$29y=29$ $y=1$

$y=1$ を①に代入すると，

$3x+4\times1=10$ $x=2$

(3)①×5 $15x+10y=5$

②×2 $-)\ 8x+10y=-30$

$7x=35$ $x=5$

$x=5$ を①に代入すると，

$3\times5+2y=1$ $y=-7$

(4)①×3 $6x-18y=24$

②×2 $-)\ 6x+8y=-2$

$-26y=26$ $y=-1$

$y=-1$ を①に代入すると，

$2x-6\times(-1)=8$ $x=1$

3 (1)$\begin{cases}x=-8\\y=4\end{cases}$ (2)$\begin{cases}x=2\\y=3\end{cases}$ (3)$\begin{cases}x=2\\y=1\end{cases}$

(4)$\begin{cases}x=5\\y=2\end{cases}$

解き方

一方の式を，$x=$～または $y=$～として，もう一方の式に代入し，1つの文字を消去する。

それぞれの連立方程式において，上の式を①，下の式を②とする。

(1)②を①に代入すると，

$3\times(-2y)-2y=-32$

$-6y-2y=-32$

$-8y=-32$ $y=4$

$y=4$ を②に代入すると，$x=-8$

(2)②を①に代入すると，

$x-5(-2x+7)=-13$

$x+10x-35=-13$

$11x=22$ $x=2$

$x=2$ を②に代入すると，

$y=-2\times2+7$ $y=3$

(3)①を②に代入すると，

$3x-5=-x+3$

$4x=8$ $x=2$

$x=2$ を①に代入すると，

$y=3\times2-5$ $y=1$

(4)①より，$y=2x-8$ ③

③を②に代入すると，

$3x-2(2x-8)=11$

$3x-4x+16=11$

$-x=-5$ $x=5$

$x=5$ を③に代入すると，

$y=2\times5-8$ $y=2$

p.31 ぴたトレ1

1 (1)$\begin{cases}x=4\\y=2\end{cases}$ (2)$\begin{cases}x=3\\y=5\end{cases}$

解き方

かっこのある連立方程式は，かっこをはずして式を整理してから解く。

それぞれの連立方程式において，上の式を①，下の式を②とする。

(1)②のかっこをはずして整理すると，

$2x-3y=2$ ③

① $2x+y=10$

③ $-)\ 2x-3y=2$

$4y=8$ $y=2$

$y=2$ を①に代入すると，

$2x+2=10$ $x=4$

(2)①のかっこをはずして整理すると,

$8x-6y=-6$ ③

$$
\begin{array}{lrl}
② & -4x+\ y= & -7 \\
③\div2 & +)\ 4x-3y= & -3 \\
\hline
 & -2y= & -10 \quad y=5
\end{array}
$$

$y=5$ を②に代入すると,

$-4x+5=-7 \quad x=3$

2 (1) $\begin{cases} x=4 \\ y=3 \end{cases}$ (2) $\begin{cases} x=8 \\ y=5 \end{cases}$

解き方 係数に分数をふくむ連立方程式を解くには,両辺に分母の最小公倍数をかけて,係数を整数に直す。

それぞれの連立方程式において,上の式を①,下の式を②とする。

(1)①×6 $\left(\frac{x}{2}+\frac{y}{3}\right)\times6=3\times6$

$3x+2y=18$ ③

$$
\begin{array}{lrl}
② & 3x-\ y= & 9 \\
③ & -)\ 3x+2y= & 18 \\
\hline
 & -3y= & -9 \quad y=3
\end{array}
$$

$y=3$ を②に代入すると,

$3x-3=9 \quad x=4$

(2)②×20 $\left(-\frac{1}{4}x+\frac{4}{5}y\right)\times20=2\times20$

$-5x+16y=40$ ③

$$
\begin{array}{lrl}
①\times5 & 10x-15y= & 5 \\
③\times2 & +)\ -10x+32y= & 80 \\
\hline
 & 17y= & 85 \quad y=5
\end{array}
$$

$y=5$ を①に代入すると,

$2x-3\times5=1 \quad x=8$

3 (1) $\begin{cases} x=1 \\ y=4 \end{cases}$ (2) $\begin{cases} x=5 \\ y=-3 \end{cases}$

解き方 係数に小数を含む連立方程式を解くには,両辺に10,100などをかけて,係数を整数に直す。

それぞれの連立方程式において,上の式を①,下の式を②とする。

(1)①×10より,$2x+y=6$ ③

$$
\begin{array}{lrl}
② & 3x+4y= & 19 \\
③\times4 & -)\ 8x+4y= & 24 \\
\hline
 & -5x\quad = & -5 \quad x=1
\end{array}
$$

$x=1$ を③に代入すると,

$2\times1+y=6 \quad y=4$

(2)②×10より,$-x+2y=-11$ ③

$$
\begin{array}{lrl}
①\times2 & 8x+2y= & 34 \\
③ & -)\ -x+2y= & -11 \\
\hline
 & 9x\quad = & 45 \quad x=5
\end{array}
$$

$x=5$ を①に代入すると,

$4\times5+y=17 \quad y=-3$

4 $\begin{cases} x=-9 \\ y=6 \end{cases}$

解き方 $A=B=C$ の形の連立方程式は,次の㋐,㋑,㋒のうちのどれかの組み合わせをつくって解く。

㋐ $\begin{cases} A=B \\ A=C \end{cases}$ ㋑ $\begin{cases} A=B \\ B=C \end{cases}$ ㋒ $\begin{cases} A=C \\ B=C \end{cases}$

$\begin{cases} 4x+5y=-6 & ① \\ -2x-4y=-6 & ② \end{cases}$

$$
\begin{array}{lrl}
① & 4x+5y= & -6 \\
②\times2 & +)\ -4x-8y= & -12 \\
\hline
 & -3y= & -18 \quad y=6
\end{array}
$$

$y=6$ を①に代入すると,

$4x+5\times6=-6 \quad x=-9$

p.32~33 ぴたトレ2

1 (1)①の解…㋐,㋒

②の解…㋒,㋓

(2)㋒

解き方 (1)㋐~㋓それぞれの x,y の値を①,②の方程式に代入して,成り立つものを選ぶ。

(2)①,②の両方の方程式を同時に成り立たせる x,y の値の組が,①と②を連立方程式と考えたときの解である。

2 (1) $\begin{cases} x=2 \\ y=3 \end{cases}$ (2) $\begin{cases} x=-2 \\ y=1 \end{cases}$ (3) $\begin{cases} x=3 \\ y=5 \end{cases}$

(4) $\begin{cases} x=4 \\ y=-2 \end{cases}$

解き方 それぞれの連立方程式において,上の式を①,下の式を②とする。

$$
\begin{array}{lrl}
(1)① & x+2y= & 8 \\
② & +)\ x-2y= & -4 \\
\hline
 & 2x\quad = & 4 \quad x=2
\end{array}
$$

$x=2$ を①に代入すると,

$2+2y=8 \quad y=3$

$$
\begin{array}{lrl}
(2)① & 2x+y= & -3 \\
② & +)\ 3x-y= & -7 \\
\hline
 & 5x\quad = & -10 \quad x=-2
\end{array}
$$

$x=-2$ を①に代入すると,

$2\times(-2)+y=-3 \quad y=1$

$$
\begin{array}{lrl}
(3)① & 5x-2y= & 5 \\
②\times2 & +)\ 4x+2y= & 22 \\
\hline
 & 9x\quad = & 27 \quad x=3
\end{array}
$$

$x=3$ を②に代入すると,

$2\times3+y=11 \quad y=5$

(4)①×2　　$6x+4y=16$

②×3　$-)\ 6x-15y=54$

$19y=-38$　　$y=-2$

$y=-2$ を①に代入すると,

$3x+2\times(-2)=8$　　$x=4$

3 (1) $\begin{cases}x=-1\\y=-2\end{cases}$ (2) $\begin{cases}x=3\\y=5\end{cases}$ (3) $\begin{cases}x=2\\y=0\end{cases}$

(4) $\begin{cases}x=-3\\y=2\end{cases}$

解き方

それぞれの連立方程式において,上の式を①,下の式を②とする。

(1)①を②に代入すると,

$2(3y+5)+y=-4$

$6y+10+y=-4$

$7y=-14$　　$y=-2$

$y=-2$ を①に代入すると,

$x=3\times(-2)+5$　　$x=-1$

(2)②を①に代入すると,

$3x-(x+2)=4$

$3x-x-2=4$

$2x=6$　　$x=3$

$x=3$ を②に代入すると,

$y=3+2$　　$y=5$

(3)①を②に代入すると,

$-x+2=4x-8$

$-5x=-10$　　$x=2$

$x=2$ を①に代入すると,

$y=-2+2$　　$y=0$

(4)①を②に代入すると,

$(3y-12)-y=-8$

$2y=4$　　$y=2$

$y=2$ を①に代入すると,

$2x=3\times2-12$　　$x=-3$

4 (1) $\begin{cases}x=2\\y=1\end{cases}$ (2) $\begin{cases}x=1\\y=-1\end{cases}$ (3) $\begin{cases}x=4\\y=6\end{cases}$

(4) $\begin{cases}x=-2\\y=-6\end{cases}$ (5) $\begin{cases}x=-4\\y=-8\end{cases}$ (6) $\begin{cases}x=-1\\y=-2\end{cases}$

解き方

かっこをふくむ連立方程式は,かっこをはずし,整理してから解く。

係数に,小数や分数をふくむ連立方程式を解くには,両辺に同じ数をかけて,係数を整数に直す。式の形を見て,加減法,代入法のどちらの方法で解くか判断する。

それぞれの連立方程式において,上の式を①,下の式を②とする。

(1)②のかっこをはずして整理すると,

$2x-y=3$　　③

①　$3x-y=5$

③　$-)\ 2x-y=3$

$x\quad=2$

$x=2$ を①に代入すると,

$3\times2-y=5$　　$y=1$

(2)①のかっこをはずして整理すると,

$3x-y=4$　　③

②のかっこをはずして整理すると,

$2x-y=3$　　④

③　$3x-y=4$

④　$-)\ 2x-y=3$

$x\quad=1$

$x=1$ を③に代入すると,

$3\times1-y=4$　　$y=-1$

(3)①×6　$\left(\frac{1}{2}x+\frac{1}{3}y\right)\times6=4\times6$

$3x+2y=24$　　③

②　$3x-2y=0$

③　$+)\ 3x+2y=24$

$6x=24$　　$x=4$

$x=4$ を③に代入すると,

$3\times4+2y=24$　　$y=6$

(4)①×2　$\frac{x+y}{2}\times2=-4\times2$

$x+y=-8$　　③

②×4　$\frac{x-y}{4}\times4=(x+3)\times4$

$x-y=4x+12$

$-3x-y=12$　　④

③　$x+y=-8$

④　$+)\ -3x-y=12$

$-2x\quad=4$　　$x=-2$

$x=-2$ を③に代入すると,

$-2+y=-8$　　$y=-6$

(5)②×10 より,$4x+y=-24$　　③

①　$3x-2y=4$

③×2　$+)\ 8x+2y=-48$

$11x\quad=-44$　　$x=-4$

$x=-4$ を③に代入すると,

$4\times(-4)+y=-24$　　$y=-8$

(6)②×100 より,$20x-15y=10$　　③

①×20　$20x+40y=-100$

③　$-)\ 20x-15y=10$

$55y=-110$　　$y=-2$

$y=-2$ を①に代入すると,

$x+2\times(-2)=-5$　　$x=-1$

5 (1)$\begin{cases}x=6\\y=-4\end{cases}$ (2)$\begin{cases}x=2\\y=-3\end{cases}$

解き方 $A=B=C$ の形の連立方程式は，次の㋐，㋑，㋒のうちのどれかの組み合わせをつくって解く。

㋐$\begin{cases}A=B\\A=C\end{cases}$ ㋑$\begin{cases}A=B\\B=C\end{cases}$ ㋒$\begin{cases}A=C\\B=C\end{cases}$

(1)$\begin{cases}3x+4y=2 & ①\\x+y=2 & ②\end{cases}$

① $3x+4y=2$
②×3 $-)\ 3x+3y=6$
$y=-4$

$y=-4$ を②に代入すると，
$x-4=2$ $x=6$

(2)$\begin{cases}7x+y=8-y & ①\\8-y=5x+1 & ②\end{cases}$

①より，$7x+2y=8$ ③
②より，$5x+y=7$ ④
③ $7x+2y=8$
④×2 $-)\ 10x+2y=14$
$-3x=-6$ $x=2$

$x=2$ を④に代入すると，
$5\times2+y=7$ $y=-3$

6 **(1)$a=4$，$b=6$ (2)$a=3$，$b=6$**

解き方 (1)連立方程式に $x=-5$，$y=b$ を代入すると，

$\begin{cases}-15+4b=9\\-5a+5b=10\end{cases}$

これを解くと，$\begin{cases}a=4\\b=6\end{cases}$

(2)等しい解をもつということは，4つの方程式のうち，どの2つの方程式を組み合わせても同じ解が得られるということである。

$\begin{cases}3x+y=13\\x-2y=9\end{cases}$ を解くと，$\begin{cases}x=5\\y=-2\end{cases}$

これを残りの2つの方程式に代入すると，

$\begin{cases}5a-8=7\\10-2b=-2\end{cases}$

これを解くと，$\begin{cases}a=3\\b=6\end{cases}$

理解のコツ

・連立方程式を解くには，まず1つの文字を消去することがポイントになる。
・式の形を見て，加減法，代入法のどちらを使うか考えよう。

p.35 ぴたトレ1

1 **大人1人の入園料…200円**
中学生1人の入園料…100円

解き方 大人1人の入園料を x 円，中学生1人の入園料を y 円とすると，

$\begin{cases}3x+4y=1000\\2x+3y=700\end{cases}$

これを解くと，$\begin{cases}x=200\\y=100\end{cases}$

大人1人の入園料200円，中学生1人の入園料100円は，問題に適している。

2 (1)

	高速道路	一般道路	合計
道のり(km)	x	y	80
速さ(km/h)	80	30	
時間(時間)	$\frac{x}{80}$	$\frac{y}{30}$	$1\frac{1}{3}$

(2)高速道路を走った道のり…64 km
一般道路を走った道のり…16 km

解き方 高速道路を走った道のりを x km，一般道路を走った道のりを y km とすると，

$\begin{cases}x+y=80\\\frac{x}{80}+\frac{y}{30}=1\frac{1}{3}\end{cases}$

これを解くと，$\begin{cases}x=64\\y=16\end{cases}$

高速道路を走った道のり64 km，一般道路を走った道のり16 km は，問題に適している。

3 **3年前の電車代…350円**
3年前のバス代…200円

解き方 3年前の電車代を x 円，バス代を y 円とすると，

$\begin{cases}x+y=550\\\frac{20}{100}x+\frac{40}{100}y=700-550\end{cases}$

これを解くと，$\begin{cases}x=350\\y=200\end{cases}$

3年前の電車代350円，バス代200円は，問題に適している。

4 **12 % の食塩水…150 g**
5 % の食塩水…200 g

解き方 12 % の食塩水を x g，5 % の食塩水を y g とすると，

$\begin{cases}x+y=350\\\frac{12}{100}x+\frac{5}{100}y=350\times\frac{8}{100}\end{cases}$

これを解くと，$\begin{cases}x=150\\y=200\end{cases}$

12 % の食塩水150 g，5 % の食塩水200 g は，問題に適している。

p.36~37 ぴたトレ2

1 みかん…13個，りんご…7個

解き方
みかんの数を x 個，りんごの数を y 個とすると，

$$\begin{cases} x+y=20 \\ 60x+90y=1410 \end{cases}$$

これを解くと，$\begin{cases} x=13 \\ y=7 \end{cases}$

みかん13個，りんご7個は，問題に適している。

2 大人…25人，子ども…45人

解き方
大人を x 人，子どもを y 人とすると，

$$\begin{cases} y=2x-5 \\ 600x+300y=28500 \end{cases}$$

これを解くと，$\begin{cases} x=25 \\ y=45 \end{cases}$

大人25人，子ども45人は，問題に適している。

3 高速道路を走った道のり…150 km
一般道路を走った道のり…50 km

解き方
高速道路を走った道のりを x km，一般道路を走った道のりを y km とすると，

$$\begin{cases} x+y=200 \\ \dfrac{x}{90}+\dfrac{y}{30}=3\dfrac{20}{60} \end{cases}$$

これを解くと，$\begin{cases} x=150 \\ y=50 \end{cases}$

高速道路を走った道のり150 km，一般道路を走った道のり50 km は，問題に適している。

4 A…分速120 m，B…分速80 m

解き方
A の速さを分速 x m，B の速さを分速 y m とすると，

$$\begin{cases} 10x+10y=2000 \\ 50x-50y=2000 \end{cases}$$

これを解くと，$\begin{cases} x=120 \\ y=80 \end{cases}$

A の速さ分速120 m，B の速さ分速80 m は，問題に適している。

5 6本

解き方
シュートして入った本数を，A が x 本，B が y 本とする。
A の得点は，
$3x+(-1)\times(10-x)=4x-10$(点)
B の得点は，
$3y+(-1)\times(10-y)=4y-10$(点)

$$\begin{cases} (4x-10)+(4y-10)=24 \\ (4x-10)-(4y-10)=4 \end{cases}$$

これを解くと，$\begin{cases} x=6 \\ y=5 \end{cases}$

A が入った本数が6本，B が入った本数が5本は，問題に適している。

6 男子の人数…253人，女子の人数…209人

解き方
昨年度の男子の人数を x 人，女子の人数を y 人とすると，

$$\begin{cases} x+y=450 \\ \dfrac{10}{100}x-\dfrac{5}{100}y=12 \end{cases}$$

これを解くと，$\begin{cases} x=230 \\ y=220 \end{cases}$

昨年度の男子が230人，女子が220人は，問題に適している。
今年度の男子の人数は，
$230\times\dfrac{110}{100}=253$(人)
今年度の女子の人数は，
$220\times\dfrac{95}{100}=209$(人)

7 中学生1人の入園料…500円
大人1人の入園料…800円

解き方
中学生1人の入園料を x 円，大人1人の入園料を y 円とすると，

$$\begin{cases} 3x+2y=3100 \\ 35x\left(1-\dfrac{2}{10}\right)+y=14800 \end{cases}$$

これを解くと，$\begin{cases} x=500 \\ y=800 \end{cases}$

中学生1人の入園料500円，大人1人の入園料800円は，問題に適している。

8 6 % の食塩水…100 g
12 % の食塩水…200 g

解き方
6 % の食塩水を x g，12 % の食塩水を y g とすると，

$$\begin{cases} x+y=300 \\ \dfrac{6}{100}x+\dfrac{12}{100}y=300\times\dfrac{10}{100} \end{cases}$$

これを解くと，$\begin{cases} x=100 \\ y=200 \end{cases}$

6 % の食塩水100 g，12 % の食塩水200 g は，問題に適している。

9 36

解き方
もとの自然数の十の位の数を x，一の位の数を y とすると，

$$\begin{cases} 2x=y \\ 10y+x=10x+y+27 \end{cases}$$

これを解くと，$\begin{cases} x=3 \\ y=6 \end{cases}$

もとの自然数は，$3\times10+6\times1=36$
これは問題に適している。

10 **縦の長さ…10 cm，横の長さ…15 cm**

解き方
長方形の縦の長さを x cm，横の長さを y cm とすると，

$$\begin{cases}x+y=50\div2\\3x=2y\end{cases}$$

これを解くと，$\begin{cases}x=10\\y=15\end{cases}$

縦の長さ 10 cm，横の長さ 15 cm は，問題に適している。

理解のコツ
・問題文の中の数量の何を x，y で表せばよいかよく考えて，連立方程式をつくる。
・連立方程式の解を求めたら，それが問題に適しているかどうかを調べることを忘れないように。

p.38~39 ぴたトレ3

1 (1)**いえる**

(2)$\begin{cases}x=1\\y=7\end{cases}$ $\begin{cases}x=2\\y=4\end{cases}$ $\begin{cases}x=3\\y=1\end{cases}$

解き方
(2)x，y は自然数であるから，
$x=1$，2，3，…を $3x+y=10$ に代入して y の値を求める。
y の値も自然数となることに注意する。

2 (1)$\begin{cases}x=5\\y=-3\end{cases}$ (2)$\begin{cases}x=-4\\y=7\end{cases}$ (3)$\begin{cases}x=1\\y=1\end{cases}$

(4)$\begin{cases}x=5\\y=-3\end{cases}$

解き方
加減法，代入法のどちらかを使って解く。
解法の基本は x，y のどちらかの文字を消去して，もう1つの文字についての方程式をつくることである。
それぞれの連立方程式において，上の式を①，下の式を②とする。

(1)②を①に代入すると，
$2(y+8)+y=7$　　$y=-3$
$y=-3$ を②に代入すると，
$x=-3+8=5$

(2)①+②より，$2x=-8$　　$x=-4$
$x=-4$ を②に代入すると，
$-4+y=3$　　$y=7$

(3)①×2　　$10x-6y=4$
②×3　$+)\ 9x+6y=15$
　　　　　$19x\qquad=19$　　$x=1$
$x=1$ を②に代入すると，
$3\times1+2y=5$　　$y=1$

(4)$\begin{cases}2x+3y=1 & ③\\3x+2y=9 & ④\end{cases}$
③×3　　$6x+9y=3$
④×2　$-)\ 6x+4y=18$
　　　　　$5y=-15$　　$y=-3$
$y=-3$ を③に代入すると，
$2x+3\times(-3)=1$　　$x=5$

3 (1)$\begin{cases}x=0\\y=0\end{cases}$ (2)$\begin{cases}x=-2\\y=-10\end{cases}$ (3)$\begin{cases}x=3\\y=-1\end{cases}$

(4)$\begin{cases}x=5\\y=-4\end{cases}$ (5)$\begin{cases}x=3\\y=-2\end{cases}$ (6)$\begin{cases}x=-3\\y=1\end{cases}$

解き方
かっこをふくむ連立方程式を解く場合には，かっこをはずして式を整理する。
小数や分数の係数をふくむ連立方程式を解く場合には，係数を整数に直してから解く。
それぞれの連立方程式において，上の式を①，下の式を②とする。

(1)①より，$3x+5y=0$　　③
②より，$3x+13y=0$　　④
③−④より，$-8y=0$　　$y=0$
$y=0$ を③に代入すると，
$3x+5\times0=0$　　$x=0$

(2)①×8　　$48x-8y=-16$
②×10　$-)\ 5x-8y=70$
　　　　　$43x\qquad=-86$　　$x=-2$
$x=-2$ を①に代入すると，
$6\times(-2)-y=-2$　　$y=-10$

(3)②×10　$x+8y=-5$　　③
①　　　　$4x+9y=3$
③×4　$-)\ 4x+32y=-20$
　　　　　$-23y=23$　　$y=-1$
$y=-1$ を③に代入すると，
$x+8\times(-1)=-5$　　$x=3$

(4)①×10　$3x-5y=35$　　③
②×20　$4x-15y=80$　　④
③×3　　$9x-15y=105$
④　　$-)\ 4x-15y=80$
　　　　　$5x\qquad=25$　　$x=5$
$x=5$ を③に代入すると，
$3\times5-5y=35$　　$y=-4$

(5) $\begin{cases}4x+3y=6 & ③\\ -2x-6y=6 & ④\end{cases}$

③×2　　$8x+6y=12$

④　　$+)-2x-6y=\ 6$

$6x\qquad=18\qquad x=3$

$x=3$ を③に代入すると，

$4\times3+3y=6\qquad y=-2$

(6) $\begin{cases}x+y=2y-4 & ①\\ x-y+2=2y-4 & ②\end{cases}$

①より，$x-y=-4$　　③

②より，$x-3y=-6$　　④

③−④より，$2y=2\qquad y=1$

$y=1$ を③に代入すると，

$x-1=-4\qquad x=-3$

4 (1)***a* の値…3，*b* の値…−1**

(2)***a* の値…2**

連立方程式の解… $\begin{cases}x=5\\ y=1\end{cases}$

解き方

(1)連立方程式に $x=2$，$y=-6$ を代入すると，

$$\begin{cases}2a-6b=12\\ 2b-6a=-20\end{cases}$$

これを a，b についての連立方程式として解くと，

$$\begin{cases}a=3\\ b=-1\end{cases}$$

(2) 3 つの方程式 $x+y=6$，$x-y=2a$，$2x-3y=7$ は同じ解をもつから，

$$\begin{cases}x+y=6\\ 2x-3y=7\end{cases}$$

これを解くと，$\begin{cases}x=5\\ y=1\end{cases}$

$x=5$，$y=1$ を $x-y=2a$ に代入すると，

$5-1=2a\qquad a=2$

5 **ノート 1 冊…150 円**

ボールペン 1 本…100 円

解き方

ノート 1 冊の値段を x 円，ボールペン 1 本の値段を y 円とすると，

$$\begin{cases}3x+2y=650\\ 2x=3y\end{cases}$$

これを解くと，$\begin{cases}x=150\\ y=100\end{cases}$

ノート 1 冊 150 円，ボールペン 1 本 100 円は，問題に適している。

6 **79，29**

解き方

大きい方の数を x，小さい方の数を y とすると，

$$\begin{cases}x-y=50\\ 2y+21=x\end{cases}$$

これを解くと，$\begin{cases}x=79\\ y=29\end{cases}$

大きい方の数が 79，小さい方の数が 29 は，問題に適している。

7 (1)$\dfrac{1}{2}y$ **km**

(2)**歩く速さ…時速 4 km**

自転車の速さ…時速 12 km

解き方

(1)$y\times\dfrac{30}{60}=\dfrac{1}{2}y$(km)

(2)歩く速さを時速 x km，自転車の速さを時速 y km とすると，

$$\begin{cases}2x+\dfrac{1}{2}y=14\\ \dfrac{1}{2}x+y=14\end{cases}$$

これを解くと，$\begin{cases}x=4\\ y=12\end{cases}$

歩く速さ時速 4 km，自転車の速さ時速 12 km は問題に適している。

3章　1次関数

p.41　ぴたトレ0

❶ (1)$y=4x$　(2)$y=120-x$　(3)$y=\dfrac{30}{x}$

比例するもの…(1)

反比例するもの…(3)

解き方　比例定数を a とすると，比例の関係は $y=ax$ の形，反比例の関係は $y=\dfrac{a}{x}$ の形で表される。
上の答えの表し方以外でも，意味があっていれば正解である。

❷

解き方　原点以外のもう1つの点は，x 座標，y 座標がともに整数となる点をとる。
(2)$x=3$ のとき $y=-1$ だから，原点と点 $(3,\ -1)$ の2点を結ぶ。
(3)$x=2$ のとき $y=5$ だから，原点と点 $(2,\ 5)$ の2点を結ぶ。

p.43　ぴたトレ1

1 (1)$y=30x$　いえる
(2)$y=x^2$　いえない
(3)$y=5x+20$　いえる

解き方　(1)(道のり)=(速さ)×(時間)
比例 $y=ax$ は，1次関数 $y=ax+b$ において，$b=0$ の場合である。
(2)(正方形の面積)=(1辺)×(1辺)
y は x の2次式で表されるから，1次関数であるとはいえない。
(3)(台形の面積)=(上底+下底)×(高さ)÷2
y は x の1次式で表されるから，1次関数である。

2 (1)① 2　② 2　(2)① 2　② 8

解き方　(変化の割合)$=\dfrac{(y\text{の増加量})}{(x\text{の増加量})}$

(1)①x の増加量は，
$8-2=6$
y の増加量は，
$2\times8+1-(2\times2+1)=12$
変化の割合は，
$\dfrac{12}{6}=2$
②x の増加量は，
$1-(-4)=5$
y の増加量は，
$2\times1+1-\{2\times(-4)+1\}=10$
変化の割合は，
$\dfrac{10}{5}=2$
1次関数 $y=ax+b$ の変化の割合は一定で，x の係数 a に等しい。
(2)(y の増加量)=(変化の割合)×(x の増加量)
①$2\times1=2$
②$2\times4=8$

3 -6

解き方　(y の増加量)=(変化の割合)×(x の増加量)
$-2\times(4-1)=-6$

p.45　ぴたトレ1

1

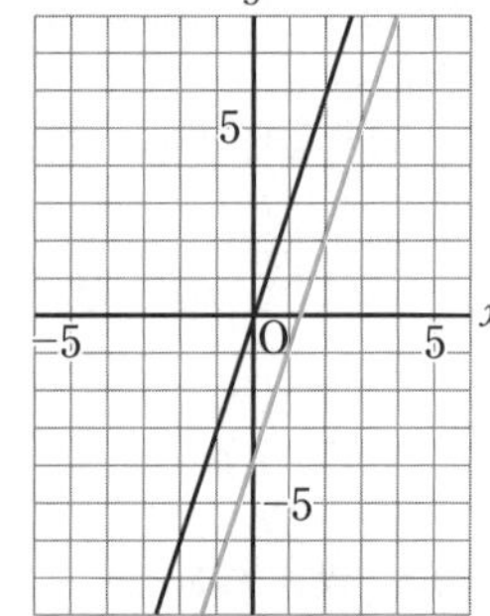

$y=3x-4$ のグラフは，$y=3x$ のグラフを y 軸の負の向きに4だけ平行移動した直線である。

解き方　1次関数 $y=3x$ の同じ x の値に対して，$3x-4$ の値は，$3x$ の値よりもつねに4だけ小さくなる。

2 (1)-3　(2)1

解き方　1次関数 $y=ax+b$ の b を，このグラフの切片という。
b は，$y=ax+b$ のグラフと y 軸との交点 $(0,\ b)$ の y 座標である。

3 (1)4　(2)-1

解き方　1次関数 $y=ax+b$ の a を，このグラフの傾きという。

4 ①0　②係数　③4

解き方

$y=$ $\boxed{-3}x$ ＋ $\boxed{4}$

表	変化の割合	$x=0$ のときの y の値
式	x の係数	定数の部分
グラフ	傾き	切片

p.47 ぴたトレ1

1 交点の座標

(1)(0, 1)　(2)(0, −5)　(3)(0, 2)　(4)(0, −2)

グラフ

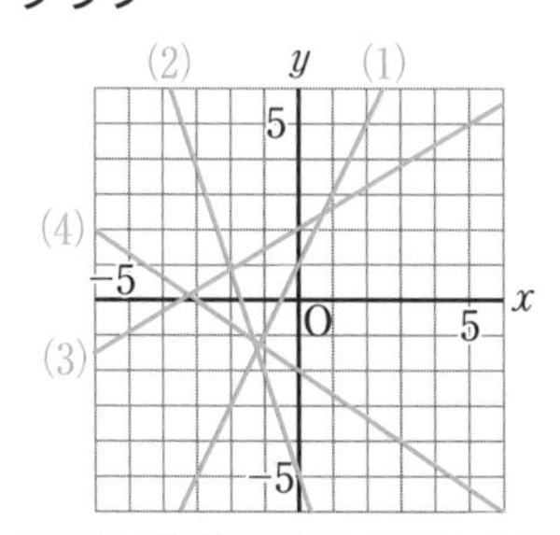

解き方

傾きと切片から2点を決めてかく。

(1)点(0, 1)から，右へ1，上へ2だけ進んだ点(1, 3)を通る。

(2)点(0, −5)から，左へ1，上へ3だけ進んだ点(−1, −2)を通る。

(3)(0, 2)から，右へ5，上へ3だけ進んだ点(5, 5)を通る。

(4)(0, −2)から，右へ3，下へ2だけ進んだ点(3, −4)を通る。

2

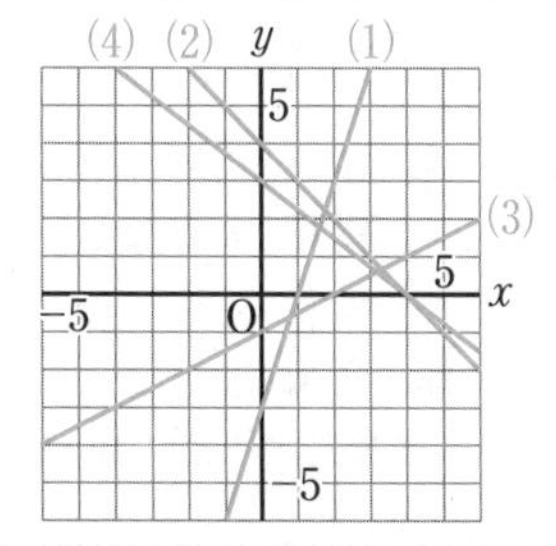

解き方

傾きと切片から2点を決めてかく。

(1)傾き3，切片 −3

点(0, −3)から，右へ1，上へ3だけ進んだ点(1, 0)を通る。

(2)傾き −1，切片4

点(0, 4)から，右へ1，下へ1だけ進んだ点(1, 3)を通る。

(3)傾き $\frac{1}{2}$，切片 −1

点(0, −1)から，右へ2，上へ1だけ進んだ点(2, 0)を通る。

(4)傾き $-\frac{3}{4}$，切片3

点(0, 3)から，右へ4，下へ3だけ進んだ点(4, 0)を通る。

p.49 ぴたトレ1

1 ①$y=2x-2$　②$y=-x+2$

③$y=-\frac{3}{4}x-3$　④$y=\frac{1}{4}x+3$

解き方

まず，グラフの切片を読み取る。

次に，x の増加量とそのときの y の増加量を調べ，傾きを求める。

求める直線の式を $y=ax+b$ とする。

①グラフが点(0, −2)を通るから，$b=-2$

右へ1進むと上へ2進むから，$a=2$

②グラフが点(0, 2)を通るから，$b=2$

右へ1進むと下へ1進むから，$a=-1$

③グラフが点(0, −3)を通るから，$b=-3$

右へ4進むと下へ3進むから，$a=-\frac{3}{4}$

④グラフが点(0, 3)を通るから，$b=3$

右へ4進むと上へ1進むから，$a=\frac{1}{4}$

2 (1)$y=3x+5$　(2)$y=\frac{1}{2}x+6$

(3)$y=2x-3$

解き方

求める直線の式を $y=ax+b$ とする。

(1)傾きが3だから，$y=3x+b$

$x=-1$，$y=2$ を代入すると，

$2=3\times(-1)+b$　$b=5$

(2)傾きが $\frac{1}{2}$ だから，$y=\frac{1}{2}x+b$

$x=2$，$y=7$ を代入すると，

$7=\frac{1}{2}\times2+b$　$b=6$

(3)傾きが2だから，$y=2x+b$

$x=4$，$y=5$ を代入すると，

$5=2\times4+b$　$b=-3$

3 (1)$y=x+3$　(2)$y=\frac{3}{2}x+4$

(3)$y=-x+1$　(4)$y=-\frac{1}{3}x+2$

解き方

2点の座標から，直線の傾きを求める。

求める式を $y=ax+b$ とする。

(1)$a=\frac{6-4}{3-1}=1$

よって，$y=x+b$

$x=1$，$y=4$ を代入すると，

$4=1+b$　$b=3$

(2)$a=\dfrac{13-1}{6-(-2)}=\dfrac{3}{2}$

よって，$y=\dfrac{3}{2}x+b$

$x=6$，$y=13$ を代入すると，

$13=\dfrac{3}{2}\times6+b$　　$b=4$

(3)$a=\dfrac{-3-4}{4-(-3)}=-1$

よって，$y=-x+b$

$x=4$，$y=-3$ を代入すると，

$-3=-4+b$　　$b=1$

(4)$a=\dfrac{-1-1}{9-3}=-\dfrac{1}{3}$

よって，$y=-\dfrac{1}{3}x+b$

$x=3$，$y=1$ を代入すると，

$1=-\dfrac{1}{3}\times3+b$　　$b=2$

(別解)求める式を$y=ax+b$とし，2点のx座標，y座標の値を代入してa，bについての連立方程式をつくる。

この連立方程式を解き，a，bの値を求める。

p.50～51　ぴたトレ2

❶ (1) 6 cm　(2) 0.5 cm　(3) $y=0.5x+6$

(4) 15 cm

解き方

(1)$x=0$ のときの y の値である。

(2)$(8.5-6)\div(5-0)=0.5$(cm)

(3)おもりの重さが1 g増加するときのばねののびが傾き，おもりをつるさないときのばねの長さが切片となる。

(4)$y=0.5x+6$ に $x=18$ を代入すると，

$y=0.5\times18+6=15$

❷ (1)$-\dfrac{5}{2}$　(2)-10

解き方

(1)$y=-\dfrac{5}{2}x+6$

(2)(y の増加量)=(変化の割合)×(x の増加量)

$=-\dfrac{5}{2}\times4=-10$

❸

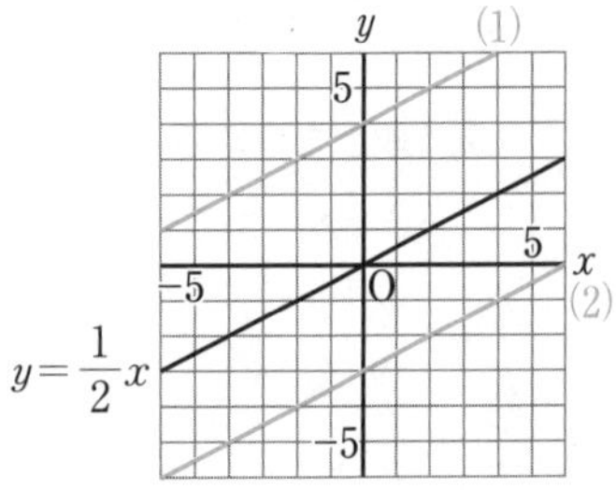

切片　(1) 4　(2)-3

解き方

(1)のグラフは，$y=\dfrac{1}{2}x$ のグラフを y 軸の正の向きに4だけ平行移動した直線，(2)のグラフは，$y=\dfrac{1}{2}x$ のグラフを y 軸の負の向きに3だけ平行移動した直線になる。

❹

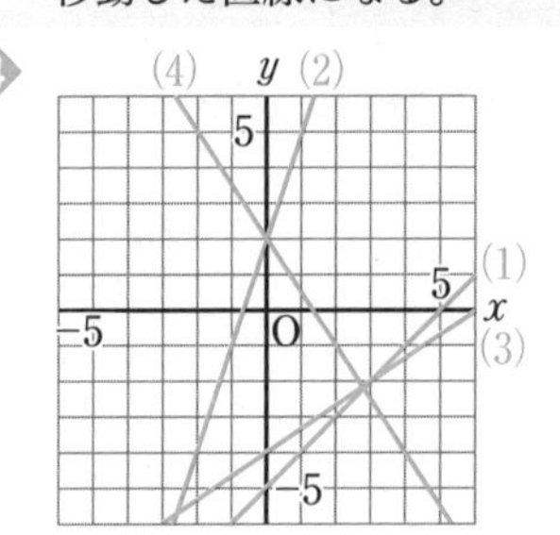

解き方

傾きと切片から2点を決めてかく。

(1)点(0，-5)から右へ1，上へ1だけ進んだ点(1，-4)を通る。

(2)点(0，2)から右へ1，上へ3だけ進んだ点(1，5)を通る。

(3)点(0，-4)から右へ3，上へ2だけ進んだ点(3，-2)を通る。

(4)点(0，2)から右へ2，下へ3だけ進んだ点(2，-1)を通る。

❺ ①$y=-2x+4$　②$y=\dfrac{2}{3}x+1$

③$y=-\dfrac{1}{4}x+\dfrac{1}{2}$　④$y=-3x-9$

解き方

①切片が4，傾きが-2の直線である。

②切片が1，傾きがの$\dfrac{2}{3}$直線である。

切片がわからないとき，次の手順で求める。

・グラフが通る点のうち，x座標，y座標がともに整数である2点を見つける。

・この2点から，直線の傾きを求める。

・傾きがあたえられた直線の式に1点の座標を代入して，切片を求める。

③(-2，1)，(2，0)を通る。

傾きは，$\dfrac{0-1}{2-(-2)}=-\dfrac{1}{4}$

$y=-\dfrac{1}{4}x+b$ に $x=2$，$y=0$ を代入すると，

$0=-\dfrac{1}{2}+b$　　$b=\dfrac{1}{2}$

④(-4，3)，(-3，0)を通る。

傾きは，$\dfrac{0-3}{-3-(-4)}=-3$

$y=-3x+b$ に $x=-3$，$y=0$ を代入すると，

$0=9+b$　　$b=-9$

❻ (1)$y=-\dfrac{2}{3}x+3$　(2)$y=\dfrac{5}{4}x-2$

(3)$y=-2x-1$　(4)$y=-\frac{1}{2}x+\frac{1}{4}$

解き方

(1)切片は 3 であるから，$y=ax+3$ とする。

$x=3$，$y=1$ を代入すると，

$1=3a+3$　　$a=-\frac{2}{3}$

(2)傾きは $\frac{5}{4}$ であるから，$y=\frac{5}{4}x+b$ とする。

$x=-4$，$y=-7$ を代入すると，

$-7=-5+b$　　$b=-2$

(3)$y=-2x$ に平行な直線の傾きは -2 であるから，

$y=-2x+b$ とする。

$x=-3$，$y=5$ を代入すると，

$5=6+b$　　$b=-1$

(4)傾きは，$\left(0-\frac{1}{4}\right)\div\left(\frac{1}{2}-0\right)=-\frac{1}{2}$

点 $\left(0,\ \frac{1}{4}\right)$ を通るから，切片は $\frac{1}{4}$

理解のコツ

・傾きが分数である直線をかくときは，x の値を分母の倍数で考えて通る点を求める。

・直線の式は，$y=ax+b$ とおいて，あたえられた条件から，a，b の値を求める。

p.53　ぴたトレ 1

1

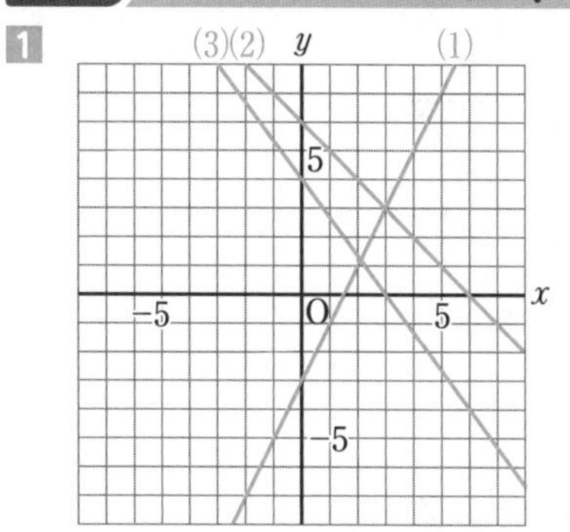

解き方

方程式を y について解き，傾きと切片を求めてかく。

(1)$y=2x-3$　　　傾き 2，　切片 -3

(2)$y=-x+6$　　　傾き -1，　切片 6

(3)$y=-\frac{4}{3}x+4$　　傾き$-\frac{4}{3}$，切片 4

2

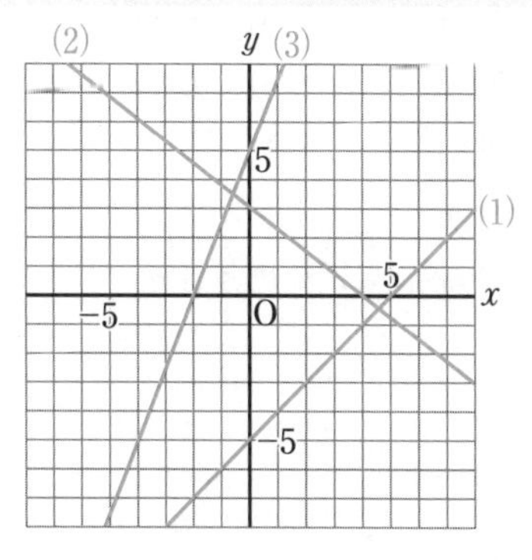

解き方

方程式の解のうち，x，y の値がともに整数となる解を 2 組求める。

(1)$x=0$ のとき，$y=-5$

$y=0$ のとき，$x=5$

よって，2 点 $(0,\ -5)$，$(5,\ 0)$ を通る。

(2)$x=0$ のとき，$y=3$

$y=0$ のとき，$x=4$

よって，2 点 $(0,\ 3)$，$(4,\ 0)$ を通る。

(3)$x=0$ のとき，$y=5$

$y=0$ のとき，$x=-2$

よって，2 点 $(0,\ 5)$，$(-2,\ 0)$ を通る。

3

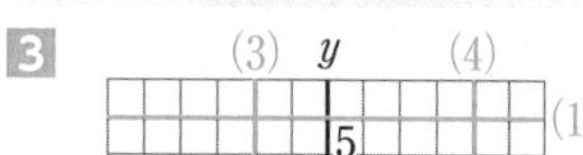

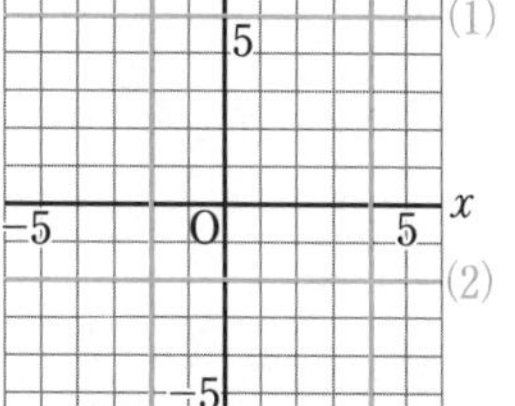

解き方

(1)$y=h$ のグラフは，点 $(0,\ h)$ を通り，x 軸に平行な直線になる。

(2)$3y+6=0$　　$y=-2$

(3)$x=k$ のグラフは，点 $(k,\ 0)$ を通り，y 軸に平行な直線になる。

(4)$-2x+8=0$　　$x=4$

p.55　ぴたトレ 1

1　(1) $\begin{cases} x=3 \\ y=2 \end{cases}$

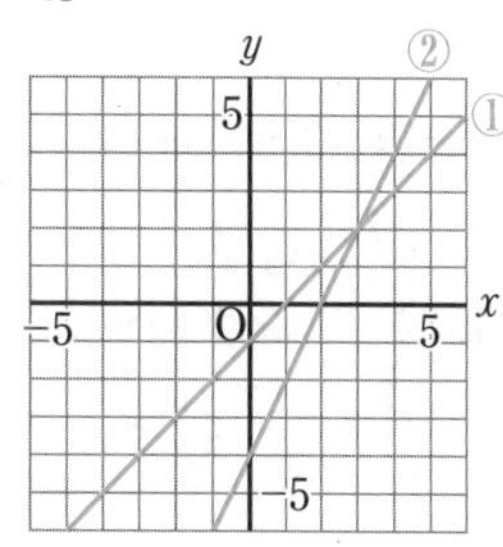

(2) $\begin{cases} x=-2 \\ y=1 \end{cases}$

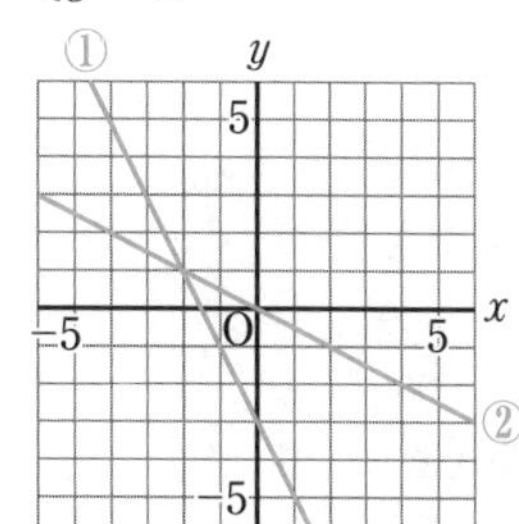

解き方 2 本の直線の交点の x 座標，y 座標が連立方程式の解となる。

(1)①を y について解くと，$y=x-1$

②を y について解くと，$y=2x-4$

(2)①を y について解くと，$y=-2x-3$

②を y について解くと，$y=-\frac{1}{2}x$

2 (1)①$\boldsymbol{y=\frac{1}{2}x+2}$　②$\boldsymbol{y=-x-1}$

(2)P $(-2,\ 1)$

解き方 (1)直線 ℓ は点 $(-4,\ 0)$，$(0,\ 2)$ を通るから，

切片は 2

傾きは，$\frac{2-0}{0-(-4)}=\frac{1}{2}$

直線 m は点 $(-1,\ 0)$，$(0,\ -1)$ を通るから，

切片は -1

傾きは，$\frac{-1-0}{0-(-1)}=-1$

(2)連立方程式 $\begin{cases} y=\frac{1}{2}x+2 \\ y=-x-1 \end{cases}$ を解くと，$\begin{cases} x=-2 \\ y=1 \end{cases}$

p.57 ぴたトレ 1

1 (1)$\boldsymbol{y=\frac{18}{5}x+10}$　**(2)15 分後**

解き方 (1)傾きは，$\frac{28-10}{5-0}=\frac{18}{5}$，切片は 10 の直線である。

(2)$y=\frac{18}{5}x+10$ に $y=64$ を代入すると，

$64=\frac{18}{5}x+10$　　$x=15$

2 **(1)分速 75 m　(2)12 分後　(3)900 m の地点**

解き方 (1)グラフの傾きが速さを表す。

傾きは $\frac{1500}{20}=75$ だから，分速 75 m

(2)(3)たくやさんが進んだようすを表すグラフの式は，

$y=75x$　　　①

兄が進んだようすを表すグラフは，2 点 $(6,\ 0)$，$(16,\ 1500)$ を通るから，傾きは，

$\frac{1500-0}{16-6}=150$

グラフの式を $y=150x+b$ とする。

$x=6$，$y=0$ を代入すると，

$0=900+b$　　$b=-900$

よって，$y=150x-900$　　　②

①と②を連立方程式として解くと，

$\begin{cases} x=12 \\ y=900 \end{cases}$

よって，兄がたくやさんに追い着いたのは，たくやさんが家を出発してから 12 分後で，家から 900 m 離れた地点である。

p.58〜59 ぴたトレ 2

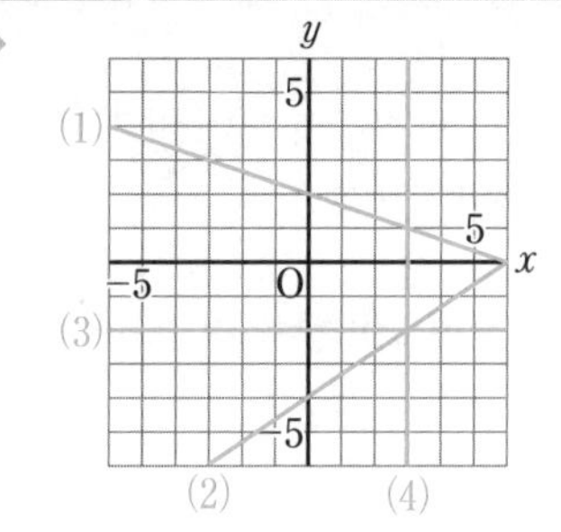

解き方 (1)y について解くと，$y=-\frac{1}{3}x+2$

(2)y について解くと，$y=\frac{2}{3}x-4$

(3)x 軸に平行な直線になる。

(4)$x=3$　　y 軸に平行な直線になる。

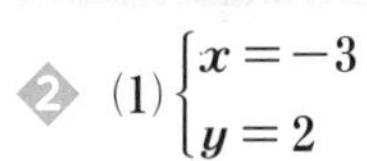

❷ (1)$\begin{cases} \boldsymbol{x=-3} \\ \boldsymbol{y=2} \end{cases}$

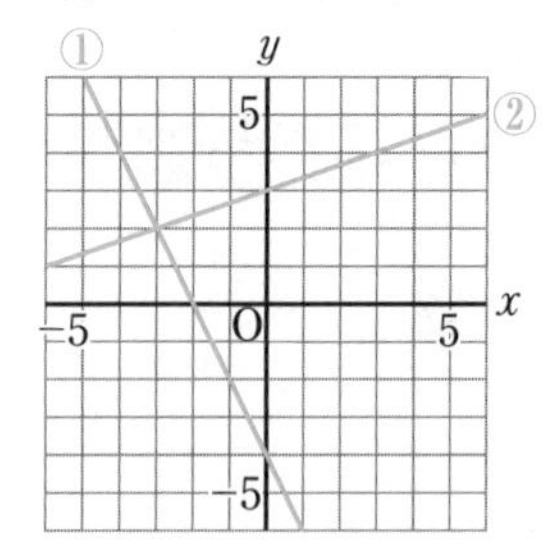

(2)$\begin{cases} \boldsymbol{x=3} \\ \boldsymbol{y=2} \end{cases}$

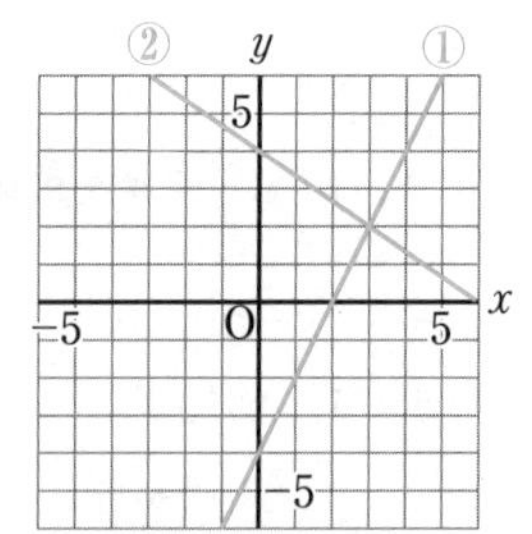

解き方 グラフの交点の座標が連立方程式の解になる。

(1)それぞれの方程式を y について解くと，

①$y=-2x-4$

②$y=\frac{1}{3}x+3$

①，②のグラフの交点の座標は $(-3,\ 2)$

(2)それぞれの方程式を y について解くと，

①$y=2x-4$

②$y=-\dfrac{2}{3}x+4$

①，②のグラフの交点の座標は，(3, 2)

3 (1)$\boldsymbol{\ell\cdots y=-x+6}$，$\boldsymbol{m\cdots y=\dfrac{3}{2}x-3}$

(2)$\left(\dfrac{18}{5},\ \dfrac{12}{5}\right)$

解き方

(1)直線 ℓ は2点(6, 0)，(0, 6)を通るから，

傾きは，$\dfrac{6-0}{0-6}=-1$　　切片は6

直線 m は2点(2, 0)，(0, -3)を通るから，

傾きは，$\dfrac{-3-0}{0-2}=\dfrac{3}{2}$　　切片は -3

(2)連立方程式 $\begin{cases} y=-x+6 \\ y=\dfrac{3}{2}x-3 \end{cases}$ を解くと，$\begin{cases} x=\dfrac{18}{5} \\ y=\dfrac{12}{5} \end{cases}$

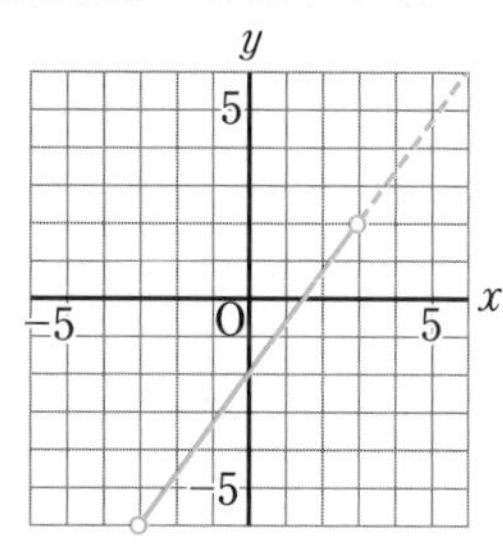

$\boldsymbol{-6<y<2}$

解き方

$x=-3$ のとき，$y=-6$

$x=3$ のとき，　$y=2$

したがって，y の変域は，$-6<y<2$

5 (1)$\boldsymbol{y=4x}$，　　　$\boldsymbol{0\leqq x\leqq 6}$

(2)$\boldsymbol{y=-4x+56}$，$\boldsymbol{8\leqq x\leqq 14}$

(3)

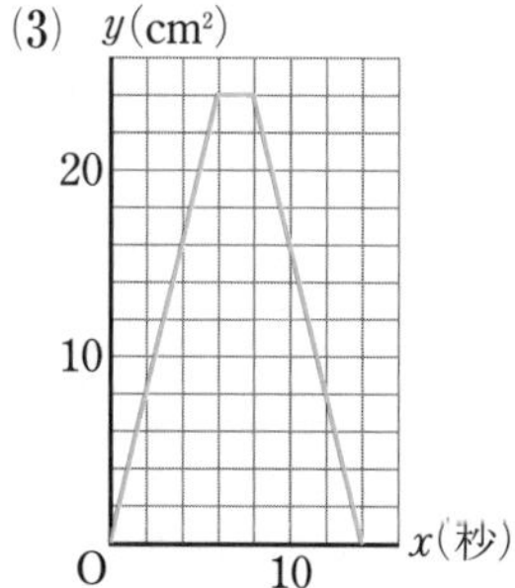

解き方

(1)点Pが点Bにあるとき，$x=0$

点Pが点Cにあるとき，

$x=12\div 2=6$

よって，x の変域は，$0\leqq x\leqq 6$

$\mathrm{BP}=2x$ であるから，

$y=\dfrac{1}{2}\times 2x\times 4=4x$

(2)点Pが点Dにあるとき，

$x=(12+4)\div 2=8$

点Pが点Aにあるとき，

$x=(12+4+12)\div 2=14$

よって，x の変域は，$8\leqq x\leqq 14$

$\mathrm{AP}=(12+4+12)-2x=28-2x$

であるから，

$y=\dfrac{1}{2}\times(28-2x)\times 4=-4x+56$

(3)点Pが辺CD上にあるとき，

$y=\dfrac{1}{2}\times 12\times 4=24$

グラフは点(0, 0)，(6, 24)，(8, 24)，(14, 0)を結ぶ。

理解のコツ

・2直線の交点の座標は，直線の方程式を連立方程式として解いて求める。

・直線 $y=ax+b$ 上の点Pの x 座標が p ならば，その y 座標は，$x=p$ を代入して，$y=ap+b$

・グラフの利用の問題は，まず x の変域を確認しよう。

p.60〜61　ぴたトレ3

1 ㋐，㋒

解き方

$y=ax+b$ の形になるものを選ぶ。

㋑は $y=\dfrac{6}{x}$，㋒は $y=\dfrac{1}{2}x$ となる。

㋓は $y=ax+b$ の形にならない。

2 (1)$\boldsymbol{-\dfrac{3}{4}}$　(2)$\boldsymbol{-6}$　(3)$\boldsymbol{-8<y\leqq 1}$

解き方

(1)$y=-\dfrac{3}{4}x-2$

(2)(y の増加量)＝(変化の割合)×(x の増加量)

$=-\dfrac{3}{4}\times 8=-6$

(3)$x=-4$ のとき，$y=3-2=1$

$x=8$ のとき，　$y=-6-2=-8$

よって，$-8<y\leqq 1$

3 ①$\boldsymbol{y=x-1}$　　　②$\boldsymbol{y=-\dfrac{1}{4}x+3}$

③$\boldsymbol{y=-\dfrac{2}{3}x-\dfrac{7}{3}}$　④$\boldsymbol{y=3x-9}$

解き方

直線の式を $y=ax+b$ とする。

①グラフが(0, -1)を通るから，$b=-1$

右へ1進むと上へ1進むから，$a=1$

②グラフが(0, 3)を通るから，　$b=3$

右へ4進むと下へ1進むから，$a=-\dfrac{1}{4}$

③点 $(-2,\ -1)$，$(1,\ -3)$ を通る。

$y=ax+b$ に $x=-2$，$y=-1$ を代入すると，

$-1=-2a+b$ ㋐

$y=ax+b$ に $x=1$，$y=-3$ を代入すると，

$-3=a+b$ ㋑

㋐，㋑を連立方程式として解くと，

$$\begin{cases} a=-\dfrac{2}{3} \\ b=-\dfrac{7}{3} \end{cases}$$

④点 $(2,\ -3)$，$(3,\ 0)$ を通る。

$a=\dfrac{0-(-3)}{3-2}=3$

$y=3x+b$ に $x=3$，$y=0$ を代入すると，

$0=9+b$ $b=-9$

❹ (1)$\boldsymbol{y=-2x+13}$ (2)$\boldsymbol{y=\dfrac{1}{2}x-4}$

(3)$\boldsymbol{y=6x-5}$

解き方

直線の式を $y=ax+b$ とする。

(1)$y=-2x+b$ に $x=4$，$y=5$ を代入すると，

$5=-8+b$ $b=13$

(2)$y=ax-4$ に $x=-2$，$y=-5$ を代入すると，

$-5=-2a-4$ $a=\dfrac{1}{2}$

(3)$y=ax+b$ に $x=2$，$y=7$ を代入すると，

$7=2a+b$ ①

$y=ax+b$ に $x=-1$，$y=-11$ を代入すると，

$-11=-a+b$ ②

①，②を連立方程式として解くと，

$$\begin{cases} a=6 \\ b=-5 \end{cases}$$

❺ (1)**直線①…$\boldsymbol{y=\dfrac{2}{3}x+1}$**

直線②…$\boldsymbol{y=2x-4}$

(2)$\boldsymbol{\left(\dfrac{15}{4},\ \dfrac{7}{2}\right)}$

解き方

(1)①は傾き $\dfrac{2}{3}$，切片 1 の直線である。

②は傾き 2，切片 -4 の直線である。

(2)直線①，②の式を連立方程式として解く。

❻ (1)$\boldsymbol{y=-0.4x+20}$ (2)**16.4 cm**

(3)**$\boldsymbol{x}$ の変域…$\boldsymbol{0 \leqq x \leqq 50}$**

$\boldsymbol{y}$ の変域…$\boldsymbol{0 \leqq y \leqq 20}$

解き方

(1)傾きは，$\dfrac{18.4-19.2}{4-2}=-0.4$

(2)$y=-0.4\times9+20=16.4$

(3)長さ 20 cm のろうそくは毎分 0.4 cm ずつ燃えていき，火をつけてから 50 分後に燃えつきる。

❼ (1)$\boldsymbol{y=32x}$ (2)$\boldsymbol{y=-32x+384}$

(3)$\boldsymbol{\dfrac{7}{2}}$ **秒後**，$\boldsymbol{\dfrac{17}{2}}$ **秒後**

解き方

(1)$y=\dfrac{1}{2}\times16\times4x=32x$

(2)$\mathrm{PB}=16\times3-4x$

$=48-4x$(cm)

$y=\dfrac{1}{2}\times16\times(48-4x)$

$=-32x+384$

(3)点 P が辺 AD 上にあるとき，

$y=\dfrac{1}{2}\times16\times16$

$=128$

点 P が辺 CD 上と辺 AB 上にあるとき，面積が 112 cm^2 になる。

$32x=112$，$-32x+384=112$ をそれぞれ解く。

4章　図形の性質の調べ方

p.63　ぴたトレ0

❶ (1)頂点 A と頂点 G，頂点 B と頂点 H，
頂点 C と頂点 E，頂点 D と頂点 F
(2)辺 AB と辺 GH，辺 BC と辺 HE，
辺 CD と辺 EF，辺 DA と辺 FG
(3)∠A と ∠G，∠B と ∠H，∠C と ∠E，
∠D と ∠F

解き方　四角形 GHEF は四角形 ABCD を 180° 回転移動した形である。

❷ (1)DE＝3 cm，EF＝4 cm，FD＝2 cm
(2)∠D＝105°，∠F＝47°

解き方　合同な図形では，対応する辺の長さは等しく，対応する角の大きさも等しくなっている。
∠B＝∠E より，頂点 B と頂点 E が対応しているとわかる。
このことから，対応している辺や角を見つける。
(1)辺 AB と辺 DE，辺 BC と辺 EF，辺 CA と辺 FD が対応している。
(2)∠A と ∠D，∠C と ∠F が対応している。

❸ (1)$\angle x=30°$　(2)$\angle y=125°$

解き方　(1)三角形の 3 つの角の和は 180° だから，
$\angle x=180°-85°-65°=30°$
(2) 2 つの角の和は，
$50°+75°=125°$
だから，残りの角の大きさは，
$180°-125°=55°$
一直線は 180° だから，
$\angle y=180°-55°=125°$

p.65　ぴたトレ1

1 $\angle a=70°$，$\angle b=45°$，$\angle c=65°$

解き方　$\angle a$ は 70°，$\angle c$ は 65° の角の対頂角である。
$\angle b=180°-(65°+70°)=45°$

2 (1)$\ell /\!/ n$　(2)$\angle a=\angle c$

解き方　(1)同位角が 96° で等しいから，$\ell /\!/ n$
(2)平行な 2 直線の同位角であるから，$\angle a=\angle c$

3 $\angle x=65°$，$\angle y=110°$

解き方　$\angle x$ は 65° の角の錯角である。
平行線の錯角は等しいから，$\angle x=65°$
$\angle y$ は 110° の角の錯角である。
平行線の錯角は等しいから，$\angle y=110°$

4 $\angle x=40°$

解き方　平行線の錯角は等しいから，
$\angle x=180°-140°=40°$

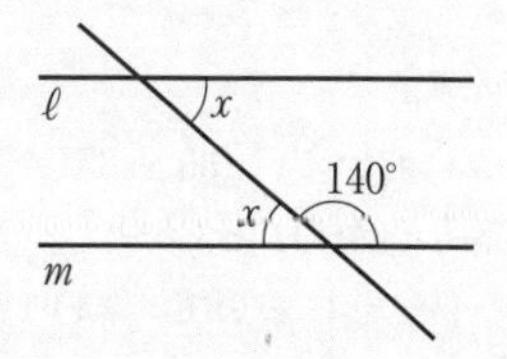

p.67　ぴたトレ1

1 (1)$\angle x=55°$　(2)$\angle x=130°$　(3)$\angle x=55°$

解き方　(1)$\angle x=180°-(80°+45°)=55°$
(2)三角形の外角は，それととなり合わない 2 つの内角の和に等しくなる。
$\angle x=55°+75°=130°$
(3)$\angle x+45°=100°$
$\angle x=100°-45°=55°$

2 (1)1080°　(2)十四角形

解き方　n 角形の内角の和は，$180°\times(n-2)$ である。
(1)$180°\times(8-2)=1080°$
(2)x 角形とすると，
$180(x-2)=2160$　　$x=14$

3 (1)$\angle x=98°$　(2)$\angle x=63°$

解き方　多角形の外角の和は 360° である。
(1)$\angle x=360°-(104°+80°+78°)=98°$
(2)$\angle x=360°-\{70°+(180°-85°)+40°+92°\}$
$=63°$

4 正六角形

解き方　求める正多角形の内角の数は，
$360°\div60°=6$
よって，正六角形である。

p.68~69　ぴたトレ2

❶ (1)$\angle h$
(2)対頂角…$\angle a$，同位角…$\angle h$，錯角…$\angle e$

解き方　(1)対頂角は等しい。
(2)

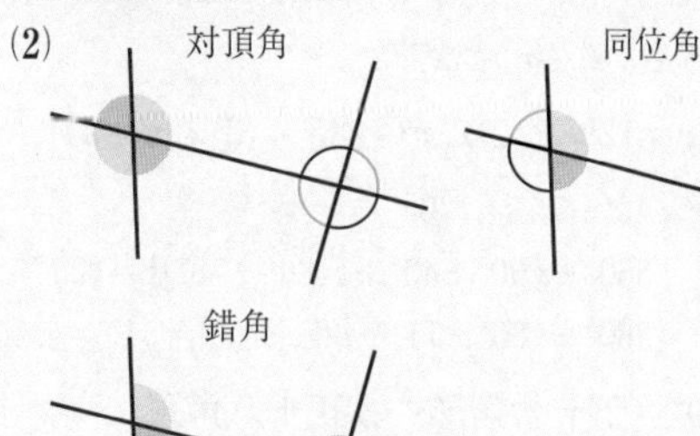

2 (1)$\angle x=22^\circ$ (2)$\angle x=45^\circ$

解き方
(1)$\angle x=180^\circ-(85^\circ+73^\circ)=22^\circ$
(2)$\angle x=180^\circ-(66^\circ+55^\circ+14^\circ)=45^\circ$

3 $a /\!/ b$，$k /\!/ n$

解き方
直線 a と b において，$180^\circ-85^\circ=95^\circ$ より，
同位角が等しいから，$a /\!/ b$
直線 k，ℓ，m，n において，k の 110° の角の同位角を調べると，
ℓ で，95°
m で，$180^\circ-84^\circ=96^\circ$
n で，$180^\circ-70^\circ=110^\circ$
よって，$k /\!/ n$

4 (1)$\angle x=68^\circ$，$\angle y=97^\circ$
(2)$\angle x=104^\circ$，$\angle y=55^\circ$

解き方
(1)同位角は等しいから，
$\angle x=180^\circ-112^\circ=68^\circ$
$\angle y=180^\circ-83^\circ=97^\circ$

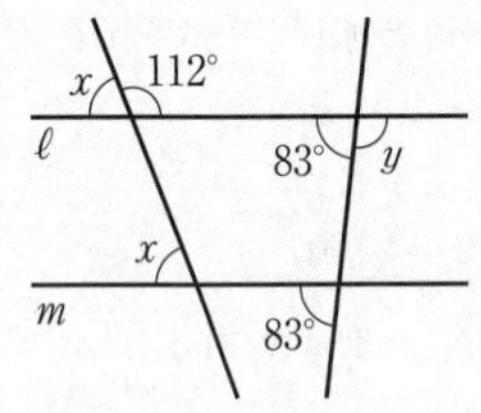

(2)$\angle x=180^\circ-76^\circ=104^\circ$
三角形の内角と外角の関係から，
$\angle y+76^\circ=131^\circ$
$\angle y=131^\circ-76^\circ=55^\circ$

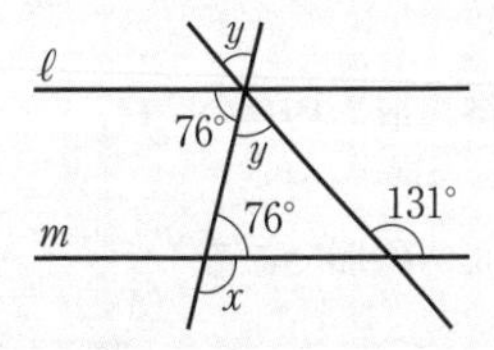

5 ア…d，イ…c，ウ…c，エ…180

解き方
$\angle a$ と $\angle c$ の位置にある 2 つの角を，同側内角という。
$\angle a+\angle c=180^\circ$ のときと同様に，$\angle b+\angle d=180^\circ$ のときも，$\ell /\!/ m$ となる。

6 (1)$\angle x=120^\circ$ (2)$\angle x=125^\circ$ (3)$\angle x=54^\circ$

解き方
(1)$\angle x=45^\circ+75^\circ=120^\circ$
(2)$\angle x=360^\circ-\{90^\circ+43^\circ+(180^\circ-78^\circ)\}=125^\circ$
(3)$\angle x=360^\circ-(85^\circ+71^\circ+80^\circ+70^\circ)=54^\circ$

7 (1)150° (2)十七角形 (3)正十八角形

解き方
(1)内角の和は，$180^\circ\times(12-2)=1800^\circ$
1 つの内角の大きさは，
$1800^\circ\div12=150^\circ$
(別解)1 つの外角の大きさは，
$360\div12=30^\circ$
よって，1 つの内角の大きさは，
$180^\circ-30^\circ=150^\circ$
(2)n 角形とすると，
$180^\circ\times(n-2)=2700^\circ$　　$n=17$
(3)$360^\circ\div20^\circ=18$ より，正十八角形である。

8 180°

解き方
三角形の内角と外角の関係から，次の図で，
$\angle d+\angle e=\angle f+\angle g$
よって，$\angle a+\angle b+\angle c+\angle d+\angle e$
$=\angle a+\angle b+\angle c+\angle f+\angle g$
$=180^\circ$

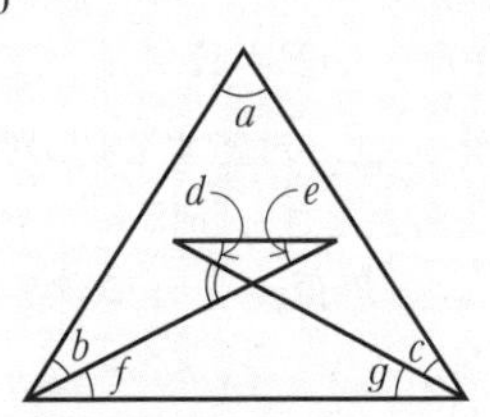

理解のコツ
・同位角と錯角の位置関係を理解しておこう。
・平行線を利用して角の大きさを求める問題では，同位角，錯角，対頂角の関係を組み合わせて考えよう。
・多角形の角の問題では，多角形をいくつの三角形に分けられるかを考えよう。

p.71 ぴたトレ 1

1 (1)辺 AD…辺 EH，∠C…∠G
(2)辺 AB… 6 cm，辺 FG… 8 cm
(3)∠B…70°，∠H…120°

解き方
(1)合同な図形では，重なり合う辺，重なり合う角を，それぞれ対応する辺，対応する角という。
(2)合同な図形では，対応する線分の長さは等しくなる。
辺 AB は辺 EF に，辺 FG は辺 BC にそれぞれ対応する。
(3)合同な図形では，対応する角の大きさは等しくなる。
∠B は ∠F に，∠H は ∠D にそれぞれ対応する。

2 △ABC≡△NMO
2 組の辺とその間の角がそれぞれ等しい。
△DEF≡△RPQ
1 組の辺とその両端の角がそれぞれ等しい。
△GHI≡△JLK
3 組の辺がそれぞれ等しい。

解き方
三角形の3つの合同条件のどれにあてはまるかを考える。
△RPQ において，
∠R＝180°－70°×2＝40°
三角形では，2つの内角の大きさが決まれば，残りの1つの内角の大きさも決まる。

3 (1)△ABC≡△DBC
2組の辺とその間の角がそれぞれ等しい。
(2)△ABC≡△DCB
1組の辺とその両端の角がそれぞれ等しい。

解き方
(1)AC＝DC，BC＝BC，∠ACB＝∠DCB
(2)BC＝CB
∠ABC＝∠DCB，∠BAC＝∠CDB
三角形の内角の和は 180° であるから，
∠ACB＝∠DBC

p.73 ぴたトレ1

1 (1)仮定…AO＝DO，BO＝CO
結論…∠BAO＝∠CDO
(2)△ABO と △DCO において，
仮定から，AO＝DO ①
BO＝CO ②
対頂角は等しいから，
∠AOB＝∠DOC ③
①，②，③より，2組の辺とその間の角がそれぞれ等しいから，
△ABO≡△DCO
合同な図形の対応する角は等しいから，
∠BAO＝∠CDO

解き方
(1)「わかっていること」が仮定，「証明しようとすること」が結論である。
数学では，証明しようとすることがらを「ならば」を用いた文章で表すことが多い。
「____ならば，____である。」の「____」の部分が仮定，「____」の部分が結論である。
(2)△ABO と △DCO が合同になることを示し，合同な図形の対応する角は等しいことを利用する。
△ABO と △DCO が合同になることは，三角形の3つの合同条件のうちのどれが使えるかを考える。

2 (1)△APQ と △BPQ において，
仮定から， AP＝BP ①
AQ＝BQ ②
共通な辺だから，PQ＝PQ ③
①，②，③より，3組の辺がそれぞれ等しいから，
△APQ≡△BPQ
(2)△APM と △BPM において，
仮定から， AP＝BP ①
共通な辺だから，PM＝PM ②
△APQ≡△BPQ より，対応する角は等しいから， ∠APM＝∠BPM ③
①，②，③より，2組の辺とその間の角がそれぞれ等しいから，
△APM≡△BPM
よって，合同な図形の対応する辺や角は等しいから，
AM＝BM ④
∠PMA＝∠PMB ⑤
また，∠PMA＋∠PMB＝180° ⑥
⑤，⑥から， ∠PMA＝∠PMB＝90° ⑦
④，⑦より，直線 PQ は線分 AB の垂直二等分線である。

解き方
(2)PQ が AB の垂直二等分線であることを証明するには，AM＝BM，∠PMA＝∠PMB＝90° を導く。
そのために，AM と BM，∠PMA と ∠PMB が対応する辺や角になるような合同な三角形を見つける。

3 (1)△ABC と △DEF で，AB＝DE ならば △ABC≡△DEC である。
正しくない。
反例

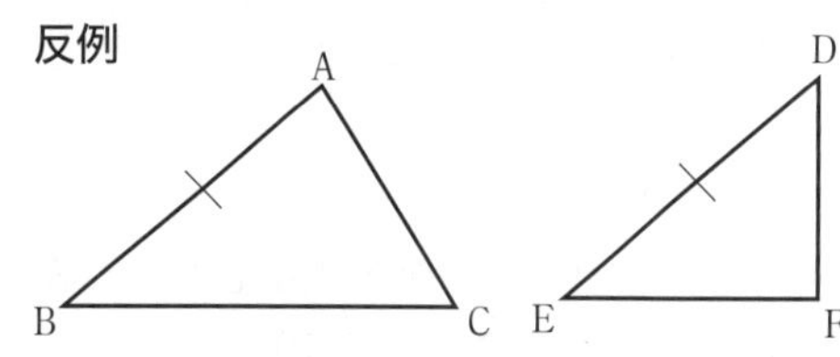

(2)錯角が等しいならば，2直線は平行である。
正しい。
(3)$x+y=5$ ならば，$x=2$，$y=3$ である。
正しくない。
反例…$x=1$，$y=4$

解き方
「____ならば，____である。」の逆は，
「____ならば，____である。」
もとのことがらが正しい場合でも，その逆は正しいとは限らない。

p.74~75 ぴたトレ 2

1 (1)△ABO≡△DCO

1 組の辺とその両端の角がそれぞれ等しい。

(2)△ABD≡△ACD

1 組の辺とその両端の角がそれぞれ等しい。

解き方
(1)AO=DO，∠OAB=∠ODC
対頂角は等しいから，∠AOB=∠DOC
(2)∠ADB=∠ADC，∠DAB=∠DAC
共通な辺だから，AD=AD

2 ㋑，㋒，㋔

解き方
㋐ 3 組の角がそれぞれ等しくても，合同とはいえない。
㋓ 2 組の辺と 1 組の角がそれぞれ等しい三角形であっても，合同とはいえない。

3 (1)仮定…AB=DC，AC=DB
結論…△ABC≡△DCB

(2)△ABC と △DCB において，

仮定から，　AB=DC　①
　　　　　　AC=DB　②
共通な辺だから，BC=CB　③
①，②，③より，3 組の辺がそれぞれ等しいから，
△ABC≡△DCB

解き方
仮定から 2 組の辺が等しいことがわかるので，あと 1 つどんな条件が加われば三角形の合同条件が成り立つかを考え，証明を進めていく。

4 A と Q，B と Q をそれぞれ結ぶ。
△APQ と △BPQ において，
作図から，　AP=BP　①
　　　　　　AQ=BQ　②
共通な辺だから，PQ=PQ　③
①，②，③より，3 組の辺がそれぞれ等しいから，　△APQ≡△BPQ
したがって，∠APQ=∠BPQ
∠APQ+∠BPQ=180° より，
∠APQ=90°

解き方
∠APQ+∠BPQ=180° であるから，
∠APQ=∠BPQ であることを示せば ∠APQ=90° であることが証明できる。
そのことを証明するために，A と Q，B と Q を結んで，△APQ と △BPQ に着目し，この 2 つの三角形が合同であることを示す。

5 △AOC と △BOC において，
仮定から，　OA=OB　①
　　　　　∠AOC=∠BOC　②
共通な辺だから，
　　　　　OC=OC　③
①，②，③より，2 組の辺とその間の角がそれぞれ等しいから，
△AOC≡△BOC
合同な図形の対応する辺は等しいから，
AC=BC

解き方
線分 AC を辺としてもつ △AOC と線分 BC を辺としてもつ △BOC に着目し，この 2 つの三角形が合同であることを示す。

6 (1)錯角 $\angle x$ と $\angle y$ が等しいならば，2 直線 ℓ，m は平行である。
正しい。

(2)$a+b$ が偶数ならば，a，b は偶数である。
正しくない。

(3)△ABC と △DEF で，
∠A=∠D，∠B=∠E，∠C=∠F ならば，
△ABC≡△DEF
正しくない。

解き方
「＿＿ならば，＝＝である。」の逆は，
「＝＝ならば，＿＿である。」
もとのことがらが正しい場合でも，その逆は正しいとは限らない。
(1)平行線になるための条件「錯角が等しければ，2 直線は平行である。」であるから，正しい。
(2)$a=1$，$b=3$ のとき，$1+3=4$ で $a+b$ は偶数であるが，a，b は偶数ではない。
(3)次の図で，∠A=∠D，∠B=∠E，∠C=∠F であるが，△ABC≡△DEF ではない。

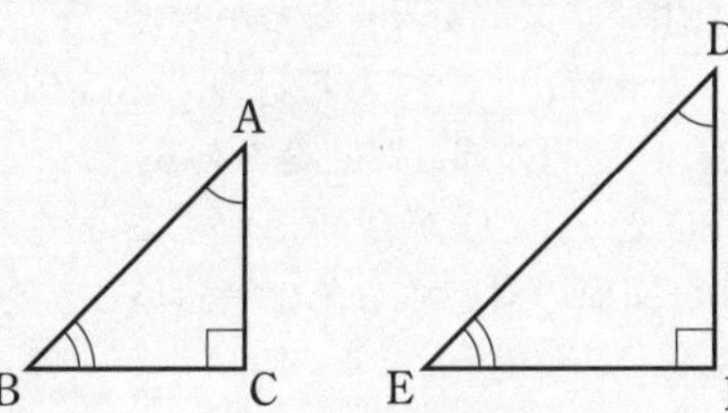

理解のコツ
・証明問題では，結論を導くために，どの線分やどの角の大きさが等しくなればよいか考える。
・等しいことを証明したい線分や角をふくむ 2 つの三角形の合同を証明するとよい。

p.76〜77 ぴたトレ3

❶ (1)$\angle x=60°$ (2)$\angle x=20°$ (3)$\angle x=43°$

解き方
(1)$\angle x=180°-120°=60°$
(2)$\angle x=50°-30°=20°$
(3)$\angle x=65°-(180°-158°)=43°$

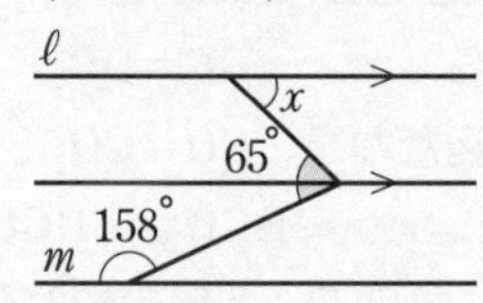

❷ (1)$\angle x=127°$ (2)$\angle x=41°$ (3)$\angle x=39°$
(4)$\angle x=55°$

解き方
(1)$\angle x=55°+(180°-108°)=127°$
(2)次の図のような補助線を引いて考える。
$\angle x=121°-(52°+28°)=41°$

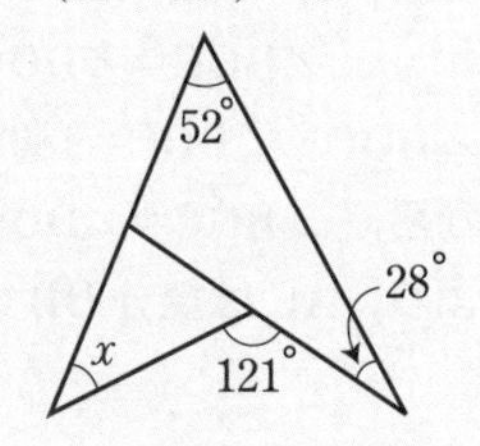

(3)$\angle x=48°+27°-36°=39°$
(4)$180°\times(5-2)=540°$
$540°-(90°+75°+110°+140°)=125°$
$\angle x=180°-125°=55°$

❸ (1)156° (2)十三角形 (3)正十角形

解き方
(1)$180°\times(15-2)=2340°$
$2340°\div15=156°$
(2)$180°\times(n-2)=1980°$ より，$n=13$
(3)$360°\div36°=10$

❹ △AOD と △COB において，
仮定から， AD＝CB ①
AD // BC より，錯角は等しいから，
∠OAD＝∠OCB ②
∠ODA＝∠OBC ③
①，②，③より，1 組の辺とその両端の角がそれぞれ等しいから，
△AOD≡△COB

解き方
三角形の 3 つの合同条件のうち，どれが使えるかを考える。
平行線の性質を根拠として使う。

❺ △AMD と △DNC において，
四角形 ABCD は正方形であるから，
AD＝DC ①
DM＝CN ②
∠ADM＝∠DCN ③
①，②，③より，2 組の辺とその間の角がそれぞれ等しいから，
△AMD≡△DNC
合同な図形の対応する辺は等しいから，
AM＝DN

解き方
線分 AM を辺としてもつ △AMD と線分 DN を辺としてもつ △DNC に着目し，この 2 つの三角形が合同であることを示す。

❻ △APD と △BPE において，
仮定から AD＝BE ①
AD // EB より，錯角は等しいから，
∠PAD＝∠PBE ②
∠PDA＝∠PEB ③
①，②，③より，1 組の辺とその両端の角がそれぞれ等しいから，
△APD≡△BPE
合同な図形の対応する辺は等しいから，
AP＝BP
したがって，P は辺 AB の中点である。

解き方
AP＝BP であることを示せば，P は辺 AB の中点であることを証明できる。
そのことを証明するために，線分 AP を辺としてもつ △APD と線分 BP を辺としてもつ △BPE に着目し，この 2 つの三角形が合同であることを示す。

5章　三角形・四角形

p.79　ぴたトレ0

1 (1)二等辺三角形，等しい

(2)正三角形，3つ

解き方　同じような意味のことばが書かれていれば正解である。

2 ㋐と㋓

2組の辺とその間の角がそれぞれ等しい。

㋑と㋖

1組の辺とその両端の角がそれぞれ等しい。

㋒と㋔

3組の辺がそれぞれ等しい。

解き方　㋖は，残りの角の大きさを求めると，㋑と合同であるとわかる。

p.81　ぴたトレ1

1 (1)$\angle x=30^\circ$，$\angle y=120^\circ$

(2)$\angle x=64^\circ$，$\angle y=52^\circ$

解き方　(1)$\angle y=180^\circ-30^\circ\times2=120^\circ$

(2)$\angle x=\angle ABC=2\angle CBD=32^\circ\times2=64^\circ$

$\angle y=180^\circ-64^\circ\times2=52^\circ$

2 △ABDと△ACDにおいて，

仮定から，　AB＝AC　①

共通な辺だから，

AD＝AD　②

ADは∠Aの二等分線であるから，

∠BAD＝∠CAD　③

①，②，③より，2組の辺とその間の角がそれぞれ等しいから，

△ABD≡△ACD

したがって，BD＝CD　④

$\angle ADB=\angle ADC$，$\angle ADB+\angle ADC=180^\circ$より，

$\angle ADB=\angle ADC=90^\circ$

したがって，AD⊥BC　⑤

④，⑤から，頂角∠Aの二等分線は底辺BCを垂直に2等分する。

解き方　△ABDと△ACDが合同であることを示せば，BD＝CD，$\angle ADB=\angle ADC=90^\circ$すなわちAD⊥BCを証明できる。

3 (1)△ABCと△ADCにおいて，

仮定から，　AB＝AD　①

BC＝DC　②

共通な辺だから，AC＝AC　③

①，②，③より，3組の辺がそれぞれ等しいから，　△ABC≡△ADC

合同な図形の対応する角は等しいから，

∠BCA＝∠DCA

(2)△BCOと△DCOにおいて，

仮定から，　BC＝DC　①

共通な辺だから，CO＝CO　②

(1)より，　∠BCO＝∠DCO　③

①，②，③より，2組の辺とその間の角がそれぞれ等しいから，

△BCO≡△DCO

よって，合同な図形の対応する辺や角は等しいから，

BO＝DO　④

∠BOC＝∠DOC　⑤

また，$\angle BOC+\angle DOC=180^\circ$　⑥

⑤，⑥から，　$\angle BOC=\angle DOC=90^\circ$　⑦

④，⑦より，ACは線分BDの垂直二等分線である。

解き方　(2)ACがBDの垂直二等分線であることを証明するには，BO＝DO，$\angle BOC=\angle DOC=90^\circ$を示す。

p.83　ぴたトレ1

1 仮定から，$\angle PBC=\frac{1}{2}\angle ABC$　①

$\angle PCB=\frac{1}{2}\angle ACB$　②

△ABCはAB＝ACの二等辺三角形であるから，

∠ABC＝∠ACB　③

①，②，③から，

∠PBC＝∠PCB

2つの角が等しいから，△PBCは二等辺三角形である。

解き方　三角形の2つの辺が等しいこと，または2つの角が等しいことを示せば，二等辺三角形であることを証明できる。
角の二等分線の性質と二等辺三角形の性質を利用して，2つの角が等しくなることを導く。

2 仮定から，　∠CBD＝∠FBD　①

AD∥BCより，錯角は等しいから，

∠FDB＝∠CBD　②

①，②から，∠FDB＝∠FBD

2つの角が等しいから，△FBDは二等辺三角形である。

解き方　三角形の2つの辺が等しいこと，または2つの角が等しいことを示せば，二等辺三角形であることを証明できる。

3 △ABC において，
∠A＝∠C から，△ABC は二等辺三角形で，
AB＝BC　①
∠A＝∠B から，△ABC は二等辺三角形で，
BC＝CA　②
①，②から，AB＝BC＝CA

解き方　∠A＝∠C より，△ABC は ∠B を頂角とする二等辺三角形であるから，AB＝BC
∠A＝∠B より，△ABC は ∠C を頂角とする二等辺三角形であるから，BC＝CA

p.85　ぴたトレ1

1 ㋐と㋔
斜辺と他の1辺がそれぞれ等しい。
㋑と㋓
斜辺と1つの鋭角がそれぞれ等しい。

解き方　㋓のもう1つの鋭角は，
180°－(90°＋40°)＝50°

2 △ABE と △ADE において，
仮定から，∠ABE＝∠ADE＝90°　①
AB＝AD　②
また，　AE は共通　③
①，②，③より，直角三角形の斜辺と他の1辺がそれぞれ等しいから，
△ABE≡△ADE
よって，　∠BAE＝∠DAE
すなわち，AE は ∠A の二等分線である。

解き方　AE が ∠A の二等分線であることを証明するには，∠BAE＝∠DAE を示す。
∠BAE と ∠DAE が対応する角となるような合同な三角形を見つける。

3 △DBM と △ECM において，
仮定から，∠BDM＝∠CEM＝90°　①
BM＝CM　②
MD＝ME　③
①，②，③より，直角三角形の斜辺と他の1辺がそれぞれ等しいから，
△DBM≡△ECM
したがって，　∠B＝∠C

解き方　∠B を1つの角とする直角三角形 DBM と ∠C を1つの角とする直角三角形 ECM に着目し，この2つの直角三角形が合同であることを示し，∠B＝∠C を導く。

p.86～87　ぴたトレ2

1 (1)底　(2)二等分　(3)二等辺

解き方　二等辺三角形の定義や二等辺三角形に関する定理を整理して覚えておこう。

2 △ABD と △ACE において，
仮定から，　AB＝AC　①
BD＝CE　②
二等辺三角形の底角だから，
∠ABD＝∠ACE　③
①，②，③より，2組の辺とその間の角がそれぞれ等しいから，
△ABD≡△ACE
したがって，　AD＝AE

解き方　AD と AE が対応する辺となるような合同な三角形を見つける。

3 △ABE と △ACE において，
仮定から，　AB＝AC　①
∠BAE＝∠CAE　②
共通な辺だから，AE＝AE　③
①，②，③より，2組の辺とその間の角がそれぞれ等しいから，
△ABE≡△ACE
よって，　EB＝EC
2つの辺が等しいから，△EBC は二等辺三角形である。

解き方　三角形の2つの辺が等しいこと，または2つの角が等しいことを示せば，二等辺三角形であることを証明できる。
三角形の合同を利用して，2つの辺が等しくなることを導く。

4 △DBE と △ECF において，
仮定から，　BE＝CF　①
正三角形であるから，
∠DBE＝∠ECF(＝60°)　②
DB＝AB－AD，EC＝BC－BE
AB＝BC，AD＝BE から，DB＝EC　③
①，②，③より，2組の辺とその間の角がそれぞれ等しいから，
△DBE≡△ECF

したがって，DE＝EF　④
同様にして，△ECF≡△FAD であるから，
EF＝FD　⑤
④，⑤から，DE＝EF＝FD
3 つの辺が等しいから，△DEF は正三角形である。

解き方
3 つの辺が等しいことを示せば，△DEF が正三角形であることを証明できる。
△DBE，△ECF，△FAD に着目し，三角形の合同条件を利用する。

5 △EBC と △DCB において，
仮定から，∠BEC＝∠CDB＝90°　①
∠EBC＝∠DCB　②
共通な辺だから，
BC＝CB　③
①，②，③より，直角三角形の斜辺と 1 つの鋭角がそれぞれ等しいから，
△EBC≡△DCB
よって，　∠ECB＝∠DBC
2 つの角が等しいから，△PBC は二等辺三角形である。

解き方
三角形の 2 つの辺が等しいこと，または 2 つの角が等しいことを示せば，二等辺三角形であることを証明できる。
直角三角形の合同を利用して，2 つの角が等しくなることを導く。

6 △ABF と △BCG において，
仮定から，　∠AFB＝∠BGC＝90°　①
四角形 ABCD は正方形であるから，
AB＝BC　②
∠ABF＝∠B－∠GBC＝90°－∠GBC　③
∠BCG＝180°－(90°＋∠GBC)
＝90°－∠GBC　④
③，④から，∠ABF＝∠BCG　⑤
①，②，⑤から，直角三角形の斜辺と 1 つの鋭角がそれぞれ等しいから，
△ABF≡△BCG

解き方
証明する 2 つの三角形について，1 つの内角が直角であり，正方形の性質から斜辺がそれぞれ等しくなるから，直角三角形の合同条件が使えることがわかる。

7 △AEB と △CDB において，
△ABC は正三角形であるから，
AB＝CB　①
△EBD は正三角形であるから，
EB＝DB　②
また，　∠ABE＝60°－∠ABD　③
∠CBD＝60°－∠ABD　④
③，④から，∠ABE＝∠CBD　⑤
①，②，⑤より，2 組の辺とその間の角がそれぞれ等しいから，
△AEB≡△CDB
したがって，　AE＝CD

解き方
AE，CD を辺とする △AEB と △CDB が合同であることがいえれば，対応する辺は等しいから，AE＝CD がいえる。
∠ABE と ∠CBD が等しいことは，60° の角から同じ角 ∠ABD を引いた角であることから導く。

理解のコツ
・二等辺三角形の証明は，「2 辺が等しい」，「2 角が等しい」のどちらかをいえばよい。
・問題文の中に「垂線を引く」という表現が出てきたら，直角三角形の合同条件が使えないかを考えよう。

p.89　ぴたトレ 1

1 (1)$x=4$，$y=6$　(2)$x=68$，$y=112$
(3)$x=5$，$y=8$

解き方
(1)平行四辺形の対辺は等しい。
AB＝DC＝4 cm
BC＝AD＝6 cm
(2)平行四辺形の対角は等しい。
$\angle x=\angle D=68°$
$\angle y=180°-68°=112°$
(3)平行四辺形の 2 つの対角線はそれぞれの中点で交わる。
CO＝AO＝5 cm
DO＝BO＝8 cm

2 △ABE と △CDF において，
仮定から，　BE＝DF　①
平行四辺形の対辺と対角はそれぞれ等しいから，
AB＝CD　②
∠ABE＝∠CDF　③
①，②，③より，2 組の辺とその間の角がそれぞれ等しいから，
△ABE≡△CDF
したがって，　AE＝CF

解き方
平行四辺形の性質を利用して，△ABE と △CDF の合同を証明し，合同な図形の性質から結論を導く。

3 △ABE と △CDF において，

仮定から，　∠AEB＝∠CFD＝90°　①

平行四辺形の対辺は等しいから，

AB＝CD　②

平行線の鋭角は等しいから，

AB // CD より，∠ABE＝∠CDF　③

①，②，③より，直角三角形の斜辺と1つの鋭角がそれぞれ等しいから，

△ABE≡△CDF

したがって，　BE＝DF

解き方

BE と DF が対応する辺となるような合同な三角形を見つける。

△ABE と △CDF は直角三角形だから，直角三角形の合同条件が使えないかを，まず考える。

p.91　ぴたトレ 1

1 ㋐　2組の対角がそれぞれ等しい。

㋒　1組の対辺が平行で等しい。

解き方

㋐∠D＝360°－50°×2－130°

＝130°＝∠B

2組の対角がそれぞれ等しいから，平行四辺形になる。

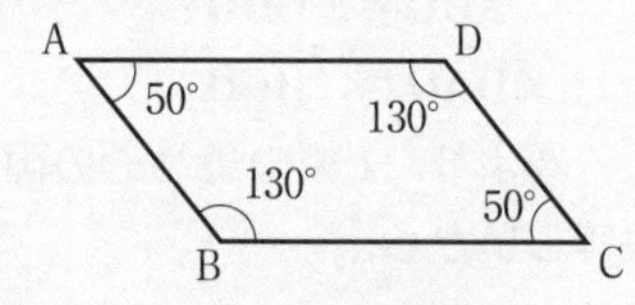

㋑次の図のようになる場合がある。

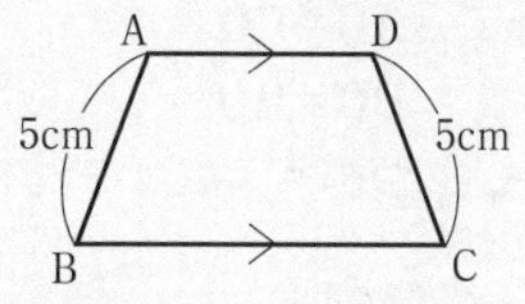

㋒1組の対辺が平行で等しいから，平行四辺形になる。

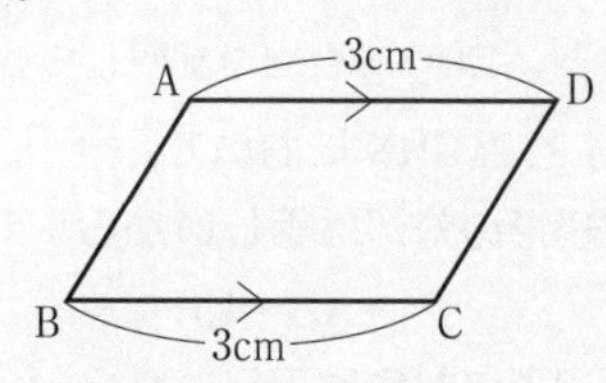

㋓平行四辺形にならない。

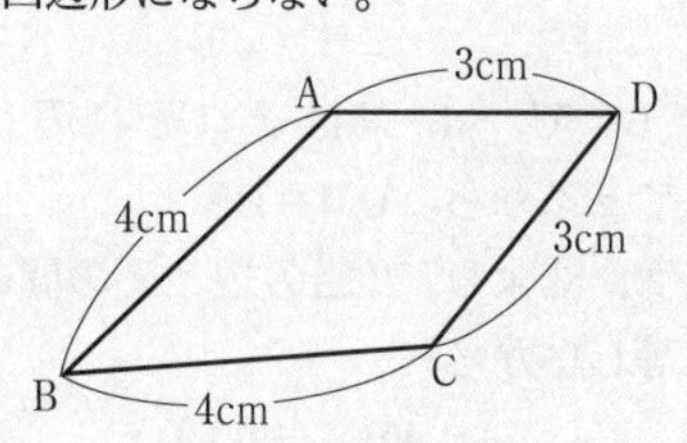

2 (1)△ABE と △CDF において，

仮定から，∠AEB＝∠CFD＝90°　①

平行四辺形の対辺は等しいから，

AB＝CD　②

平行線の錯角は等しいから，

AB // DC より，

∠ABE＝∠CDF　③

①，②，③より，直角三角形の斜辺と1つの鋭角がそれぞれ等しいから，

△ABE≡△CDF

(2)四角形 AECF において，

仮定から，∠AEF＝∠CFE＝90°

よって，錯角が等しいから，

AE // FC　①

△ABE≡△CDF より，

対応する辺は等しいから，

AE＝CF　②

①，②より，1組の対辺が平行で等しいから，

四角形 AECF は平行四辺形である。

解き方

(2)(1)の証明から新たにわかったことがらを図にかきこんでみる。

それから，平行四辺形になるための5つの条件のうち，使えそうなものを検証していく。

3 △ABE と △CDF において，

仮定から，　BE＝DF　①

平行四辺形の対辺は等しいから，

AB＝CD　②

平行線の錯角は等しいから，

AB // DCより，

∠ABE＝∠CDF　③

①，②，③より，2組の辺とその間の角がそれぞれ等しいから，

△ABE≡△CDF

したがって，AE＝CF　④

∠AEB＝∠CFD　⑤

⑤より，　∠AEF＝180°－∠AEB

＝180°－∠CFD

＝∠CFE　⑥

⑥より，錯角が等しいから，

AE // FC　⑦

④，⑦より，1組の対辺が平行で等しいから，

四角形 AECF は平行四辺形である。

解き方　四角形 AECF の対辺 AE，CF をふくむ 2 つの三角形に着目し，それらの合同を証明すれば，AE=CF が導ける。
1 組の対辺が等しいこととあと何がわかれば平行四辺形であるといえるかを考え，必要な条件を示すようにする。
△ADF≡△CBE から，AF=CE を示し，2 組の対辺が等しいことを使って平行四辺形であることを証明してもよい。

p.93　ぴたトレ 1

1 **線分 AM を 2 倍に延長して AD とすると，2 つの対角線がそれぞれの中点で交わるから，四角形 ABDC は平行四辺形である。**
∠A=90° であるから，四角形 ABDC は長方形である。
長方形の対角線の長さは等しいから，
AD=BC
したがって，AM=BM=CM

解き方　線分 AM を 2 倍に延長すると，長方形ができる。長方形ができることを示し，長方形の対角線の性質から，AM=BM=CM を導く。

2 **△ABO と △ADO において，**
仮定から，　AB=AD　①
BO=DO　②
△ABD は二等辺三角形であるから，
∠ABO=∠ADO　③
①，②，③より，2 組の辺とその間の角がそれぞれ等しいから，
△ABO≡△ADO
したがって，∠BAO=∠DAO
二等辺三角形の頂角の二等分線は底辺を垂直に 2 等分するから，AC⊥BD

解き方　△ABD が二等辺三角形であることに着目し，二等辺三角形の頂角の二等分線は底辺を垂直に 2 等分することを利用する。
△ABO と △ADO が合同であることを示し，∠BAO=∠DAO を導き，AC⊥BD を証明する。

3 **C，D，4 つの角**

解き方　長方形の定義「4 つの角が等しい四角形」を導けばよい。

4 **(1)AB=BC　(2)∠A=90°**

解き方　(1)AB=BC という条件を加えると，平行四辺形の性質から AB=BC=CD=DA となり，4 つの角が等しく，4 つの辺が等しくなる。
(2)∠A=90° という条件を加えると，平行四辺形の性質から ∠A=∠B=∠C=∠D=90° となり，4 つの角が等しく，4 つの辺が等しくなる。

p.94～95　ぴたトレ 2

◆1 **(1)$x=65$，$y=115$　(2)$x=9$，$y=6$**

解き方　平行四辺形の性質を利用して求める。
(1)$\angle x=\angle A=65°$
$\angle y=180°-65°=115°$
(2)BC=AD=9 cm
$DO=\frac{1}{2}BD=\frac{1}{2}\times 12=6(cm)$

◆2 **2 つの対角線の交点を O とする。**
△AOD と △COB において，
平行四辺形の対辺は等しいから，
AD=CB　①
平行線の錯角は等しいから，
AD∥BC より，
∠ADO=∠CBO　②
∠DAO=∠BCO　③
①，②，③より，1 組の辺とその両端の角がそれぞれ等しいから，
△AOD≡△COB
したがって，AO=CO
DO=BO
すなわち，2 つの対角線はそれぞれの中点で交わる。

解き方　三角形の合同を利用して，AO=CO，BO=DO を導く。
△ABO と △CDO の合同を証明してもよい。

◆3 **△ABM と △CDN において，**
平行四辺形の対辺は等しいから，
AB=CD　①
平行四辺形の対角は等しいから，
∠B=∠D　②
AD=BC で，M，N はそれぞれ辺 BC，AD の中点であるから，BM=DN　③
①，②，③より，2 組の辺とその間の角がそれぞれ等しいから，
△ABM≡△CDN
したがって，∠AMB=∠CND

解き方

∠AMB を角としてもつ △ABM と，∠CND を角としてもつ △CDN に着目し，この 2 つの三角形が合同であることを示し，∠AMB＝∠CND を導く。
△ABM と △CDN が合同であることを示すには，平行四辺形の性質を利用する。

4 (1)△ABE と △CDF において，
仮定から，AE＝CF ①
平行四辺形の対辺は等しいから，
AB＝CD ②
平行線の錯角は等しいから，
∠BAE＝∠DCF ③
①，②，③より，2 組の辺とその間の角がそれぞれ等しいから，
△ABE≡△CDF
(2)(1)より，△ABE≡△CDF であるから，
EB＝FD ①
(1)と同様にして，△ADE≡△CBF であるから， ED＝FB ②
①，② より，2 組の対辺がそれぞれ等しいから，四角形 EBFD は平行四辺形である。
(別の証明)▱ABCD の 2 つの対角線の交点を O とすると，2 つの対角線はそれぞれの中点で交わるから，
AO＝CO ①
BO＝DO ②
① と仮定の AE＝CF より，
EO＝FO ③
②，③より，2 つの対角線がそれぞれの中点で交わるから，四角形 EBFD は平行四辺形である。

解き方

(1)平行四辺形の性質と平行線の性質を利用して証明する。
(2)(1)で証明したことがらを利用して，2 組の対辺がそれぞれ等しくなることを示し，平行四辺形であることを証明する。
あるいは，補助線として対角線 BD を引き，2 つの対角線がそれぞれの中点で交わることを示し，平行四辺形であることを証明する。

5 (1)ひし形 (2)長方形 (3)正方形

解き方

(1)対角線の交点を O とすると，
△ABO≡△CBO≡△CDO≡△ADO より，
AB＝BC＝CD＝DA
4 つの辺が等しくなるから，ひし形になる。

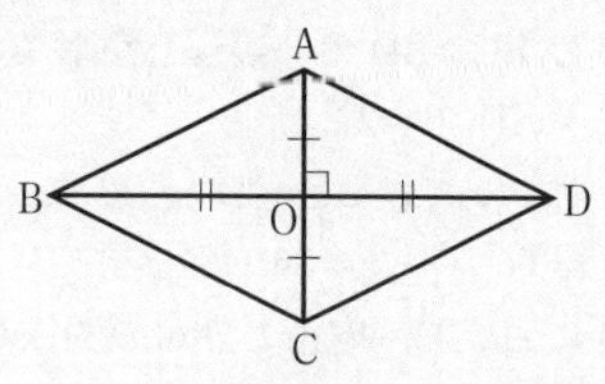

(2)△ABC≡△DCB(3 組の辺がそれぞれ等しい)より，∠B＝∠C
また，∠B＝∠D，∠C＝∠A
したがって，∠A＝∠B＝∠C＝∠D
4 つの角が等しいから，長方形になる。

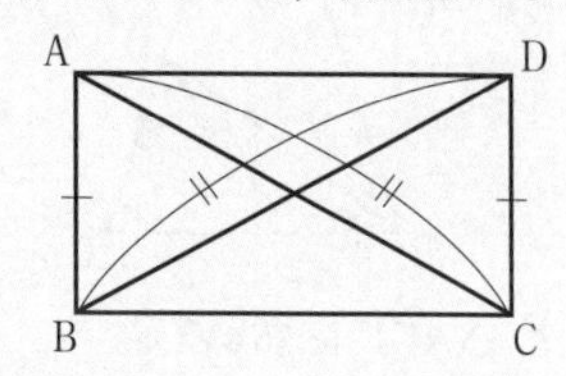

(3)AC⊥BD より，AB＝BC＝CD＝DA
AC＝BD より，∠A＝∠B＝∠C＝∠D
4 つの辺が等しく，4 つの角が等しくなるから，正方形になる。

6 AE∥FD，AF∥ED より，四角形 AEDF は平行四辺形である。
平行線の錯角は等しいから，
∠FAD＝∠EDA ①
また，仮定から，
∠EAD＝∠FAD ②
①，② から，∠EAD＝∠EDA
△EAD は二等辺三角形であるから，
EA＝ED
平行四辺形であり，となり合う辺が等しいから，四角形 AEDF はひし形である。

解き方

四角形 AEDF が平行四辺形であることを示す。
次に，平行線の性質と角の二等分線から △EAD が二等辺三角形であることを示し，となり合う辺が等しいことから，ひし形であることを証明する。

理解のコツ

・平行四辺形の性質を利用する証明問題がよく出題される。平行四辺形の性質をしっかり理解しておこう。
・長方形，ひし形，正方形は，どれも平行四辺形の特別な場合であるから，平行四辺形の性質をベースにどんな条件が加わっているかを覚えておこう。

p.96〜97 ぴたトレ3

❶ 36°

解き方
$\angle DBA=\angle DBC=\angle x$ とする。
△ABC は AB＝AC の二等辺三角形であるから，
$\angle DCB=\angle ABC=2\angle x$
△BCD は BC＝BD の二等辺三角形であるから，
$\angle BDC=\angle DCB=2\angle x$
△BCD において，$\angle x+2\angle x+2\angle x=180°$
$5\angle x=180°$　　$\angle x=36°$
△ABD において，内角と外角の関係から，
$\angle A=\angle BDC-\angle DBA=\angle x=36°$

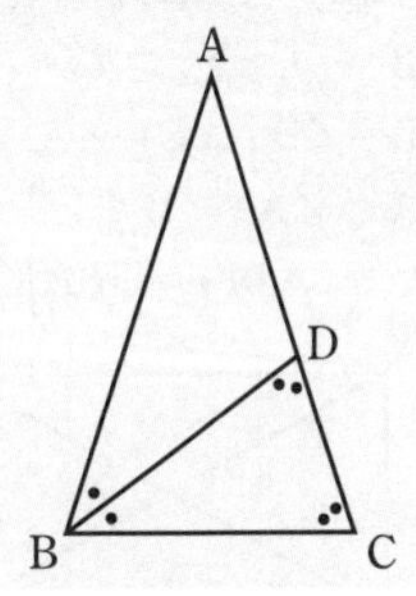

❷ △ABD と △ACE において，
仮定から，　AB＝AC　①
AD＝AE　②
∠BAD＝∠CAE　③
①，②，③より，2 組の辺とその間の角がそれぞれ等しいから，
△ABD≡△ACE
したがって，BD＝CE

解き方
線分 BD を辺としてもつ △ABD と線分 CE を辺としてもつ △ACE に着目し，この 2 つの三角形の合同を示し，BD＝CE であることを導く。

❸ △BAE と △DAC において，
仮定から，BA＝DA　①
AE＝AC　②
また，∠BAE＝∠BAC＋60°　③
∠DAC＝∠BAC＋60°　④
③，④から，
∠BAE＝∠DAC　⑤
①，②，⑤より，2 組の辺とその間の角がそれぞれ等しいから，
△BAE≡△DAC

解き方
正三角形の性質を使って，三角形の合同を証明する。
三角形の 3 つの合同条件のうちどれが使えるかを考える。

❹ (1) 3 cm　(2) 124°

解き方
平行四辺形の性質を利用して求める。
(1) ∠DEC＝∠DCE より，△DEC は二等辺三角形で，DE＝DC
AE＝AD－DE＝8－5＝3(cm)
(2) ∠B＝∠D より，∠D＝68°
∠DCE＝(180°－68°)÷2＝56°
∠AEC＝68°＋56°＝124°

❺ △BFO と △DEO において，
平行四辺形の 2 つの対角線は，それぞれの中点で交わるから，
BO＝DO　①
対頂角は等しいから，
∠BOF＝∠DOE　②
AD // BC より，錯角は等しいから，
∠OBF＝∠ODE　③
①，②，③より，1 組の辺とその両端の角がそれぞれ等しいから，
△BFO≡△DEO
したがって，FO＝EO　④
①，④より，2 つの対角線がそれぞれの中点で交わるから，四角形 EBFD は平行四辺形である。

解き方
四角形 EBFD の中の △BFO と △DEO に着目し，この 2 つの三角形が合同であることを示し，FO＝EO を導く。
すると，2 つの対角線がそれぞれの中点で交わることが示せる。

❻ AD // BC より，∠DAB＋∠ABC＝180°
AE，BF はそれぞれ ∠DAB，∠ABC の二等分線であるから，
∠PAB＋∠PBA＝180°÷2＝90°
したがって，
∠SPQ＝∠APB＝180°－90°＝90°
同様にして，
∠PQR＝∠QRS＝∠RSP＝90°
4 つの角が等しいから，四角形 PQRS は長方形である。

解き方
4 つの角がすべて等しいことを示せば，四角形は長方形になることを証明できる。
平行線の性質や角の二等分線を利用して，4 つの角がすべて等しいことを導く。

6章　確率

p.99　6, 7章　ぴたトレ0

1 6通り

解き方

ぶどうをぶ，ももをも，りんごをり，みかんをみで表し，次のような図や表にかいて考える。

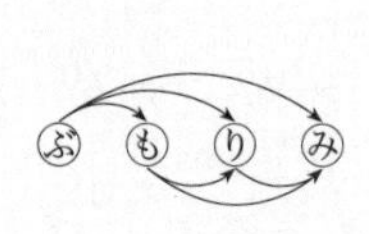

	ぶ	も	り	み
ぶ		○	○	○
も			○	○
り				○
み				

ぶどうともも，ももとぶどうは同じ組み合わせであることに注意しよう。
図や表から，選び方は，
ぶとも，ぶとり，ぶとみ，もとり，
もとみ，りとみ
の6通りであるとわかる。

2 (1)20分　(2)90分　(3)70分　(4)35分

解き方

(3)(最大値)−(最小値)だから，
$90-20=70$(分)
(4)データの個数が10だから，5番目と6番目の値の平均をとる。
$(30+40)\div 2=35$(分)

p.101　ぴたトレ1

1 ㋑，㋒

解き方

㋐雨が降ることと晴れることが同じ程度に起こることはまれである。
したがって，同様に確からしいとはいえない。
㋑表と裏の形状はほぼ同じだから，表が出ることと裏が出ることは，同じ程度に期待される。
㋒玉の形状は同じだから，赤玉が出ることと白玉が出ることは，同じ程度に期待される。

2 (1)$\frac{1}{4}$　(2)$\frac{4}{7}$　(3)$\frac{1}{2}$　(4)1

解き方

(1)起こり得る場合は全部で52通りあり，どのカードを引くことも同様に確からしい。
このうち，♠のマークを引く場合は13通り。
求める確率は，$\frac{13}{52}=\frac{1}{4}$
(2)起こり得る場合は，全部で，
$3+4=7$(通り)
どの玉を取り出すことも同様に確からしい。
このうち，白玉を取り出す場合は4通り。
求める確率は $\frac{4}{7}$
(3)起こり得る場合は全部で8通りあり，どの玉を取り出すことも同様に確からしい。
このうち，偶数を書いた玉を取り出す場合は4通り。
求める確率は，$\frac{4}{8}=\frac{1}{2}$
(4)起こり得る場合は全部で5通りあり，どのカードを引くことも同様に確からしい。
このうち，5以下のカードを引く場合は5通り。
求める確率は，$\frac{5}{5}=1$

p.103　ぴたトレ1

1 (1)3の倍数の目が出る確率…$\frac{1}{3}$

3の倍数の目が出ない確率…$\frac{2}{3}$

(2)素数である確率…$\frac{3}{10}$

素数でない確率…$\frac{7}{10}$

解き方

(1)目の出方は全部で6通り。
このうち，3の倍数の目は3，6の2通り。
3の倍数の目が出る確率は，$\frac{2}{6}=\frac{1}{3}$
3の倍数の目が出ない確率は，$1-\frac{1}{3}=\frac{2}{3}$
(2)カードの取り出し方は全部で40通り。
このうち，素数は，
2，3，5，7，11，13，17，19，23，29，31，37の12通り。
素数である確率は，$\frac{12}{40}=\frac{3}{10}$
素数でない確率は，$1-\frac{3}{10}=\frac{7}{10}$

2 (1)$\frac{1}{8}$　(2)$\frac{3}{8}$

解き方

(1)3枚の硬貨をA，B，Cとすると，表と裏の出方は，次の図から，8通り。

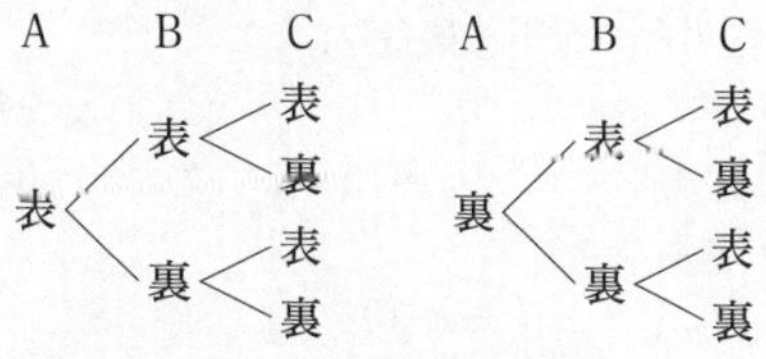

3枚とも表になるのは1通り。
求める確率は $\frac{1}{8}$
(2)1枚が表で，2枚が裏になるのは3通り。
求める確率は $\frac{3}{8}$

3 (1)$\frac{1}{9}$ (2)$\frac{1}{6}$

解き方

(1)目の出方は，次の 36 通り。

大＼小	1	2	3	4	5	6
1	(1, 1)	(1, 2)	(1, 3)	(1, 4)	(1, 5)	(1, 6)
2	(2, 1)	(2, 2)	(2, 3)	(2, 4)	(2, 5)	(2, 6)
3	(3, 1)	(3, 2)	(3, 3)	(3, 4)	(3, 5)	(3, 6)
4	(4, 1)	(4, 2)	(4, 3)	(4, 4)	(4, 5)	(4, 6)
5	(5, 1)	(5, 2)	(5, 3)	(5, 4)	(5, 5)	(5, 6)
6	(6, 1)	(6, 2)	(6, 3)	(6, 4)	(6, 5)	(6, 6)

出る目の和が 5 になる場合は，
(1, 4)，(2, 3)，(3, 2)，(4, 1)
の 4 通り。
求める確率は，$\frac{4}{36}=\frac{1}{9}$

(2) 出る目の和が 4 以下になる場合は，
(1, 1)，(1, 2)，(1, 3)，
(2, 1)，(2, 2)，(3, 1)
の 6 通り。
求める確率は，$\frac{6}{36}=\frac{1}{6}$

4 A…$\frac{1}{3}$，B…$\frac{1}{3}$

解き方

当たりを①，②，はずれを 3，4，5，6 とすると，A，B のくじの引き方は，次の樹形図のようになり，全部で 30 通りある。

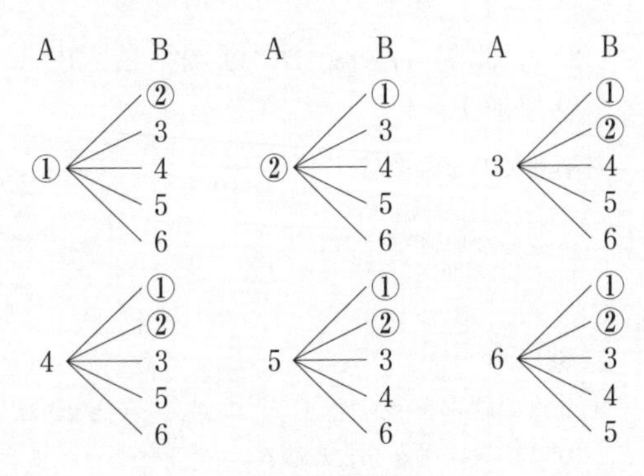

A が当たりを引く場合は，
(①，②)，(①，3)，(①，4)，(①，5)，(①，6)，
(②，①)，(②，3)，(②，4)，(②，5)，(②，6)
の 10 通り。
A が当たる確率は，$\frac{10}{30}=\frac{1}{3}$
B が当たりを引く場合は，
(①，②)，(②，①)，(3，①)，(3，②)，(4，①)，
(4，②)，(5，①)，(5，②)，(6，①)，(6，②)
の 10 通り。
B が当たる確率は，$\frac{10}{30}=\frac{1}{3}$

1 (1) $\frac{1}{20}$ (2) $\frac{1}{2}$ (3) $\frac{3}{10}$

解き方

(1)目の出方は全部で 20 通り。
5 の目が出る場合は 1 通り。
求める確率は $\frac{1}{20}$

(2)偶数の目が出る場合は，
2，4，6，8，10，12，14，16，18，20
の 10 通り。
求める確率は，$\frac{10}{20}=\frac{1}{2}$

(3) 3 の倍数の目が出る場合は，
3，6，9，12，15，18
の 6 通り。
求める確率は，$\frac{6}{20}=\frac{3}{10}$

2 $\frac{1}{2}$

解き方

3 枚のメダルを A，B，C とすると，表と裏の出方は，次の図から，8 通り。
このうち，表が 2 枚出るのは 3 通り，表が 3 枚出るのは 1 通り。
求める確率は，$\frac{3+1}{8}=\frac{1}{2}$

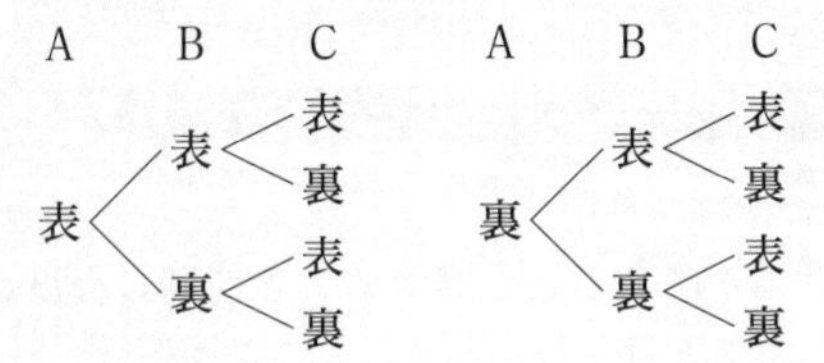

3 (1)$\frac{5}{6}$ (2)$\frac{5}{18}$ (3)$\frac{1}{6}$

解き方

A，B 2 つのさいころを同時に投げるときの目の出方は，
6×6＝36(通り)

(1)同じ目が出る場合は，
(1, 1)，(2, 2)，(3, 3)，(4, 4)，(5, 5)，
(6, 6)
の 6 通り。
同じ目が出る確率は，$\frac{6}{36}=\frac{1}{6}$
同じ目が出ない確率は，$1-\frac{1}{6}=\frac{5}{6}$

(2)目の和が 9 以上になる出方は，
(3, 6)，(4, 5)，(4, 6)，(5, 4)，(5, 5)，
(5, 6)，(6, 3)，(6, 4)，(6, 5)，(6, 6)
の 10 通り。
求める確率は，$\frac{10}{36}=\frac{5}{18}$

(3)目の差が3になる出方は，
(1, 4), (2, 5), (3, 6), (4, 1), (5, 2), (6, 3)
の6通り。
求める確率は，$\frac{6}{36}=\frac{1}{6}$

4 (1)$\frac{1}{6}$ (2)$\frac{1}{3}$

解き方
(1)A，B，Cの順で花を取ることを
(A，B，C)で表すと，取り出し方は全部で，
(赤，黄，白)，(赤，白，黄)，
(黄，赤，白)，(黄，白，赤)，
(白，赤，黄)，(白，黄，赤)
の6通り。
このうち，Aが黄，Bが白，Cが赤となるのは
(黄，白，赤)の1通り。
求める確率は $\frac{1}{6}$
(2)Cが白となるのは，
(赤，黄，白)，(黄，赤，白)
の2通り。
求める確率は，$\frac{2}{6}=\frac{1}{3}$

5 (1)$\frac{1}{6}$ (2)$\frac{2}{3}$

解き方
(1)赤玉を①，②，白玉を③，④として，2個の玉の取り出し方を{ }で表すと，玉の取り出し方は，
{①，②}，{①，③}，{①，④}，
{②，③}，{②，④}，{③，④}
の6通り。
このうち，2個とも赤玉となるのは，
{①，②}の1通り。
求める確率は $\frac{1}{6}$
(2)赤玉と白玉が1個ずつとなるのは，
{①，③}，{①，④}，{②，③}，{②，④}
の4通り。
求める確率は，$\frac{4}{6}=\frac{2}{3}$

6 (1)$\frac{3}{5}$ (2)$\frac{2}{5}$

解き方
(1)2人の選ばれ方は，
{A，B}，{A，C}，{A，D}，{A，E}，
{B，C}，{B，D}，{B，E}，
{C，D}，{C，E}，{D，E}
の10通り。
このうち，男子と女子が1人ずつ当番になるのは，
{A，C}，{A，D}，{A，E}，
{B，C}，{B，D}，{B，E}
の6通り。
求める確率は，$\frac{6}{10}=\frac{3}{5}$
(2)男子2人または女子2人が当番になるのは，
{A，B}，{C，D}，{C，E}，{D，E}
の4通り。
求める確率は，$\frac{4}{10}=\frac{2}{5}$
別解 2人の選ばれ方は，
「男子2人」,「男子1人，女子1人」,「女子2人」
のどれかになる。
求める確率は，1−((1)の確率)で求められるから，$1-\frac{3}{5}=\frac{2}{5}$

理解のコツ
・確率の問題では，起こり得るすべての場合を正確に求めることが大切である。もれのないように，あるいは重複しないようにするため，表や樹形図を用いて，整理して求めるようにしよう。

p.106～107 ぴたトレ3

1 表…0.68，裏…0.32

解き方
表が出た相対度数が0.68に近づいているから，表が出る確率は0.68
あることがらAの起こる確率がpであるとき，Aの起こらない確率は$1-p$であるから，裏が出る確率は，$1-0.68=0.32$

2 (1)$\frac{1}{3}$ (2)$\frac{2}{3}$

解き方
(1)1から30までの数のうち，3の倍数は，
3, 6, 9, 12, 15, 18, 21, 24, 27, 30
の10通り。
求める確率は，$\frac{10}{30}=\frac{1}{3}$
(2)求める確率は，$1-\frac{1}{3}=\frac{2}{3}$

❸ (1)$\frac{1}{10}$ (2)$\frac{3}{5}$

解き方

(1)当たりくじを①，②，はずれくじを3，4，5とすると，A，Bのくじの引き方は，全部で20通りある。

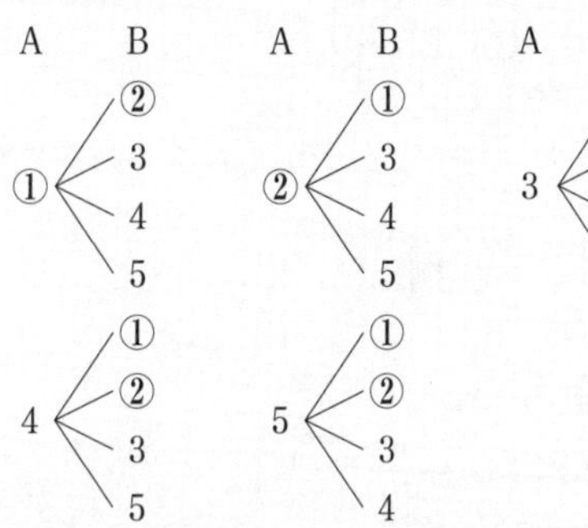

2人とも当たるのは，

(①，②)，(②，①)

の2通り。

求める確率は，$\frac{2}{20}=\frac{1}{10}$

(2)1人だけ当たるのは，

(①，3)，(①，4)，(①，5)，(②，3)，(②，4)，(②，5)，(3，①)，(3，②)，(4，①)，(4，②)，(5，①)，(5，②)

の12通り。

求める確率は，$\frac{12}{20}=\frac{3}{5}$

❹ (1)9通り (2)$\frac{1}{3}$

解き方

(1)グーをグ，チョキをチ，パーをパとすると，A，B2人のじゃんけんの出し方は，全部で9通りある。

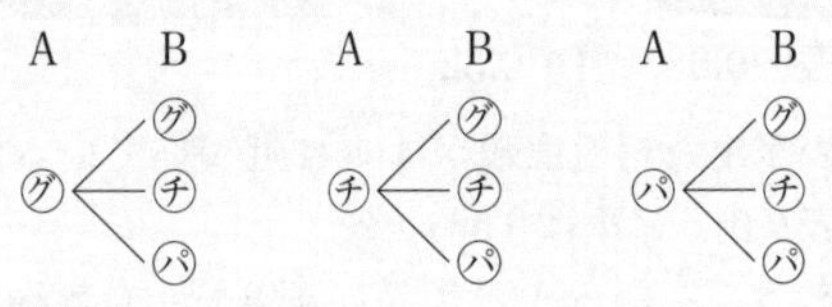

(2)Aが勝つのは，

(グ，チ)，(チ，パ)，(パ，グ)

の3通り。

求める確率は，$\frac{3}{9}=\frac{1}{3}$

❺ (1)$\frac{1}{6}$ (2)$\frac{5}{6}$

解き方

(1)大小2つのさいころを同時に投げるときの目の出方は，

6×6＝36(通り)

目の和が6の倍数になる出方は，

(1，5)，(2，4)，(3，3)，(4，2)，(5，1)，(6，6)

の6通り。

求める確率は，$\frac{6}{36}=\frac{1}{6}$

(2)目の数が同じになるのは，

(1，1)，(2，2)，(3，3)，(4，4)，(5，5)，(6，6)

の6通り。

ちがうのは，36−6＝30(通り)

求める確率は，$\frac{30}{36}=\frac{5}{6}$

別解 目の数が同じになる確率は，$\frac{6}{36}=\frac{1}{6}$

ちがう確率は，$1-\frac{1}{6}=\frac{5}{6}$

❻ (1)$\frac{3}{5}$ (2)$\frac{1}{10}$

解き方

(1)2人の選び方を{ }で表すと，選び方は全部で，

{A，B}，{A，C}，{A，D}，{A，E}，{B，C}，{B，D}，{B，E}，{C，D}，{C，E}，{D，E}

の10通り。

このうち，男女1人ずつを選ぶのは，

{A，D}，{A，E}，{B，D}，{B，E}，{C，D}，{C，E}

の6通り。

求める確率は，$\frac{6}{10}=\frac{3}{5}$

(2)2人とも女子を選ぶのは，

{D，E}の1通り。

求める確率は$\frac{1}{10}$

❼ (1)$\frac{1}{8}$ (2)$\frac{7}{8}$

解き方

(1)玉の取り出し方は，

(A，B，C)＝(白，白，白)，(白，白，黒)，(白，黒，白)，(白，黒，黒)，(黒，白，白)，(黒，白，黒)，(黒，黒，白)，(黒，黒，黒)

の8通り。

3個とも白の場合は1通り。

求める確率は$\frac{1}{8}$

(2)少なくとも白玉が1個出るのは，(1)の下線をつけた7通り。

つまり，3個とも黒玉の出る場合(1通り)を除いた場合である。

求める確率は，$1-\frac{1}{8}=\frac{7}{8}$

❽ (1)$\frac{1}{12}$　(2)$\frac{2}{9}$

解き方

2回さいころを投げたとき，目の出方は全部で，
$6\times6=36$(通り)

(1)石が1周して，ちょうど頂点Aに止まるのは，
目の和が4になるときである。
目の和が4になるのは，
(1，3)，(2，2)，(3，1)
の3通り。
求める確率は，$\frac{3}{36}=\frac{1}{12}$

(2)石が頂点Bに止まるのは，目の和が5または
9になるときである。
目の和が5になるのは，
(1，4)，(2，3)，(3，2)，(4，1)
の4通り。
目の和が9になるのは，
(3，6)，(4，5)，(5，4)，(6，3)
の4通り。
求める確率は，$\frac{4+4}{36}=\frac{2}{9}$

7章　データの分布

p.109　ぴたトレ1

1 (1)第 1 四分位数…29 kg

第 2 四分位数…36 kg

第 3 四分位数…43 kg

(2)第 1 四分位数…29 kg

第 2 四分位数…35 kg

第 3 四分位数…42 kg

(3)A 班…14 kg

B 班…13 kg

解き方

(1)第 2 四分位数（中央値）を先に求める。

データが 9 個だから，第 2 四分位数（中央値）は小さい方から 5 番目の値で 36 kg

第 1 四分位数は，第 2 四分位数を除いた前半の 4 個の中央値で，小さい方から 2 番目と 3 番目の平均値で，

$\frac{27+31}{2}=29(\text{kg})$

第 3 四分位数は，第 2 四分位数を除いた後半の 4 個の中央値で，大きい方から 2 番目と 3 番目の平均値で，

$\frac{41+45}{2}=43(\text{kg})$

22　27　31　32　36　37　41　45　48

第 2 四分位数（中央値）

第 1 四分位数（前半のデータの中央値）　第 3 四分位数（後半のデータの中央値）

(2)データが 8 個だから，第 2 四分位数（中央値）は小さい方から 4 番目と 5 番目の平均値で，

$\frac{35+35}{2}=35(\text{kg})$

第 1 四分位数は，前半の 4 個の中央値で，小さい方から 2 番目と 3 番目の平均値で，

$\frac{28+30}{2}=29(\text{kg})$

第 3 四分位数は，後半の 4 個の中央値で，大きい方から 2 番目と 3 番目の平均値で，

$\frac{40+44}{2}=42(\text{kg})$

25　28　30　35　35　40　44　46

第 2 四分位数（中央値）

第 1 四分位数（前半のデータの中央値）　第 3 四分位数（後半のデータの中央値）

(3)(四分位範囲)＝(第 3 四分位数)－(第 1 四分位数)

A 班の四分位範囲は，43－29＝14(kg)

B 班の四分位範囲は，42－29＝13(kg)

2

A班

B班

20 22 24 26 28 30 32 34 36 38 40 42 44 46 48 50(kg)

解き方

箱ひげ図では，最小値，最大値，四分位数は次のように表される。

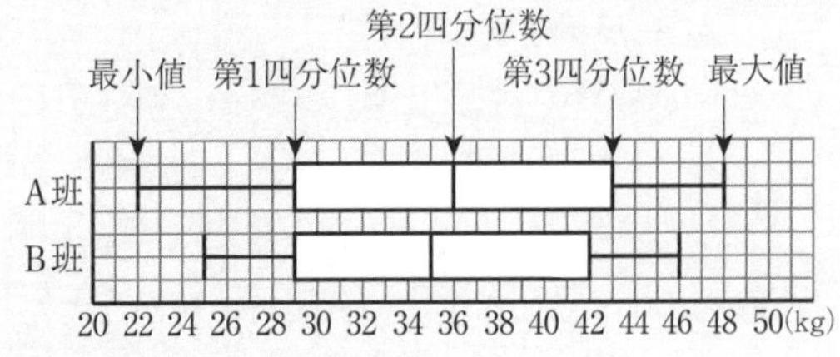

3 英語

解き方

箱ひげ図の読み取り問題である。

ひげの左端が最小値を表している。

国語の最小値は 3 点，数学の最小値は 2 点，英語の最小値は 4 点である。

したがって，4 点未満の生徒がいないのは英語である。

p.110　ぴたトレ2

1 (1)第 1 四分位数… 4 時間

第 2 四分位数…6.5 時間

第 3 四分位数…10 時間

(2) 6 時間

(3)

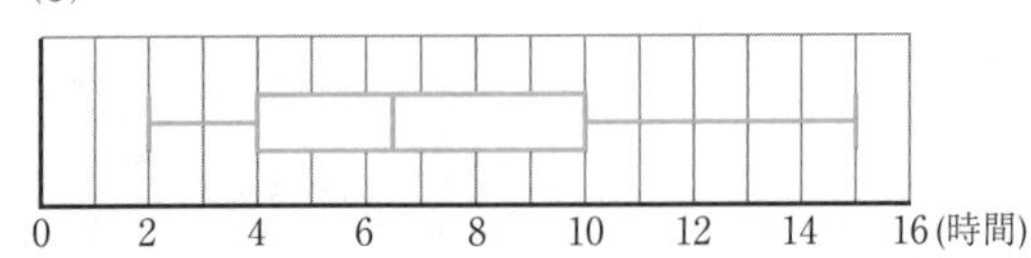

解き方

(1)データを小さい順に並べると，次のようになる。

2, 3, 3, 4, 4, 4, 5, 6, 7, 8, 9, 9, 11, 12, 14, 15

第 1 四分位数　第 2 四分位数　第 3 四分位数

第 1 四分位数は，

$\frac{4+4}{2}=4$(時間)

第 2 四分位数は，

$\frac{6+7}{2}=6.5$(時間)

第 3 四分位数は，

$\frac{9+11}{2}=10$(時間)

(2)(四分位範囲)＝(第 3 四分位数)－(第 1 四分位数)

10－4＝6(時間)

(3)ひげの端から端までの長さが範囲，箱の幅が四分位範囲となる。

◆2 (1)①A さん…24 点，B さん…22 点
②A さん… 4 点， B さん… 6 点
③A さん… 9 点， B さん…12 点
(2)A さん

解き方
(1)
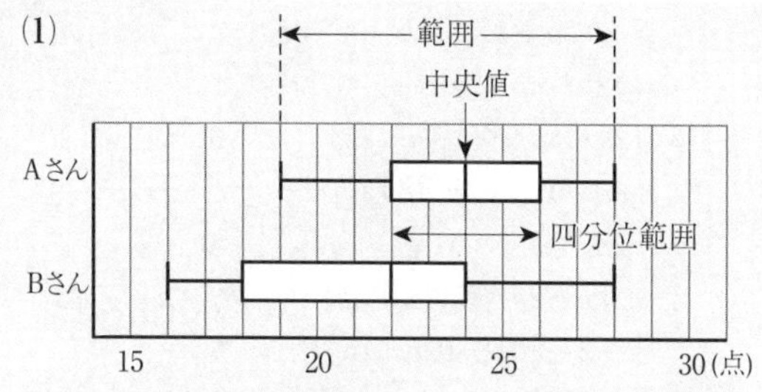

(2)箱ひげ図では，全体の約 50 % のデータが箱の中にふくまれている。
よって，A さんは約 50 % の確率で 22 点から 26 点取れ，B さんは約 50 % の確率で 18 点から 24 点取れるとみなすことができる。
したがって，A さんを選んだ方が高得点が期待できる。

理解のコツ
・四分位数や四分位範囲のことばの意味や求め方をしっかり理解しておこう。
・箱ひげ図の問題では，ひげの長さや箱の幅，中央値の位置に着目して，データの傾向や特徴が読みとれるようにしよう。

p.111 ぴたトレ3

❶ (1)A さん… 2 点，B さん…3.5 点
(2)
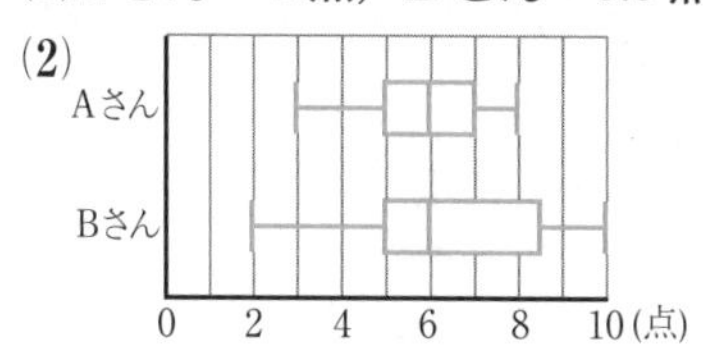

B さん

解き方
(1)それぞれのデータを小さい順に並べる。
A さん
3 4 5 5 6 6 6 7 7 8
第 1 四分位数は 5 点
第 2 四分位数は 6 点
第 3 四分位数は 7 点
四分位範囲は，7−5=2(点)
B さん
2 5 5 5 6 7 8 9 10
第 1 四分位数は 5 点
第 2 四分位数は 6 点
第 3 四分位数は 8.5 点
四分位範囲は，8.5−5=3.5(点)
(2)箱もひげも B さんの方が長いので，B さんの方が広く分布していると考えられる。

❷ (1)㋒ (2)㋑ (3)㋐

解き方
ヒストグラムの範囲を比べると，(1)と(3)は等しく，(2)は(1)，(3)より小さくなっている。
箱ひげ図では，ひげの左端から右端までが範囲だから，ひげの幅が小さい㋑が(2)に対応する。
ヒストグラムのデータの集まり具合を比べると，
(1)では中央近くに多く集まっており，
(3)では分散している。
箱ひげ図では，データの約 50 % が箱の中にふくまれるので，(1)の箱ひげ図の箱の幅は，
(3)より小さくなると考えられる。
よって，㋐が(3)，㋒が(1)に対応する。

定期テスト予想問題〈解答〉 p.114~127

p.114~115 予想問題 1

出題傾向

式の計算では，❷~❹のような計算問題は必ず出題される。ここで確実に点をとれるようにしよう。式の値を求める問題では，いきなり値を代入するのではなく，式を簡単にすることを忘れずに。
文字式による数量関係の表現，説明の問題は，どのような式を導けばよいか予想してから変形しよう。

❶ (1)項…$3x$，-1　次数…1
(2)項…xy，$-2y$　次数…2

解き方
+でつないだ式に直して考える。
多項式の次数は，各項の次数のうちで，もっとも大きい項の次数をいう。

❷ (1)$2a+9b$　(2)$-2x-6y$　(3)$7m+2n$
(4)$6x^2+x$　(5)$3a-2b+c$　(6)$5x-y+4$

解き方
(1)$5a+2b-3a+7b$
$=5a-3a+2b+7b$
$=2a+9b$
(2)$6x-4y-2y-8x$
$=6x-8x-4y-2y$
$=-2x-6y$
(3)$(3m-n)+(4m+3n)$
$=3m-n+4m+3n$
$=7m+2n$
(4)$(5x^2+8x)-(-x^2+7x)$
$=5x^2+8x+x^2-7x$
$=6x^2+x$
(5)$(2a+b-c)+(a-3b+2c)$
$=2a+b-c+a-3b+2c$
$=3a-2b+c$
(6)$3x-5y+9-(-2x-4y+5)$
$=3x-5y+9+2x+4y-5$
$=5x-y+4$

❸ (1)$-14x+35y$　(2)$12a-4b+32c$　(3)$2a-4b$
(4)$-12x-11y$　(5)$3x-4y$　(6)$-12a+8b$
(7)$\frac{2}{15}a-\frac{12}{5}b$　(8)$\frac{3x+11y}{20}$

解き方
(1)$-7(2x-5y)$
$=-7\times2x-7\times(-5y)$
$=-14x+35y$
(2)$4(3a-b+8c)$
$=4\times3a+4\times(-b)+4\times8c$
$=12a-4b+32c$
(3)$3(2a-4b)+4(-a+2b)$
$=6a-12b-4a+8b$
$=2a-4b$
(4)$-2(x-2y)-5(2x+3y)$
$=-2x+4y-10x-15y$
$=-12x-11y$
(5)$(18x-24y)\div6$
$=(18x-24y)\times\frac{1}{6}$
$=18x\times\frac{1}{6}-24y\times\frac{1}{6}=3x-4y$
(6)$(9a-6b)\div\left(-\frac{3}{4}\right)=(9a-6b)\times\left(-\frac{4}{3}\right)$
$=9a\times\left(-\frac{4}{3}\right)-6b\times\left(-\frac{4}{3}\right)=-12a+8b$
(7)$\frac{2}{5}(2a-b)-\frac{2}{3}(a+3b)$
$=\frac{4}{5}a-\frac{2}{5}b-\frac{2}{3}a-2b=\frac{2}{15}a-\frac{12}{5}b$
(8)$\frac{2x-y}{5}-\frac{x-3y}{4}=\frac{4(2x-y)-5(x-3y)}{20}$
$=\frac{8x-4y-5x+15y}{20}=\frac{3x+11y}{20}$

❹ (1)$-18xy^2$　(2)$-7b$　(3)$-2y^2$　(4)$-4ab^2$

解き方
(1)$(-2x)\times(-3y)^2$
$=(-2x)\times(-3y)\times(-3y)=-18xy^2$
(2)$28ab^2\div(-4ab)$
$=28ab^2\times\left(-\frac{1}{4ab}\right)=-7b$
(3)$6xy^2\times\left(-\frac{1}{3}xy\right)\div x^2y$
$=6xy^2\times\left(-\frac{xy}{3}\right)\times\frac{1}{x^2y}=-2y^2$
(4)$18ab^2\div3a^2b\times\left(-\frac{2}{3}a^2b\right)$
$=18ab^2\times\frac{1}{3a^2b}\times\left(-\frac{2a^2b}{3}\right)=-4ab^2$

❺ (1)-20　(2)$-\frac{9}{2}$

解き方
(1)$5(2x-3y)-4(3x-2y)$
$=-2x-7y$
$=-2\times\left(-\frac{1}{2}\right)-7\times3=-20$
(2)$(-2x)^2\div4xy\times(-6xy^2)=-6x^2y$
$=-6\times\left(-\frac{1}{2}\right)^2\times3=-\frac{9}{2}$

❻ n を整数とすると，連続する 3 つの偶数は，

$2n$，$2n+2$，$2n+4$

と表される。

それらの和は，

$$2n+(2n+2)+(2n+4)=6n+6$$
$$=6(n+1)$$

$n+1$ は整数だから，$6(n+1)$ は 6 の倍数である。

したがって，連続する 3 つの偶数の和は，6 の倍数である。

解き方 6 の倍数であることを説明するには，文字式を $6\times$(整数) の形にする。

❼ ㋐の体積は，

$$\frac{1}{3}\times\pi\times b^2\times a=\frac{1}{3}\pi ab^2$$

㋑の体積は，

$$\frac{1}{3}\times\pi\times a^2\times b=\frac{1}{3}\pi a^2 b$$

$$\frac{1}{3}\pi ab^2\div\frac{1}{3}\pi a^2 b$$

$$=\frac{\pi ab^2}{3}\times\frac{3}{\pi a^2 b}=\frac{b}{a}$$

よって，㋐の体積は㋑の体積の $\dfrac{b}{a}$ 倍である。

解き方 底面の半径 r，高さ h の円錐の体積は，

$\dfrac{1}{3}\pi r^2 h$

❽ (1)$y=\dfrac{ax+4}{3}$　(2)$x=-y+\dfrac{z}{3}$

解き方
(1)　$ax-3y+4=0$

ax，4 を移項すると，$-3y=-ax-4$

両辺を -3 でわると，　$y=\dfrac{ax+4}{3}$

(2)　$3(x+y)=z$

両辺を 3 でわると，$x+y=\dfrac{z}{3}$

y を移項すると，　$x=-y+\dfrac{z}{3}$

p.116〜117　予想問題 2

出題傾向

連立方程式を解く基本的な問題が多く出題される。余裕があれば，求めた解を式に代入して検算するとミスを防ぐことができる。

文章題では，途中の式を書く問題も多く出される。何を x，y とするのか，求めた解がそのまま答えになるのかなどを確認しよう。

❶ ㋒

解き方 それぞれの x，y の値を 2 つの式に代入して，どちらの式も等式が成り立つものを選ぶ。

❷ (1)$\begin{cases}x=3\\y=1\end{cases}$　(2)$\begin{cases}x=2\\y=-3\end{cases}$　(3)$\begin{cases}x=-3\\y=-5\end{cases}$

(4)$\begin{cases}x=4\\y=-1\end{cases}$　(5)$\begin{cases}x=-7\\y=-12\end{cases}$　(6)$\begin{cases}x=2\\y=-1\end{cases}$

解き方 加減法で解く。x，y のどちらかの係数の絶対値をそろえて，加えたりひいたりする。

それぞれの連立方程式において，上の式を①，下の式を②とする。

(1)①×2　　$2x+6y=12$
②×3　$+)\ 9x-6y=21$
　　　$11x\quad=33$　　$x=3$

$x=3$ を①に代入すると，

$3+3y=6$　　$y=1$

(2)①×2　　$6x-10y=\ 42$
②×3　$+)-6x+12y=-48$
　　　$2y=\ -6$　　$y=-3$

$y=-3$ を①に代入すると，

$3x+15=21$　　$x=2$

(3)①×3　　$21x-3y=-48$
②　$+)\ 2x+3y=-21$
　　　$23x\quad=-69$　　$x=-3$

$x=-3$ を①に代入すると，

$-21-y=-16$　　$y=-5$

(4)①　　$4x+\ 9y=\ 7$
②×4　$-)\ 4x+24y=-8$
　　　$-15y=\ 15$　　$y=-1$

$y=-1$ を②に代入すると，

$x-6=-2$　　$x=4$

(5)①×2　　$6x-2y+18=0$
②　$-)\ 5x-2y+11=0$
　　　$x\quad+\ 7=0$　　$x=-7$

$x=-7$ を①に代入すると，

$-21-y+9=0$　　$y=-12$

(6)①×2　　$10x+6y-14=0$
②×3　$+)\ 18x-6y-42=0$
　　　$28x\quad-56=0$　　$x=2$

$x=2$ を①に代入すると，

$10+3y-7=0$　　$y=-1$

❸ (1)$\begin{cases}x=-4\\y=-3\end{cases}$　(2)$\begin{cases}x=4\\y=-4\end{cases}$　(3)$\begin{cases}x=-6\\y=2\end{cases}$

(4)$\begin{cases}x=-3\\y=1\end{cases}$

解き方 それぞれの連立方程式において，上の式を①，下の式を②とする。

(1)①を②に代入すると，
$(3y+5)+y=-7$ $y=-3$
$y=-3$ を①に代入すると，
$x=-9+5=-4$

(2)②を①に代入すると，
$x-2(x-8)=12$ $x=4$
$x=4$ を②に代入すると，
$y=4-8=-4$

(3)①を②に代入すると，
$2(2y-10)+5y=-2$ $y=2$
$y=2$ を①に代入すると，
$x=4-10=-6$

(4)②を①に代入すると，
$4x-(-2x-3)=-15$ $x=-3$
$x=-3$ を②に代入すると，
$3y=6-3=3$ $y=1$

4 (1)$\begin{cases}x=2\\y=1\end{cases}$ (2)$\begin{cases}x=-4\\y=6\end{cases}$ (3)$\begin{cases}x=8\\y=-2\end{cases}$
(4)$\begin{cases}x=16\\y=6\end{cases}$ (5)$\begin{cases}x=2\\y=-3\end{cases}$ (6)$\begin{cases}x=-1\\y=2\end{cases}$

解き方 それぞれの連立方程式において，上の式を①，下の式を②とする。

(1)①より，$x-6y=-4$ ③
②より，$x-5y=-3$ ④
③−④より，$-y=-1$ $y=1$
$y=1$ を③に代入すると，
$x-6\times1=-4$ $x=2$

(2)①×2 $x+2y=8$ ③
②×20 $8x+5y=-2$ ④
③×8 $8x+16y=64$
④ $-)\ 8x+5y=-2$
$11y=66$ $y=6$
$y=6$ を③に代入すると，
$x+2\times6=8$ $x=-4$

(3)①×10 $4x-3y=38$ ③
②×10 $6x+15y=18$ ④
③×5 $20x-15y=190$
④ $+)\ 6x+15y=18$
$26x=208$ $x=8$
$x=8$ を③に代入すると，
$4\times8-3y=38$ $y=-2$

(4)①×100 $8x+12y=200$ ③
②×12 $3x-4y=24$ ④
③ $8x+12y=200$
④×3 $+)\ 9x-12y=72$
$17x=272$ $x=16$
$x=16$ を④に代入すると，
$3\times16-4y=24$ $y=6$

(5)$\begin{cases}7x+2y=8 & ③\\x-2y=8 & ④\end{cases}$
③+④より，$8x=16$ $x=2$
$x=2$ を④に代入すると，
$2-2y=8$ $y=-3$

(6)$\begin{cases}5x+2y=-y+1\\3x+2=-y+1\end{cases}$
よって，$\begin{cases}5x+3y=1 & ③\\3x+y=-1 & ④\end{cases}$
③ $5x+3y=1$
④×3 $-)\ 9x+3y=-3$
$-4x=4$ $x=-1$
$x=-1$ を④に代入すると，
$3\times(-1)+y=-1$ $y=2$

5 ***a* の値…3，*b* の値…5**

解き方 $\begin{cases}2ax+by=9\\bx+3ay=-7\end{cases}$ に $\begin{cases}x=4\\y=-3\end{cases}$ を代入すると，
$\begin{cases}8a-3b=9\\4b-9a=-7\end{cases}$
これを解くと，$\begin{cases}a=3\\b=5\end{cases}$

6 **ショートケーキ1個…250円**
ドーナツ1個…120円

解き方 ショートケーキ1個の値段を x 円，ドーナツ1個の値段を y 円とすると，
$\begin{cases}2x+2y=740\\x+3y=610\end{cases}$
これを解くと，$\begin{cases}x=250\\y=120\end{cases}$
ショートケーキ1個の値段250円，ドーナツ1個の値段120円は，問題に適している。

7 **AからBまで…40 km**
BからCまで…40 km

解き方 AからBまでの道のりを x km，BからCまでの道のりを y km とすると，
$\begin{cases}x+y=80\\\dfrac{x}{80}+\dfrac{y}{40}=1\dfrac{30}{60}\end{cases}$
これを解くと，$\begin{cases}x=40\\y=40\end{cases}$

A から B までの道のり 40 km，B から C までの道のり 40 km は，問題に適している。

8 **本年度の男子…231 人，本年度の女子…212 人**

解き方

昨年度の男子の生徒数を x 人，女子の生徒数を y 人とすると，

$$\begin{cases} x+y=420 \\ \dfrac{5}{100}x+\dfrac{6}{100}y=23 \end{cases}$$

これを解くと，$\begin{cases} x=220 \\ y=200 \end{cases}$

本年度の男子の生徒数は，

$220\times\dfrac{105}{100}=231$(人)

女子の生徒数は，

$200\times\dfrac{106}{100}=212$(人)

本年度の男子の生徒数 231 人，女子の生徒数 212 人は，問題に適している。

p.118～119 予想問題 3

出題傾向

1 次関数は，総合的な問題として出題されることが多い。図形上を点が移動する問題，速さの問題，水量の問題など，できるだけ多くの問題になれておこう。

また，直線の式を求める問題などもよく出題される。問題文から傾きや切片を見きわめられるようにしておこう。

1 ㋐，㋑，㋓

解き方

㋐$y=2x+120$

㋑$y=-x+5$

㋒$y=\dfrac{36\times2}{x}$　　反比例

㋓$y=50x$　　比例も 1 次関数

2 (1)$-\dfrac{4}{3}$　(2)-12　(3)$-5\leqq y\leqq7$

解き方

(1) 1 次関数の変化の割合は一定で，x の係数に等しい。

(2)$-\dfrac{4}{3}\times9=-12$

(3)$x=-3$ のとき，$y=-\dfrac{4}{3}\times(-3)+3=7$

$x=6$　のとき，$y=-\dfrac{4}{3}\times6+3=-5$

よって，y の変域は，$-5\leqq y\leqq7$

3

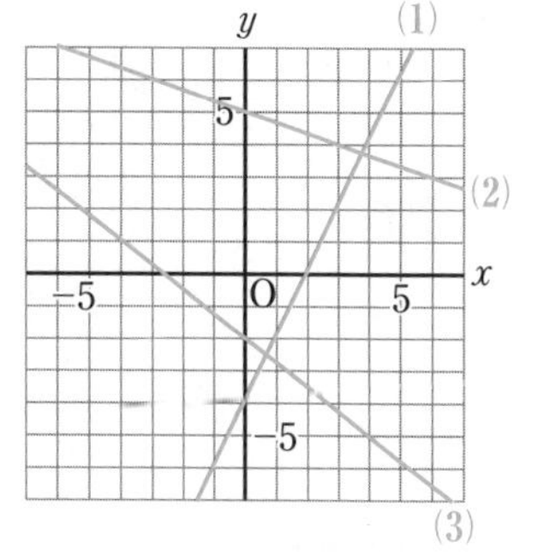

解き方

(1)点 (0，−4) から右へ 1，上へ 2 だけ進んだ点 (1，−2) を通る。

(2)点 (0，5) から右へ 3，下へ 1 だけ進んだ点 (3，4) を通る。

(3)点 (0，−2) から右へ 4，下へ 3 だけ進んだ点 (4，−5) を通る。

4 (1)$y=3x-6$　(2)$y=-x+5$　(3)$y=-\dfrac{2}{3}x+2$

(4)$y=\dfrac{2}{5}x-3$

解き方

求める直線の式を $y=ax+b$ とする。

(1)$y=3x+b$ に $x=2$，$y=0$ を代入すると，

$0=6+b$　　$b=-6$

(2)$y=ax+5$ に $x=4$，$y=1$ を代入すると，

$1=4a+5$　　$a=-1$

(3)$y=ax+b$ に $x=6$，$y=-2$ を代入すると，

$-2=6a+b$　　①

$y=ax+b$ に $x=-3$，$y=4$ を代入すると，

$4=-3a+b$　　②

①，②を連立方程式として解くと，$\begin{cases} a=-\dfrac{2}{3} \\ b=2 \end{cases}$

(4)$y=\dfrac{2}{5}x+b$ に $x=5$，$y=-1$ を代入すると，

$-1=2+b$　　$b=-3$

5 (1)㋑　(2)㋐　(3)㋒

解き方

2 元 1 次方程式を y について解くと，

(1)$y=\dfrac{1}{3}x+3$　(2)$y=-\dfrac{2}{3}x+2$

(3)$y=-3$

6 (1)$\ell\cdots y=-\dfrac{2}{3}x+4$，$m\cdots y=2x-4$

(2)(3，2)

解き方

(1)直線 ℓ は 2 点 (6，0)，(0，4) を通るから，

傾きは，$\dfrac{4-0}{0-6}=-\dfrac{2}{3}$　　切片は 4

直線 m は 2 点 (2，0)，(0，−4) を通るから，

傾きは，$\dfrac{-4-0}{0-2}=2$　　切片は −4

(2)連立方程式 $\begin{cases} y=-\dfrac{2}{3}x+4 \\ y=2x-4 \end{cases}$ を解くと，$\begin{cases} x=3 \\ y=2 \end{cases}$

❼ (1)$y=4x+16$ (2)6 秒後

解き方
(1)$y=\dfrac{1}{2}\times(4+x)\times 8=4x+16$
(2)点 P が辺 BC 上にあるとき，$4 \leqq x \leqq 12$
$y=\dfrac{1}{2}\times\{(12-x)+8\}\times 4=-2x+40$
$y=-2x+40$ に $y=28$ を代入すると，
$28=-2x+40$　$x=6$

❽ (1)行き…分速 200 m，帰り…分速 150 m
(2)$\dfrac{56}{3}$ 分後

解き方
(1)傾きの絶対値が速さを表す。
行きは，(0，0)，(8，1600) を通るから，
傾きは，$\dfrac{1600-0}{8-0}=200$ より，分速 200 m
帰りは，(8，1600)，(12，1000) を通るから，
傾きは，$\dfrac{1000-1600}{12-8}=-150$ より，分速 150 m
(2)駅から家までを表す直線の式を $y=-150x+b$ とする。
これに $x=8$，$y=1600$ を代入すると，
$1600=-150\times 8+b$　$b=2800$
$y=-150x+2800$ に $y=0$ を代入すると，
$0=-150x+2800$　$x=\dfrac{56}{3}$

p.120〜121 予想問題 4

出題傾向

平行線の性質を利用して角度を求める問題は必出。平行線に直線が交わってできる角の性質をしっかりつかんでおこう。
三角形の合同条件は，これ以降のいろいろな証明問題で必要になる。ここでしっかりつかんでおこう。

❶ (1)$\angle x=65°$ (2)$\angle x=62°$

解き方
(1)2 直線が平行ならば，同位角は等しいから，
$\angle x=180°-(51°+64°)=65°$
(2)$\angle x$ の頂点を通り ℓ に平行な直線 n を引く。
次の図において，
$\angle a=180°-145°=35°$

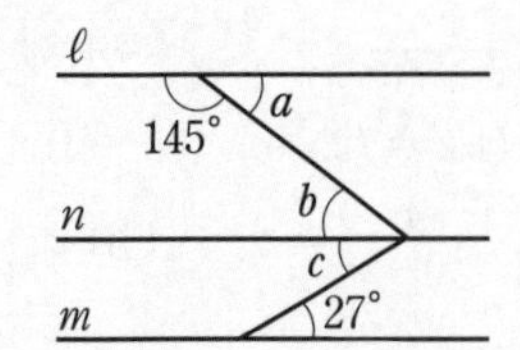

平行線の錯角は等しいから，
$\angle b=\angle a=35°$　$\angle c=27°$
よって，$\angle x=35°+27°=62°$

❷ (1)$\angle x=129°$ (2)$\angle x=110°$

解き方
(1)次の図において，
$\angle a=67°+37°=104°$
$\angle x=104°+25°=129°$

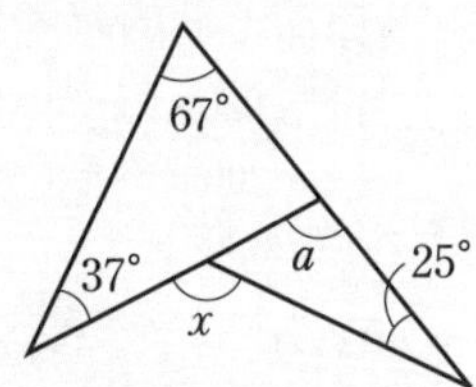

(2)$\angle x$ の外角を $\angle y$ とすると，
$80°+60°+80°+70°+\angle y=360°$　$\angle y=70°$
$\angle x=180°-70°=110°$

❸ $\angle x=35°$

解き方
次の図のように，頂点 B，C を通り，直線 ℓ に平行な直線を引く。
正六角形の 1 つの内角の大きさは，
$180°\times(6-2)=720°$　$720°\div 6=120°$
$\angle a=120°-25°=95°$　$\angle b=180°-95°=85°$
$\angle x=120°-85°=35°$

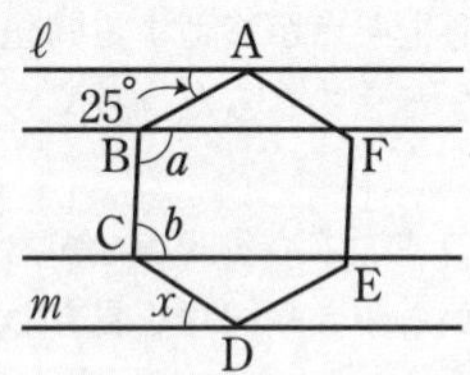

❹ (1)2 組の辺とその間の角がそれぞれ等しい。
(2)1 組の辺とその両端の角がそれぞれ等しい。

解き方
(1)AB＝DC　BC＝CB
∠ABC＝∠DCB
(2)BE＝CF より，BE＋EC＝CF＋EC
BC＝EF
AB∥DE より，∠ABC＝∠DEF
AC∥DF より，∠ACB＝∠DFE

❺ P と A，B，Q と B をそれぞれ結ぶ。
△ABP と △QPB において，
作図から，　AP＝QB　①
AB＝QP　②
共通な辺だから，　BP＝PB　③
①，②，③より，3 組の辺がそれぞれ等しいから，　△ABP≡△QPB
したがって，　∠ABP＝∠QPB
錯角が等しいから，　ℓ∥PQ

解き方
ℓ ∥PQ を証明するためには，同位角や錯角などが等しいことをいえばよい。
△ABP≡△QPB であることが証明できれば，錯角が等しいことがいえる。

6 △ABC と △AED において，
正五角形のすべての辺は等しいから，
AB＝AE ①
BC＝ED ②
正五角形のすべての角は等しいから，
∠ABC＝∠AED ③
①，②，③より，2組の辺とその間の角がそれぞれ等しいから，
△ABC≡△AED
したがって， AC＝AD

解き方
AC，AD を辺とする △ABC と △AED が合同であることがいえれば，対応する辺は等しいから，AC＝AD がいえる。
正多角形の性質「辺の長さがすべて等しい，角の大きさがすべて等しい」を使って，合同条件を導く。

7 △MBF と △MDE において，
仮定から， MB＝MD ①
AD∥BC より，錯角は等しいから，
∠MBF＝∠MDE ②
対頂角は等しいから，
∠BMF＝∠DME ③
①，②，③より，1組の辺とその両端の角がそれぞれ等しいから，
△MBF≡△MDE
したがって， BF＝DE

解き方
BF，DE を辺とする △MBF と △MDE が合同であることがいえれば，対応する辺の長さが等しいから，BF＝DE がいえる。
仮定からわかる長さが等しい辺の組は BM＝DM だけであるから，その両端の角が等しいことを導く。

p.122～123 予想問題 5

出題傾向
直角三角形の合同条件，平行四辺形になるための条件に関する問題は出題率が高い。多くの証明問題に取りくんで，証明の流れをつかんでおこう。

1 (1)∠x＝65° (2)∠x＝80°

解き方
(1)∠CDA＝25°×2＝50°
∠x＝(180°－50°)÷2＝65°
(2)AD∥BC より，∠x＝∠ECB
平行四辺形の対角は等しいから，
∠x＋32°＝112° ∠x＝80°

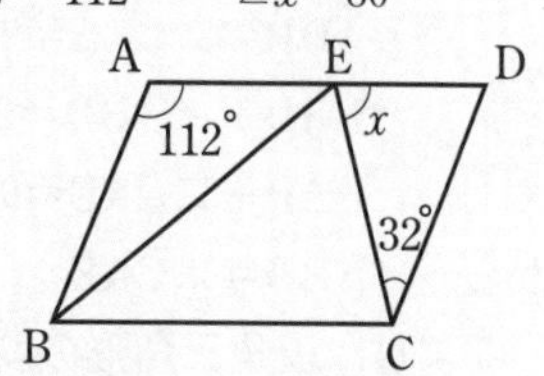

2 △DBC と △ECB において，
仮定から，
$DB=\frac{2}{3}AB$，$EC=\frac{2}{3}AC$，AB＝AC
であるから， DB＝EC ①
AB＝AC より，
∠DBC＝∠ECB ②
共通な辺だから， BC＝CB ③
①，②，③より，2組の辺とその間の角がそれぞれ等しいから，
△DBC≡△ECB
したがって， ∠DCB＝∠EBC
2つの角が等しいから，△PBC は二等辺三角形である。

解き方
二等辺三角形であることを証明するには，2つの底角が等しいことをいえばよい。
∠PCB，∠PBC をふくむ △DBC と △ECB が合同であることをいえばよい。

3 (1)△ABQ と △CAP において，
△ABC は正三角形であるから，
AB＝CA ①
∠ABQ＝∠CAP＝60° ②
仮定から， BQ＝AP ③
①，②，③より，2組の辺とその間の角がそれぞれ等しいから，
△ABQ≡△CAP
したがって， AQ＝CP

(2)60°

解き方
(1)線分 AQ を辺としてもつ △ABQ と線分 CP を辺としてもつ △CAP に着目し，その2つの三角形が合同であることを証明し，AQ＝CP を導く。
三角形の合同を証明するときには，正三角形の性質を利用する。
(2)∠ASP＝∠ACP＋∠CAQ
＝∠BAQ＋∠CAQ
＝∠BAC＝60°

❹ △ABD と △CAE において，
仮定から，　AB＝CA　①
∠ADB＝∠CEA＝90°　②
∠BAD＋∠ABD＝90°　③
∠BAD＋∠CAE＝90°　④
③，④から，∠ABD＝∠CAE　⑤
①，②，⑤より，直角三角形の斜辺と1つの鋭角がそれぞれ等しいから，
△ABD≡△CAE
よって，　BD＝AE，AD＝CE
したがって，BD＝AE＝AD＋DE
＝CE＋DE

解き方
線分 BD を辺としてもつ直角三角形 ABD と線分 CE を辺としてもつ直角三角形 CAE に着目し，この2つの直角三角形が合同であることを示し，まず BD＝AE，AD＝CE を導く。
そこで，AE＝AD＋DE であることに着目し，BD＝CE＋DE になることを導く。

❺ △ABE と △CDF において，
平行四辺形の対辺は等しいから，
AB＝CD　①
AB∥DC より，
∠ABE＝∠CDF　②
仮定から，　BE＝DF　③
①，②，③より，2組の辺とその間の角がそれぞれ等しいから，
△ABE≡△CDF
したがって，　AE＝CF

解き方
AE，CF を辺とする △ABE と △CDF が合同であることがいえれば，対応する辺は等しいから，AE＝CF がいえる。
仮定より，BE＝DF がわかっているから，その両端の角か，もう1組の辺とその間の角が等しいことがいえればよい。
ここでは，平行四辺形の対辺であるから，AB＝CD がいえるから，あとは，∠ABE と ∠CDF が等しいことをいえばよい。

❻ △ABC と △EFC において，
仮定から，　BC＝FC　①
AC＝EC　②
∠ACB＝60°－∠FCA　③
∠ECF＝60°－∠FCA　④
③，④から，　∠ACB＝∠ECF　⑤
①，②，⑤より，2組の辺とその間の角がそれぞれ等しいから，
△ABC≡△EFC
したがって，　AB＝EF　⑥
△ADB は正三角形であるから，
AB＝AD　⑦
⑥，⑦から，　AD＝EF　⑧
同様にして，△ABC≡△DBF より，
AE＝DF　⑨
⑧，⑨より，2組の対辺がそれぞれ等しいから，
四角形 AEFD は平行四辺形である。

解き方
三角形の合同を利用して，2組の対辺がそれぞれ等しいことを示し，平行四辺形であることを証明する。

p.124～125　予想問題 6

出題傾向
確率の問題は，他の章にくらべて，計算よりも考え方が重要になる場合が多い。特に，場合の数をもれや重複なく正確に求めることが大切である。落ち着いて，じっくり取り組むようにしよう。

❶ (1)正しい　(2)正しくない　(3)正しい

解き方
(1)どのカードを引くことも，同じ程度に期待されるから，同様に確からしいといえる。
(2)1の目が出る確率は $\frac{1}{6}$ であるが，6回投げたときに必ず1回出ることは期待できない。
(3)赤玉が出る確率は，$\frac{2}{2+2}=\frac{1}{2}$
白玉が出る確率は，$\frac{2}{2+2}=\frac{1}{2}$

❷ (1)$\frac{1}{2}$　(2)$\frac{1}{2}$　(3)$\frac{2}{3}$

解き方
起こり得る場合は全部で6通り。
(1)偶数の目が出る場合は，2，4，6の3通り。
求める確率は，$\frac{3}{6}=\frac{1}{2}$
(2)素数の目が出る場合は，2，3，5の3通り。
求める確率は，$\frac{3}{6}=\frac{1}{2}$
(3)6の約数の目が出る場合は，1，2，3，6の4通り。
求める確率は，$\frac{4}{6}=\frac{2}{3}$

❸ (1)$\frac{1}{36}$　(2)$\frac{5}{36}$　(3)$\frac{1}{6}$　(4)$\frac{1}{12}$

解き方
起こり得る場合は全部で，
$6\times6=36$(通り)
(1)2つとも1の目が出る場合は，
(1，1)の1通り。
求める確率は $\frac{1}{36}$
(2)出る目の和が6になる場合は，右の表の○の場合の5通り。
求める確率は $\frac{5}{36}$

小＼大	1	2	3	4	5	6
1					○	
2				○		
3			○			
4		○				
5	○					
6						

(3)出る目の差が3になる場合は，右の表の○の場合の6通り。
求める確率は，
$\frac{6}{36}=\frac{1}{6}$

小＼大	1	2	3	4	5	6
1				○		
2					○	
3						○
4	○					
5		○				
6			○			

(4)出る目の積が4になる場合は，
(1，4)，(2，2)，(4，1)
の3通り。
求める確率は，$\frac{3}{36}=\frac{1}{12}$

❹ (1)$\frac{1}{4}$　(2)$\frac{1}{4}$

解き方
(1)Aが第1走者になる場合は，右の樹形図より6通り。
B，C，Dが第1走者になる場合も同様に6通りずつあるから，起こり得る場合は全部で24通り。

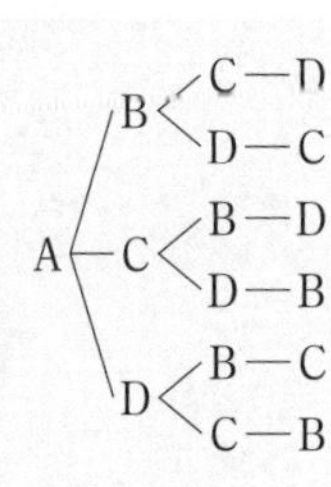

求める確率は，$\frac{6}{24}=\frac{1}{4}$
(2)BとCをひとまとまりにして×とすると，場合の数は右の樹形図より，6通り。
求める確率は，$\frac{6}{24}=\frac{1}{4}$

×＜A—D，D—A
A＜×—D，D—×
D＜×—A，A—×

❺ (1)$\frac{1}{15}$　(2)$\frac{2}{15}$　(3)$\frac{4}{5}$

解き方
赤玉を①，白玉を②③，青玉を④⑤⑥とすると，2個の玉の取り出し方は次の15通り。
{①，②}，{①，③}，{①，④}，{①，⑤}，
{①，⑥}，{②，③}，{②，④}，{②，⑤}，
{②，⑥}，{③，④}，{③，⑤}，{③，⑥}，
{④，⑤}，{④，⑥}，{⑤，⑥}
(1){②，③}の1通り。
求める確率は $\frac{1}{15}$
(2){①，②}，{①，③}の2通り。
求める確率は $\frac{2}{15}$
(3)青玉が1個の場合は9通り。
青玉が2個の場合は3通り。
求める確率は，$\frac{9+3}{15}=\frac{12}{15}=\frac{4}{5}$
別解 青玉を取り出さない場合は，
{①，②}，{①，③}，{②，③}
の3通り。
(青玉を取り出す確率)＋(青玉を取り出さない確率)＝1
であるから，
(青玉を取り出す確率)＋$\frac{3}{15}=1$
求める確率は，$1-\frac{3}{15}=\frac{12}{15}=\frac{4}{5}$

❻ (1)$\frac{1}{6}$　(2)$\frac{1}{3}$

解き方
当たりくじを1，2，はずれくじを3，4として樹形図をかく。

A　B　　A　B　　A　B　　A　B
1＜2，3，4　　2＜1，3，4　　3＜1，2，4　　4＜1，2，3

起こり得る場合は全部で12通り。
(1)A，Bとも当たる場合は2通り。
求める確率は，$\frac{2}{12}=\frac{1}{6}$
(2)Aが当たり，Bがはずれる場合は4通り。
求める確率は，$\frac{4}{12}=\frac{1}{3}$

❼ (1)15 通り (2)$\dfrac{8}{15}$

解き方

(1)樹形図をかくと，次のようになる。

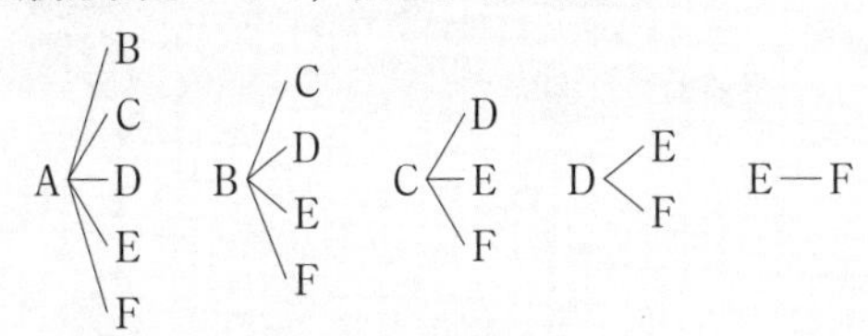

(2)男子 1 人，女子 1 人が選ばれるのは次の 8 通り。

A—E　A—F　B—E　B—F

C—E　C—F　D—E　D—F

求める確率は $\dfrac{8}{15}$

p.126～127 予想問題 7

出題傾向

四分位数を求めたり，箱ひげ図をかかせる問題がよく出題される。データを手際良く整理できるようにしておこう。
最近は，複数の箱ひげ図を比較したり，ヒストグラムなどと組み合わせて関連性を読み取らせる問題も多い。それぞれのグラフの特徴をとらえて，総合的に判断できる力を養おう。

❶ (1)最小値…7.1 秒
　最大値…8.4 秒
(2)第 1 四分位数…7.4 秒
　第 2 四分位数…7.8 秒
　第 3 四分位数…8.0 秒
(3)0.6 秒
(4)

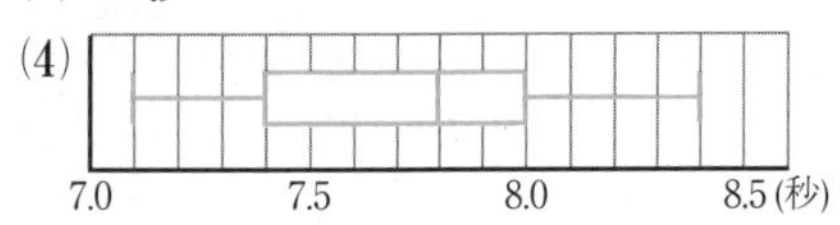

解き方

データを小さい順に並べると，次のようになる。

7.1　7.2　7.3　7.3　7.5　7.8　7.8　7.8　7.8

7.9　7.9　8.0　8.0　8.0　8.1　8.3　8.4

(2)第 2 四分位数は，データの小さい方から 9 番目の値で 7.8 秒

第 1 四分位数は，データの小さい方から 4 番目と 5 番目の平均値で，

$\dfrac{7.3+7.5}{2}=7.4$(秒)

第 3 四分位数は，データの大きい方から 4 番目と 5 番目の平均値で，

$\dfrac{8.0+8.0}{2}=8.0$(秒)

(3)$8.0-7.4=0.6$(秒)

❷ (1)12 (2)5

解き方

(1)最小値が 11，最大値が 23 だから，
$23-11=12$

(2)第 1 四分位数が 13，第 3 四分位数が 18 だから，
$18-13=5$

❸ (1)A さん… 6 点，B さん… 6 点
(2)A さん… 3 点，B さん… 4 点
(3)A さん… 8 点，B さん… 7 点
(4)いえない
理由…中央値が 6 点だから，最小得点から 6 番目の得点は 6 点である。
5 点以下となるのは，最大でも 5 番目以下の 5 回となるから。

解き方

(1)箱の中の縦線が中央値を表している。

(2)それぞれの第 1 四分位数と第 3 四分位数は，A さんが 5 点と 8 点，B さんが 3 点と 7 点である。

四分位範囲

A さん　$8-5=3$(点)

B さん　$7-3=4$(点)

(3)最小値・最大値

A さん　最小値 1 点，最大値 9 点

B さん　最小値 2 点，最大値 9 点

範囲

A さん　$9-1=8$(点)

B さん　$9-2=7$(点)

❹ (1)㋐ (2)㋒ (3)㋑

解き方

ヒストグラムのデータの集まり具合を見ると，(1)と(3)では階級の低い方に多く集まっており，(2)では逆になっている。
したがって，(2)の中央値は，(1)や(3)より値が大きくなると考えられるから，(2)に対応するのは㋒である。
また，箱ひげ図では，箱の中に約 50 % のデータが入るから，(3)のヒストグラムのようにデータが分散しているような場合は，箱の幅が広くなると考えられるので，(3)に対応するのは㋑となる。

教科書ぴったりトレーニング付録

赤シート×直前対策!

ぴたトレ mini book

テストに出る!

重要問題チェック!

数学2年

赤シートでかくしてチェック!

お使いの教科書や学校の学習状況により，ページが前後したり，学習されていない問題が含まれていたり，表現が異なる場合がございます。
学習状況に応じてお使いください。

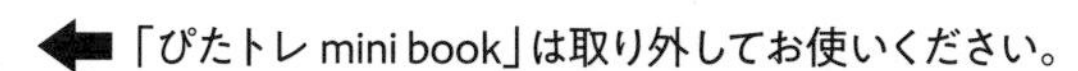

式の計算

●式の計算

テストに出る！重要問題

〈特に重要な問題は□の色が赤いよ！〉

□次の式の同類項(どうるいこう)をまとめて簡単にしなさい。

$3x^2-2x+5-x^2+6x=(3-1)x^2+(\boxed{-2+6})x+5$

$=\boxed{2x^2+4x+5}$

□次の計算をしなさい。

$3(x+3y)-2(4x+5y)=3x+9y-\boxed{8}\,x-\boxed{10}\,y$

$=\boxed{-5x-y}$

□次の計算をしなさい。

(1) $(-3x)\times 2y$

$=(-3)\times 2\times x\times\boxed{y}$

$=\boxed{-6xy}$

(2) $(-4a)^2$

$=(-4a)\times(\boxed{-4a})$

$=\boxed{16a^2}$

(3) $(-8ab)\div\dfrac{4}{5}b$

$=(-8ab)\times\dfrac{\boxed{5}}{\boxed{4b}}=-\dfrac{8ab\times\boxed{5}}{\boxed{4b}}$

$=\boxed{-10a}$

□$x=-5$, $y=9$ のとき，$(x-4y)-(2x-6y)$ の値を求めなさい。

［解答］ $(x-4y)-(2x-6y)=x-4y-\boxed{2}\,x+\boxed{6}\,y$

$=\boxed{-x+2y}$

この式に，$x=-5$, $y=9$ を代入して，

$\boxed{-1}\times(-5)+\boxed{2}\times 9=\boxed{5}+\boxed{18}$

$=\boxed{23}$

テストに出る！重要事項

〈テスト前にもう一度チェック！〉

□かっこがある式は分配法則 $m(a+b)=ma+mb$ を使って計算する。

式の計算

●文字式の利用
●等式の変形

テストに出る！重要問題

〈特に重要な問題は□の色が赤いよ！〉

□ 2つの整数が，ともに偶数（ぐうすう）のとき，その差は偶数になります。
その理由を説明しなさい。

［説明］ 2つの整数が，ともに偶数のとき，m，n を整数とすると，
これらは，$2m$，$\boxed{2n}$ と表される。
このとき，2数の差は，
$2m-\boxed{2n}=\boxed{2(m-n)}$
$m-n$ は整数だから，$\boxed{2(m-n)}$ は $\boxed{偶数}$ である。
したがって，2つの偶数の差は偶数である。

□次の等式を，〔　〕内の文字について解きなさい。

(1) $2\pi r=2a+b$ 〔a〕

［解答］ 左辺と右辺を入れかえて，
$2a+b=2\pi r$
b を移項（いこう）して，
$2a=\boxed{2\pi r-b}$
両辺を2でわって，
$a=\boxed{\pi r-\frac{b}{2}}$

(2) $V=\frac{1}{3}Sh$ 〔h〕

［解答］ 両辺を3倍して，
$\boxed{3V}=Sh$
左辺と右辺を入れかえて，
$Sh=\boxed{3V}$
両辺を S でわって，
$h=\boxed{\frac{3V}{S}}$

テストに出る！重要事項

〈テスト前にもう一度チェック！〉

□連続する3つの整数のうち，いちばん小さい数を n と表すと，連続する3つの整数は，n，$n+1$，$n+2$ と表される。
□m を整数とすると，偶数は $2m$ と表される。
□n を整数とすると，奇数（きすう）は $2n+1$ と表される。
□ 2けたの正の整数は，十の位の数を a，一の位の数を b とすると，$10a+b$ と表される。

連立方程式

●連立方程式の解き方

テストに出る！重要問題

〈特に重要な問題は□の色が赤いよ！〉

□次の連立方程式を解きなさい。

(1) $\begin{cases} 3x+y=2 & \cdots\cdots ① \\ x+2y=-6 & \cdots\cdots ② \end{cases}$

［解答］ ①×2 $\boxed{6x+2y}=4$

② $-)\quad x+2y=-6$

$\boxed{5x}=10$

$x=\boxed{2}$

$x=\boxed{2}$を①に代入すると，

$\boxed{6}+y=2$

$y=\boxed{-4}$

よって，$(x,\ y)=(\boxed{2},\ \boxed{-4})$

(2) $\begin{cases} y=-x+5 & \cdots\cdots ① \\ x-2y=2 & \cdots\cdots ② \end{cases}$

［解答］ ①を②に代入すると，

$x-2(\boxed{-x+5})=2$

$x+\boxed{2x-10}=2$

$3x=\boxed{12}$

$x=\boxed{4}$

$x=\boxed{4}$を①に代入すると，

$y=-\boxed{4}+5=\boxed{1}$

よって，$(x,\ y)=(\boxed{4},\ \boxed{1})$

テストに出る！重要事項

〈テスト前にもう一度チェック！〉

□$\boldsymbol{A=B=C}$の形の方程式は，下のいずれかの形の連立方程式になおす。

$\begin{cases} \boldsymbol{A=C} \\ \boldsymbol{B=C} \end{cases}$ $\begin{cases} \boldsymbol{A=B} \\ \boldsymbol{A=C} \end{cases}$ $\begin{cases} \boldsymbol{A=B} \\ \boldsymbol{B=C} \end{cases}$

連立方程式

●連立方程式の利用

テストに出る！重要問題

〈特に重要な問題は□の色が赤いよ！〉

□ある人がA地点から5 km離(はな)れたB地点まで行くのに，最初は時速4 kmで歩きましたが，途中のC地点からは時速6 kmで歩いたので，A地点を出発してから1時間後にB地点に着きました。A地点からC地点までの道のりと，C地点からB地点までの道のりは，それぞれ何kmですか。

[解答]　A地点からC地点までの道のりをx km，C地点からB地点までの道のりをy kmとすると，

$$\begin{cases} x+y=\boxed{5} & \cdots\cdots① \\ \dfrac{x}{4}+\dfrac{y}{6}=\boxed{1} & \cdots\cdots② \end{cases}$$

$$\begin{array}{lrl} ②\times 12 & \boxed{3}x+\boxed{2}y= & \boxed{12} \\ ①\times 2 & -)\quad 2x+2y= & \boxed{10} \\ \hline & x= & \boxed{2} \end{array}$$

$x=\boxed{2}$を①に代入すると，

$\boxed{2}+y=5$，$y=\boxed{3}$

$(x,\ y)=(\boxed{2},\ \boxed{3})$

この解は問題にあっている。

A地点からC地点まで$\boxed{2}$ km，C地点からB地点まで$\boxed{3}$ km

□上の問題で，A地点からC地点までかかった時間をx時間，C地点からB地点までかかった時間をy時間として，連立方程式をつくりなさい。

$$\left(\begin{cases} x+y=1 \\ 4x+6y=5 \end{cases} \right)$$

テストに出る！重要事項

〈テスト前にもう一度チェック！〉

□連立方程式を使って問題を解く手順

① 問題の中の数量に着目して，数量の関係を見つける。

② まだわかっていない数量のうち，適当なものを文字で表して連立方程式をつくる。

③ つくった連立方程式を解き，解が問題にあっているかどうかを確かめる。

1次関数

●1次関数の値の変化
●1次関数のグラフ

テストに出る！重要問題

〈特に重要な問題は□の色が赤いよ！〉

□1次関数 $y=-2x+3$ で，x の増加量が4のときの y の増加量を求めなさい。

［解答］ 変化の割合 $=\dfrac{y\text{の増加量}}{x\text{の増加量}}=\boxed{-2}$

よって，y の増加量は

$(\boxed{-2})\times4=\boxed{-8}$

□次の直線の傾き（かたむ）と切片を答えなさい。

(1) $y=5x-6$

傾き〔 5 〕

切片〔 -6 〕

(2) $y=4-x$

傾き〔 -1 〕

切片〔 4 〕

(3) $y=-\dfrac{1}{2}x$

傾き$\left[-\dfrac{1}{2}\right]$

切片〔 0 〕

□次の1次関数のグラフをかきなさい。

(1) $y=x-3$

(2) $y=-\dfrac{1}{2}x+2$

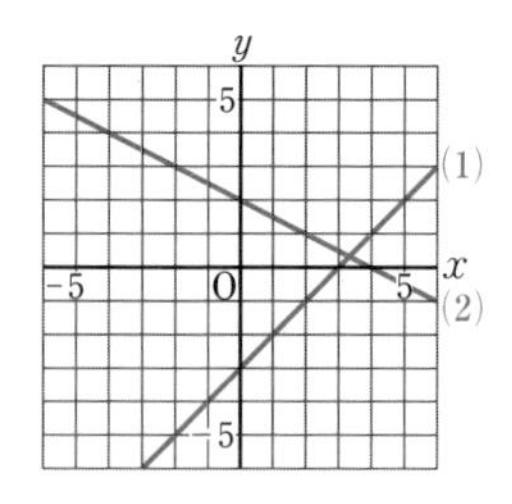

テストに出る！重要事項

〈テスト前にもう一度チェック！〉

□1次関数 $y=ax+b$ では，変化の割合は一定で，a に等しい。

$$\text{変化の割合}=\frac{y\text{の増加量}}{x\text{の増加量}}=a$$

□1次関数 $y=ax+b$ のグラフは，傾き a，切片 b の直線である。

1次関数

●1次関数の式の求め方

テストに出る！重要問題

〈特に重要な問題は□の色が赤いよ！〉

□右の図は，ある1次関数のグラフです。
この1次関数の式を求めなさい。

［解答］　切片が $\boxed{-2}$，傾き（かたむ）きが $\boxed{1}$ のグラフだから，
求める関数の式は，
$y=\boxed{x-2}$

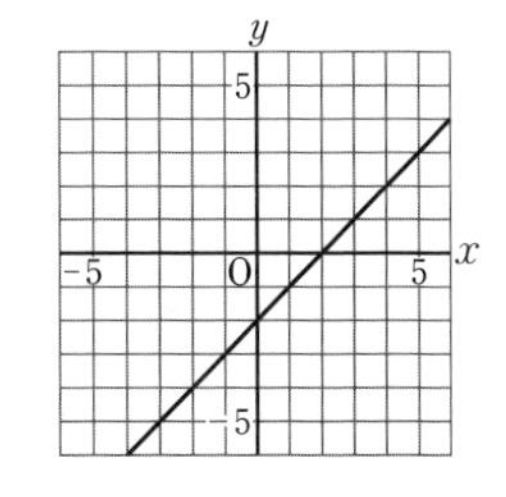

□次の1次関数の式を求めなさい。

(1)　グラフが，点(2，3)を通り，傾き1の直線である。

［解答］　傾きは1だから，求める1次関数の式を $y=\boxed{x}+b$ とする。
この直線は，点(2，3)を通るから，
$x=\boxed{2}$，$y=\boxed{3}$を上の式に代入すると，
$\boxed{3}=\boxed{2}+b$，$b=\boxed{1}$
よって，求める式は，$y=\boxed{x+1}$

(2)　グラフが，2点(1，2)，(4，11)を通る直線である。

［解答］　2点(1，2)，(4，11)を通る直線の傾きは，

$$\frac{\boxed{11}-\boxed{2}}{4-1}=\frac{\boxed{9}}{3}=\boxed{3}$$

だから，求める1次関数の式を，$y=\boxed{3}x+b$ とする。
この直線は，点(1，2)を通るから，
$\boxed{2}=\boxed{3}\times1+b$，$b=\boxed{-1}$
よって，求める式は，$y=\boxed{3x-1}$

テストに出る！重要事項

〈テスト前にもう一度チェック！〉

□1次関数のグラフから，傾き a と切片 b を読みとることができれば，その1次関数の式 $y=ax+b$ を求めることができる。

1次関数 ●方程式とグラフ

テストに出る！重要問題 〈特に重要な問題は□の色が赤いよ！〉

□次の方程式のグラフをかきなさい。

(1)　$x=-1$

(2)　$y=3$

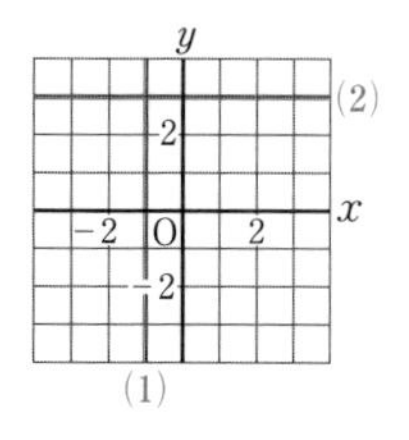

□右の図で，2直線 ℓ，m の交点Pの座標を求めなさい。

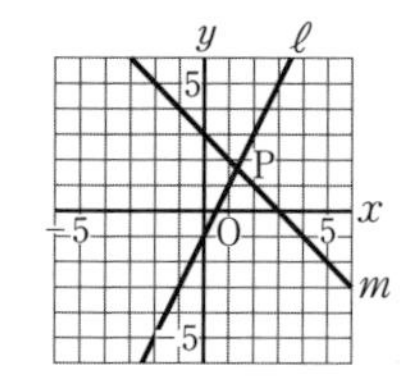

［解答］　直線 ℓ の式は，切片が $\boxed{-1}$，傾き(かたむ)きが $\boxed{2}$ なので，

$y=\boxed{2x-1}$

直線 m の式は，切片が3，傾きが -1 なので，

$y=-x+3$

よって，直線 ℓ，m の式は，それぞれ，

$y=\boxed{2x-1}$ ……①

$y=-x+3$ ……②

①と②を連立方程式とみて，①を②に代入すると，

$\boxed{2x-1}=-x+3$

$3x=\boxed{4}$

$x=\boxed{\dfrac{4}{3}}$

$x=\boxed{\dfrac{4}{3}}$ を②に代入して，$y=\boxed{\dfrac{5}{3}}$

$(x,\ y)=\left(\boxed{\dfrac{4}{3}},\ \boxed{\dfrac{5}{3}}\right)$ だから，$\mathrm{P}\left(\boxed{\dfrac{4}{3}},\ \boxed{\dfrac{5}{3}}\right)$

テストに出る！重要事項 〈テスト前にもう一度チェック！〉

□$\boldsymbol{y=k}$ のグラフは，$\boldsymbol{x}$ 軸(じく)に平行な直線である。

$\boldsymbol{x=h}$ のグラフは，$\boldsymbol{y}$ 軸に平行な直線である。

図形の調べ方

●角と平行線
●多角形の角
●三角形の合同

テスト に出る！重要問題

〈特に重要な問題は□の色が赤いよ！〉

□下の図で，$\angle x$ の大きさを求めなさい。ただし，$\ell /\!/ m$ とします。

(1)

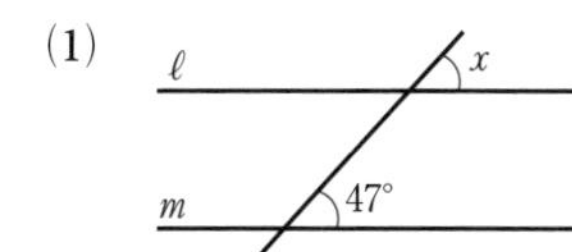

$\angle x=$ 47 °

(2)

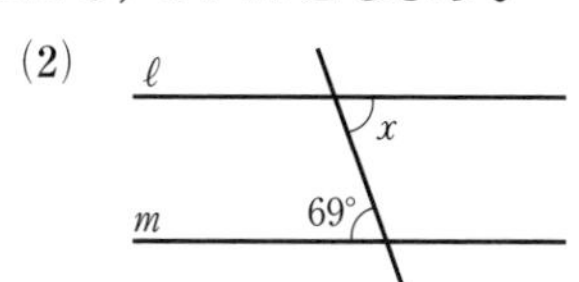

$\angle x=$ 69 °

(3)

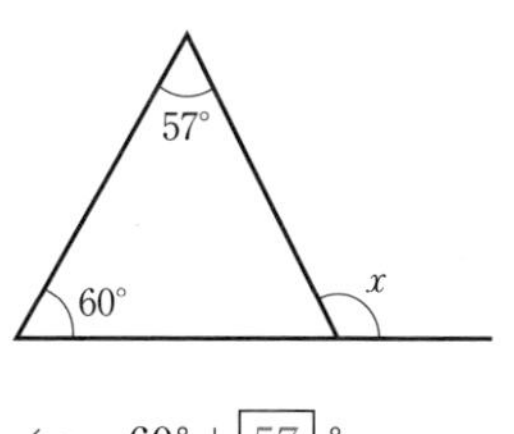

$\angle x=60°+$ 57 °

$=$ 117 °

(4)

x
130°
120°

$\angle x=$ 360 $°-(120°+130°)$

$=$ 110 °

□右の図は，AB＝AD，∠BAC＝∠DAC となっています。この図で，合同な三角形の組を，記号 ≡ を使って表し，そのとき使った合同条件を答えなさい。

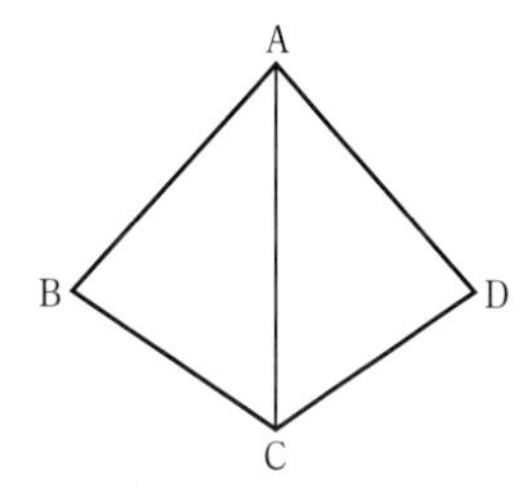

合同な三角形の組〔　△ABC≡△ADC　〕
合同条件〔 2 組の辺とその間の角が，それぞれ等しい。〕

テストに出る！重要事項

〈テスト前にもう一度チェック！〉

□三角形の合同条件

① 3 組の辺が，それぞれ等しい。
② 2 組の辺とその間の角が，それぞれ等しい。
③ 1 組の辺とその両端(りょうたん)の角が，それぞれ等しい。

図形の調べ方 ●証明

テスト に出る！重要問題 〈特に重要な問題は□の色が赤いよ!〉

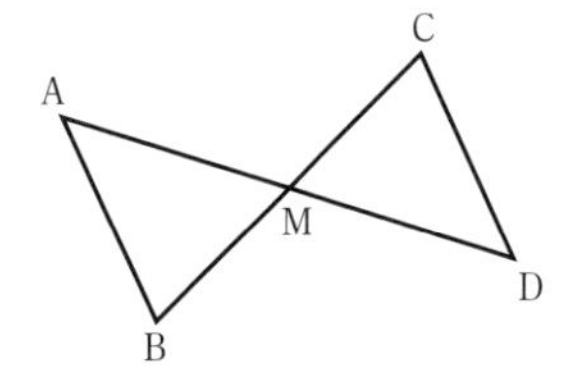

□右の図で，**AM＝DM，BM＝CM** ならば，**AB∥CD**
であることを証明します。
次の問いに答えなさい。

(1) 仮定と結論を答えなさい。

仮定〔 AM＝DM，BM＝CM 〕
結論〔 AB∥CD 〕

(2) 次のように証明しました。□にあてはまるものを答えなさい。

［証明］ △ABM と △DCM で，
仮定より，
AM＝DM ……①
BM＝CM ……②
対頂角は等しいから，
∠AMB＝∠DMC ……③
①，②，③から，2 組の辺とその間の角 が，それぞれ等しいので，
△ABM≡△DCM
合同な図形では，対応する角の大きさは等しいので，
∠ABM＝∠DCM
よって，錯角 が等しいので，AB∥CD

テストに出る！重要事項 〈テスト前にもう一度チェック!〉

□「(ア)ならば，(イ)である」ということがらについて，(ア)の部分を仮定，(イ)の部分を結論という。

□ 2 直線が平行であることを証明する場合，
同位角 または 錯角
が等しいことをいう。

□ 2 つの線分の長さが等しいことを証明する場合，
三角形の合同
を使うことが多い。

図形の性質と証明　●二等辺三角形

テスト に出る！重要問題　〈特に重要な問題は□の色が赤いよ！〉

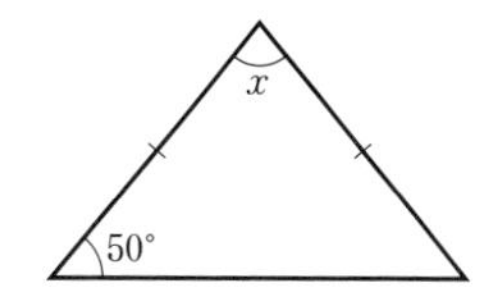

□右の図の三角形は，同じ印をつけた辺の長さが等しい二等辺三角形です。
$\angle x$ の大きさを求めなさい。

［解答］　$\angle x = 180° - (\boxed{50}° + 50°)$
$= 180° - \boxed{100}°$
$= \boxed{80}°$

□「自然数 a，b で，a も b も偶数(ぐうすう)ならば，$a+b$ は偶数である。」ということがらの逆を答えなさい。また，それが正しいかどうかを調べて，正しくない場合には反例を示しなさい。

［解答］　逆は，「自然数 a，b で，［$a+b$ が偶数］ならば，
［a も b も偶数］である。」となる。
これは，［正しくない］。
反例は，$a=1$，$b=3$ のとき，
$a+b=1+3=4$
だから，$a+b$ は［偶数］になるが，a と b は［奇数］である。

□正三角形の定義を答えなさい。

［3つの辺］がすべて等しい三角形を，正三角形という。

テストに出る！重要事項　〈テスト前にもう一度チェック！〉

□2つの辺が等しい三角形を二等辺三角形という。
□二等辺三角形の2つの底角は等しい。
□二等辺三角形の頂角の二等分線は，底辺を垂直に2等分する。
□2つのことがらが，仮定と結論を入れかえた関係にあるとき，一方を他方の逆という。
□あることがらが成り立たない例を，反例という。

図形の性質と証明 ●直角三角形の合同

テストに出る！重要問題　〈特に重要な問題は□の色が赤いよ！〉

□下の図の3つの三角形で，合同な三角形の組を見つけ，記号 ≡ を使って表しなさい。また，そのとき使った合同条件を答えなさい。

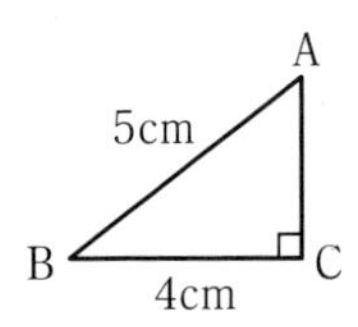

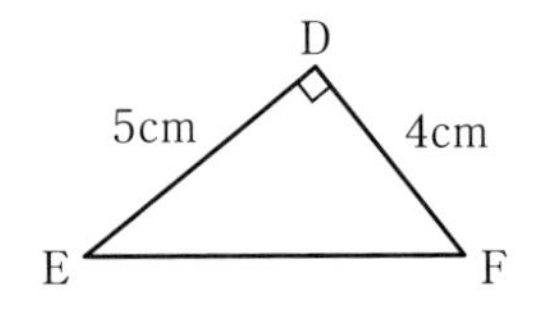

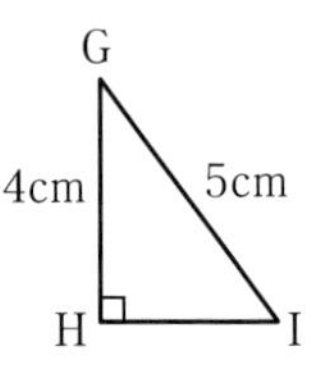

合同な三角形の組〔 △ABC≡△IGH 〕
合同条件〔 斜辺と他の1辺が，それぞれ等しい。 〕

□線分ABの中点Pを通る直線ℓに，線分の両端（りょうたん）A，Bから，それぞれ，垂線AX，BYをひきます。このとき，AX＝BYであることを証明しなさい。

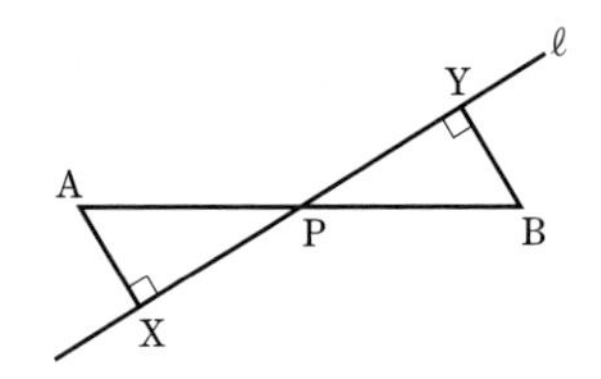

［証明］ △APXと△BPYで，
AX⊥PX，BY⊥PYだから，
∠AXP＝∠BYP＝90° ……①
仮定より，AP＝BP ……②
対頂角は等しいから，∠APX＝∠BPY ……③
①，②，③から，直角三角形の斜辺と1つの鋭角が，それぞれ等しいので，
△APX≡△BPY
合同な図形では，対応する辺の長さは等しいので，
AX＝BY

テストに出る！重要事項　〈テスト前にもう一度チェック！〉

□直角三角形の合同条件
① 斜辺（しゃへん）と1つの鋭角（えいかく）が，それぞれ等しい。
② 斜辺と他の1辺が，それぞれ等しい。

図形の性質と証明

●平行四辺形の性質

テストに出る！重要問題　〈特に重要な問題は□の色が赤いよ！〉

□下の図の四角形 **ABCD** は平行四辺形です。このとき，x，y の値，$\angle a$ の大きさを，それぞれ求めなさい。

(1)

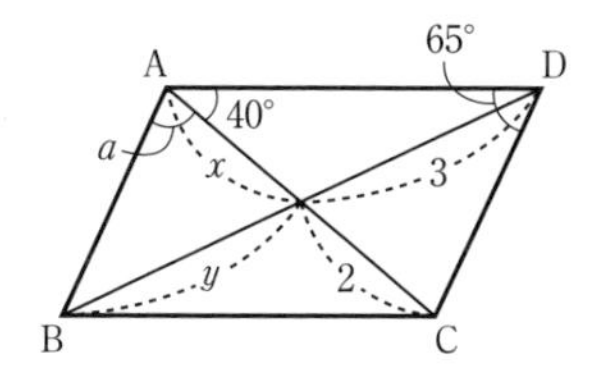

［解答］　平行四辺形の対角線は，それぞれの中点で交わるので，

$x=$ 2

$y=$ 3

AB∥DC より，

$\angle a=\angle$ ACD

△ACD で，

$40°+\angle a+65°=$ 180 °

だから，$\angle a=$ 75 °

(2)

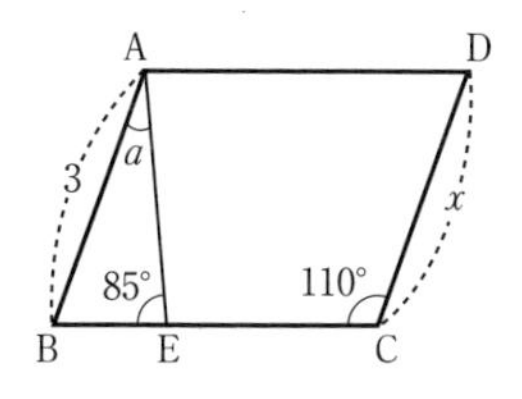

［解答］　AB＝DC だから，

$x=$ 3

AD∥BC より，

∠EAD＝ 85 °

また，

∠BAD＝∠BCD＝ 110 °

より，

$\angle a+85°=$ 110 °

だから，$\angle a=$ 25 °

テストに出る！重要事項　〈テスト前にもう一度チェック！〉

□平行四辺形の性質

① 平行四辺形の 2 組の向かいあう辺は，それぞれ等しい。

② 平行四辺形の 2 組の向かいあう角は，それぞれ等しい。

③ 平行四辺形の対角線は，それぞれの中点で交わる。

図形の性質と証明

●平行四辺形になるための条件
●いろいろな四角形

テストに出る！重要問題

〈特に重要な問題は□の色が赤いよ！〉

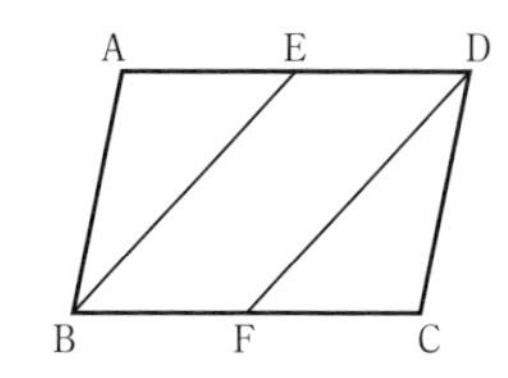

□右の図の ▱ABCD で，E，F は AD，BC のそれぞれの中点です。このとき，四角形 EBFD は平行四辺形であることを証明しなさい。

［証明］ AD∥BC より，

ED∥[BF] ……①

AD＝BC で，E，F はそれぞれの中点より，

ED＝[BF] ……②

①，②から，[1 組の向かいあう辺が，等しくて平行である] ので，

四角形 EBFD は平行四辺形である。

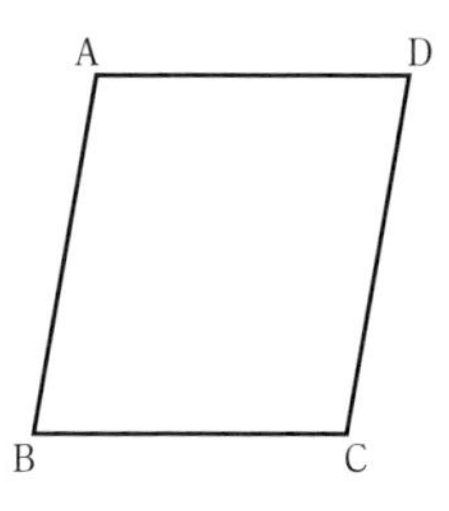

□▱ABCD に次の条件を加えると，それぞれどんな四角形になりますか。

(1) ∠B＝∠C

(2) BC＝CD

(3) BC＝CD，∠B＝∠C

［解答］ (1) 4 つの [角] がすべて等しくなるから，[長方形]。

(2) 4 つの [辺] がすべて等しくなるから，[ひし形]。

(3) 4 つの [辺] がすべて等しく，4 つの [角] がすべて等しくなるから，[正方形]。

テストに出る！重要事項

〈テスト前にもう一度チェック！〉

□平行四辺形になるための条件

① 2 組の向かいあう辺が，それぞれ平行である。

② 2 組の向かいあう辺が，それぞれ等しい。

③ 2 組の向かいあう角が，それぞれ等しい。

④ 対角線が，それぞれの中点で交わる。

⑤ 1 組の向かいあう辺が，等しくて平行である。

確率

●確率

テストに出る！重要問題

〈特に重要な問題は□の色が赤いよ！〉

□ 2つのさいころを同時に投げるとき，次の確率を求めなさい。

(1) 出る目の数の和が8になる確率

［解答］ 目の出かたは，全部で 36 通りで，どの出かたも同様に確からしい。
出る目の数の和が8になる出かたは，
(2, 6), (3, 5), (4, 4), (5, 3), (6, 2)
の 5 通りなので，求める確率は，$\frac{5}{36}$

(2) 出る目の数の積が5以下になる確率

［解答］ 出る目の数の積が5以下になる出かたは，
(1, 1), (1, 2), (1, 3), (1, 4), (1, 5),
(2, 1), (2, 2), (3, 1), (4, 1), (5, 1)
の 10 通りなので，
求める確率は，
$\frac{10}{36}=\frac{5}{18}$

(3) 出る目の数の積が5以下にならない確率

［解答］ (2)より，出る目の数の積が5以下にならない確率は，
$1-\frac{5}{18}=\frac{13}{18}$

(4) 出る目の数の積が0になる確率

［解答］ けっして起こらないことがらだから，
求める確率は，0

テストに出る！重要事項

〈テスト前にもう一度チェック！〉

□あることがらの起こる確率を p とすると，p の値の範囲（はんい）は，$0 \leqq p \leqq 1$
□かならず起こることがらの確率は1である。
□けっして起こらないことがらの確率は0である。

四分位範囲と箱ひげ図

テストに出る！重要問題

〈特に重要な問題は□の色が赤いよ！〉

□ある生徒 10 人について，先週 1 週間の家庭学習の時間を調べました。
次のデータは，家庭学習の時間のデータを小さい順に並べたものです。

学習時間（時間）
3，5，5，7，10，12，13，16，17，20

(1) 四分位数を求めなさい。

［解答］ データ全体の中央値は，

$$\frac{\boxed{10}+\boxed{12}}{2}=\boxed{11}$$

前半部分の中央値は $\boxed{5}$

後半部分の中央値は $\boxed{16}$

だから，第 1 四分位数は $\boxed{5}$ 時間

第 2 四分位数は $\boxed{11}$ 時間

第 3 四分位数は $\boxed{16}$ 時間

(2) 四分位範囲（はんい）を求めなさい。

［解答］ 第 3 四分位数が $\boxed{16}$ 時間，第 1 四分位数が $\boxed{5}$ 時間だから，

$\boxed{16}-\boxed{5}=\boxed{11}$（時間）

(3) 箱ひげ図をかきなさい。

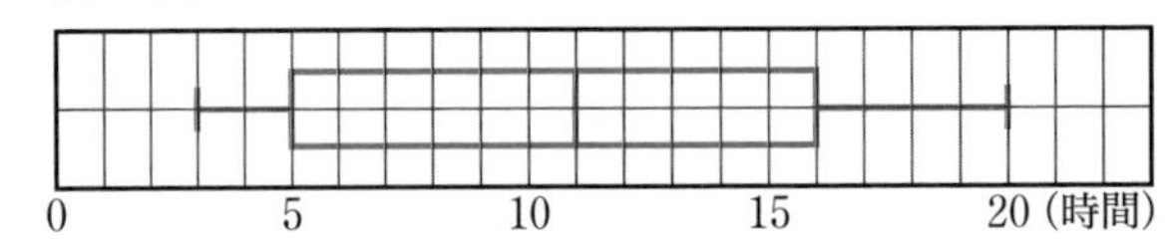

テストに出る！重要事項

〈テスト前にもう一度チェック！〉

□第 1 四分位数…前半部分の中央値
第 2 四分位数…データ全体の中央値
第 3 四分位数…後半部分の中央値
} あわせて四分位数という。

□四分位範囲＝第 3 四分位数－第 1 四分位数